孩子：挑战

Children: The challenge

[美]
鲁道夫·德雷克斯
薇姬·索尔兹
著
穆　莉
译

民主与建设出版社
·北京·

图书在版编目（CIP）数据

孩子：挑战 / （美）鲁道夫·德雷克斯,（美）薇姬·索尔兹著；穆莉译. -- 北京：民主与建设出版社, 2024.4

ISBN 978-7-5139-4545-5

Ⅰ. ①孩… Ⅱ. ①鲁… ②薇… ③穆… Ⅲ. ①儿童心理学－通俗读物 Ⅳ. ①B844.1-49

中国国家版本馆CIP数据核字（2024）第058028号

孩子：挑战

HAIZI TIAOZHAN

著　　者　[美] 鲁道夫·德雷克斯　[美] 薇姬·索尔兹
译　　者　穆　莉
责任编辑　金　弦
特约策划　任程民
封面设计　海　凝
出版发行　民主与建设出版社有限责任公司
电　　话　（010）59417747　59419778
社　　址　北京市海淀区西三环中路10号望海楼E座7层
邮　　编　100142
印　　刷　三河市骏杰印刷有限公司
版　　次　2024年4月第1版
印　　次　2024年5月第1次印刷
开　　本　880毫米×1230毫米　1/32
印　　张　12.25
字　　数　274千字
书　　号　ISBN 978-7-5139-4545-5
定　　价　56.00元

前言 PREFACE

我们的孩子表现出的问题正与日俱增，无论是频率还是强度上，而许多父母根本不知道如何解决这些问题。他们隐约意识到，过去管教孩子的那一套方法对现在的孩子并不适用，可是，除了老一套的法子，他们也无计可施。这些家长可能根本不知道，解决孩子问题的新方法已经出现，并且已经经过了验证。各种各样相互矛盾的育儿建议纷至沓来，以至于任何明确的育儿方法都显得毫无作用，它们没有为家长指明方向，而是让家长陷入更深的疑惑。那么，家长为什么要相信我们提供的方法呢？

在工作中，我与家长和孩子们打了四十多年交道，由此我可以确信，我们就家庭矛盾所提供的解决方案的确是切实有效的。这些解决方案已经得到了验证，而验证它们的实验室正是我们的家庭咨询中心。许多家长无师自通，凭自己探索出了一条通向孩子内心的路径，并且赢得了孩子的配合。可是，他们并不了解为什么他们应该那样做，也不明白他们为何能够取得成功。我们给出的建议都是基于特定的生命哲学观，基于我们对“人”的概念的独特定义，这两者都在阿尔弗雷德·阿德勒及其同事的研究论著中有所呈现。心理学发展的大方向似乎与我们不谋而合。我们既不建议家长采取纵容的态度，也不建议他们惩罚孩子。家长们应该学会如何与孩子的发展之路相契合，比他们有智慧，有能力引导他们，同时不会对他们放任自流，也不会束缚住他们的手脚。

在之前的论文和论著中，我概述了一些处理亲子关系的基本原则。那些父母和孩子也贡献了很多新想法，提供了许多案例，这些案例中的方法论都是切实有效的，这些想法和案例往往是我们这些专业人士都没有设想过的。我们仍在相互学习，共同研究着这些孩子呈现在整个成人社会面前的普遍问题。

我请薇姬·索尔兹以她自己的行文风格草拟出我们在合作中所依据的原则。这位太太是我们机构好几个学习小组的负责人，这些学习小组并不会给家长具体的答案和建议，而是让家长了解处理问题的基本原则。我们已经仔细讨论了所有的论述要点，与此同时，她会以母亲的身份用自己的语言方式来论述。毕竟，我们要做的不是向父母教授心理学，而是试着引导他们订立新的目标，并且提供可实践的方法。

我相信，在我们的共同努力下，我们一定会圆满完成我们为自己定下的任务——成为家长的助力。然而，即使是最好的方法，也不可能彻底解决所有的难题和错误。新的问题仍在出现，并将持续出现。我们唯有希望，父母能信心倍增，运用知识解决问题，尽管有时候他们并不想那样做。

对那些家长，我们万分感激，并且感同身受，我们知道他们希望履行好自己的责任，但往往会遭遇难题，让他们措手不及。孩子需要培训，家长亦是如此。这样的培训让家长会以新的方式应对孩子的挑衅，以新的姿态面对孩子，为和谐的亲子关系开辟新的路径。

鲁道夫·德雷克斯，医学博士

目录

CONTENTS

第一章

我们当下的困境

OUR PRESENT DILEMMA

普莱斯太太为她的邻居奥尔巴尼太太倒了一杯咖啡，然后两人坐下闲聊。这时，七岁的马克冲进厨房，五岁的弟弟汤姆紧随其后。马克以娴熟的手法爬上橱柜，打开了最顶层的柜门。汤姆也跟着爬了上去，同样轻车熟路。

他们的妈妈大声喊着："从上面下来！马上！给我下来！""我们想吃棉花糖！"马克尖叫着回答妈妈。"你们现在不可以吃棉花糖！马上要吃午饭了。现在立刻下来！"马克一把抓住一袋棉花糖，从柜子上一跃而下，汤姆也跟着跳下来，从哥哥手里抢过棉花糖。随后两个男孩冲出厨房，普莱斯太太大声喊着："回来！我说过了，你们现在不可以吃棉花糖！"

但是两个男孩摔门而出，对普莱斯太太的话充耳不闻。

普莱斯太太叹了口气，对她的邻居说："唉，这些个熊孩子！我真不知道要拿他们怎么办，他们整天像个野孩子一样捣蛋，没有片刻的安宁。"

我们经常不知道如何应对孩子的这种问题。在任何公共场合，孩子这样想方设法吸引别人的注意，都极为惹人厌。一家人一起去游乐场玩，最后往往以不开心收场。孩子虽然精疲力竭，但是依然极其亢奋地尖叫着："再玩一次！再玩一次！"父母生气地拒绝他们："不行！"然而面对孩子的尖叫反抗，父母最终还是败下阵来，不得不妥协。爸爸不堪其扰，为了息事宁人，无奈地掏钱，结果最后的花费远超预算。不少家长会在这种公共场合下忍无可忍地打孩子屁股。到了最后，妈妈不耐烦地拽着孩子离开，而孩子拼命反抗。到家后，所有人都在想为什么要自讨苦吃。

孩子在餐厅用餐时也常常令人恼火。他们闹脾气，大喊大叫以寻求大人的关注，甚至不停地跑来跑去，给其他客人带来很大的困扰。还有些孩子拒绝吃饭，除非有人连哄带劝。

同样，在超市里，孩子经常玩手推车和门挡。许多孩子在走道跑来跑去，要求大人买好吃的零食，一旦被拒绝，就会大哭一场，或者大发脾气。在所有上述公共场合，我们时常听到孩子们愤怒而又咄咄逼人的尖叫声、吼叫声，而回应他们的则是父母压着怒火又无可奈何的疲惫的声音。

在家里，孩子同样不肯配合大人，简直让大人气得火冒三丈。很多孩子拒绝帮忙做家务，认为这不是他们的责任。他们吵吵闹闹，不懂得体谅大人，没规没矩，毫无礼貌。

有些时候，他们看起来对父母毫不尊敬，甚至是对所有的成年人缺乏尊重。他们屡次冒犯长辈，而我们却只能接受。为了让孩子们服从某种规则，我们不得不对他们央求、祈求、命令、处罚，甚至贿赂。一位奶奶万般无奈地说："现在的孩子啥都不怕！"这种无礼、带反抗意味的行为方式已经变得如此普遍，甚至人们习以为常，说："小孩子就是这样的。"

在学校里，不少孩子拒绝学习。老师要求家长监督孩子完成作业，却没有教家长如何能不打不骂就让孩子配合地完成作业。

"问题儿童"登上报纸头条的案例屡见不鲜，一些孩子不到5

岁，甚至更小的时候就已经表现出潜在的犯罪倾向。法官要求家长管好自己的孩子，不要让孩子夜晚在街头游荡，却没有指导他们具体怎么做。在全国范围内，关于青少年犯罪的研究层出不穷，可是罕有研究提出有效的解决方案。

许多家长在挫败感和疑惑中越陷越深。他们原本希望培养出快乐、自律，有着清晰自我定位的孩子。而事实上，他们却眼睁睁地看着孩子变得难以满足、倦怠无聊、郁郁不乐、轻慢倨傲，甚至目中无人。在全国范围内，儿科医生和精神科医生的研究表明，精神严重失常的孩子正以惊人的速度增加。

为了改善这种局面，家长报名学习儿童教育的课程，参加家长小组讨论，听家长教师协会举办的讲座，阅读大量育儿方面的书籍、指导手册和报纸文章。然而很少有人认为这种家长教育的浩大工程真正有用。我们失去了身为家长教养子女的能力。而老一辈家长似乎不用人教，他们就知道怎么养孩子。问题究竟出在哪里呢？过去有一套社会公认的教养孩子的规范体系，每个家庭都只需要遵循同一套规则。但是到了当代，我们却需要推行大规模的家长教育，为什么呢？

因为我们常被告知，我们之所以会出现这样的困境，是因为成年人缺乏安全感，情绪不稳定，思想不成熟，缺乏良好的道德模范，抑或欠缺合理的社会价值观；确实，我们目睹了社会价值观念的变化，但在当代社会中，人们对危害社会的事件的关注度越来越高，说明现在的社会道德标准不但没有下降，反而远超以前。而说到安全感，每一代人都经历过特定年代的重压和焦灼，或是第一次世界大战，或是经济大萧条，抑或是第二次世界大战，又或是当下原子弹、氢弹带来的战争威胁。

我们常常听说现在的人不够成熟，这既适用于年轻的父母，也适用于他们的孩子。“成熟”这个说法不太明确，大致是用来表示一种“与孩童不同”的状态。当我们用这种方式理解这个词时，即意味着，孩童的状态存在某种低劣性。我们似乎更喜欢以世故的姿态掩饰自己真实的感受，美其名曰“修养良好”“具有社会适应性”。然而，实际上，真正的成熟应该是指全面的成长和发展——指个人的潜力得到充分的发展。只有极少数的人能够达到这种美好的成熟状态。完全的成长和发展需要耗费一生的时间。所以，为什么我们要苛求青少年，或者刚刚成年的人达到这种状态呢?

成年人从来没有给孩子树立好榜样。在过去，孩子是不被允许做成年人做的事情的。“照我说的做，不是要你照我做的学！”将宗教信仰的因素考虑在内，你会发现，权威的牧师也好，虔诚的父母也罢，面对自己的孩子时都会遭遇难题，而那些信仰无神论的邻居同样如此。主日学校通常聚集了众多不受控制的孩子，宛如一座疯人院。每个主日学校的督学都遇到过各种常见的行为问题，有时候会更加严重。这些只是表象，在所有这些表象之下是一个不争的事实——传统的育儿方式失效，而我们尚未学到新的育儿方法作为替代，因此我们根本不知道应该怎么管教自己的孩子。

每一种文化和文明形态都曾发展出独有的育儿模式。对原始社会的比较研究为我们提供了极佳的机会，让我们能理解文化传统的重大意义。每个部落都有自己的传统，并以独特的方式养育下一代。因此，每个部落都发展出了独特的性格、特征和行为模式。每种文化都有自己的特殊方式，并以此解决生活中的问题和特殊情况。尽管不同文化形态存在种种差异，但无一例外，每个男人、女人、孩子都知道他人对自己的期待是什么。一切行为都建立在文化传统的基础之上。

西方社会远比原始社会更为复杂，但仍然有一套养育孩子的传统模式。我们的传统原则被每个家庭奉为信条，例如“对孩子要观察，而不是听他们说的话”。

儿童的行为标准在整个西方社会都是一致的。然而，随着“民主”这一概念深入人心，人际关系受到影响，这套在整个西方社会完全一致的文化传统也发生了深刻的变化。从国王和农奴的时代到《大宪章》的签署、法国大革命，美国独立、南北内战，直至当下，人们已经逐渐意识到人人生而平等，不仅在法律面前平等，在彼此的关系中也是平等的。平等观念的深入人心意味着，民主不仅是一种政治理想，也是一种生活方式。

生活正发生着急剧的变化，但很少有人意识到这种变化的本质。社会氛围之所以改变、传统的育儿方式之所以失效，很大程度上是由民主观念造成的。我们的社会是从专制社会发展而来的，而我们却已经失去了过去专制社会所盛行的行为规则。在一个平等的社会中，我们不能对他人颐指气使。平等意味着每个人都要为自己做决定。而在专制社会中，统治者比顺从者优越，可以让顺从者俯首听命。那时候，一位父亲，不管他在社会上的地位如何，都对自己的家庭成员具有掌控权，包括他的妻子。

现在的情况却大相径庭。妇女宣称她们与男人平等，丈夫失去了对妻子的掌控权，父母双方都失去了对孩子的权力。这是一场普遍的社会变革的开始，这一点大多数人都有所感知，却很少有人真正理解。社会结构中的其他领域也同样受到了影响。管理阶层和底层劳工正相互靠近，共同建立更亲密的平等关系。这种社会结构的重大变革更容易被感知，相较之下，妇女和儿童要求平等的呼声造成的变化是微妙的，不容易被察觉。

儿童与成年人享有同等的社会地位，这样的观念常常让成年人十分反感。他们愤愤不平，矢口否认，“别傻了，我比孩子更心里有数。他不可能跟我平起平坐”。当然，无论是从知识储备、处事经验还是生活技能上来看，孩子都不可能跟成年人对等。即便成年人和成年人之间，也不可能完全对等。可是上述这些方面存在差距并不意味着不平等。反过来说，平等并不意味着一模一样，而是意味着不同的人，无论有怎样的个体差异和能力差距，都能获得尊重和尊敬。我们认为自己比孩子优越，殊不知这种信念源于我们的传统文化遗产：人有尊卑之分，而区分尊卑的是我们的出身、财产、性别、肤色、年龄和个人智慧。任何个人能力或个性都不能保证我们身份尊贵，也不能保证我们有凌驾于他人之上的权力。

我们之所以觉得自己一定比孩子优越，可能还有一种因素作祟。或许我们心里一直潜藏着对自我价值的怀疑，潜藏着一种意识，认为自己没有达成最完美的样子。在心灵深处，我们都是一个绝望的小孩，这个小孩找到了一个对照的对象，在孩子面前，他能感到愉悦，能感到自我的伟大。但这是错误的，是一种错觉。事实上，我们的孩子往往能干得多，在很多场合比我们聪明得多。这种平等的观念一直在我们的文化内部滋长，尽管我们没有意识到，也没有完全准备好去理解它。

儿童对社会风气特别敏感。他们很快就接受了这样一种观念，即他们享有与所有人平等的权利。他们意识到自己与成年人是平等的，不再容忍专制的支配—服从关系。父母也隐隐约约地意识到，他们的孩子已经变成了与他们平等的人，他们放松了对儿童的桎梏，减少了“照我说的去做”式的育儿方式带来的压力。

与此同时，基于民主原则的新的育儿方法仍然缺失，家长不知该如何引导和教育孩子进入当下民主的社会生活。因此才有了我们面前的两难困境。

从贵贱有别、尊卑有别的专制关系，到人人平等的民主关系，我们的教育工作者已经觉察到社会氛围的改变。他们真诚地希望实现民主。然而，我们应该如何将民主的原则引入实际生活中，却让很多人感到困惑。由于不明就里，我们误以为民主就是一张准许证，准许自由、准许无政府主义，对于许多人来说，民主就是可以随心所欲。孩子已经到了无视家长指令的地步，因为他们认为自己有权为所欲为。

可是，这并不是真正的自由，而是放纵。如果每个家庭成员都坚持自己想干什么就干什么，整个家庭就会陷入混乱，一屋子的“暴君”应运而生。如果每个人都我行我素，结果一定是持续不断的冲突。冲突破坏人际关系，而人际关系的破坏反过来又会加剧冲突。在冲突造成的焦灼氛围之下，人会产生压力和焦虑，压力和焦虑会让人处于紧绷的状态，变得暴躁易怒，惶惶不安，这些情绪都会滋生社交生活中的消极因素。

自由是民主的一部分，只有尊重他人的自由，我们自身才能拥有自由。很少有人意识到这一隐晦的真相。没有人能享受自由，除非他的邻居同样也享受自由。为了让每个人都拥有自由，我们必须遵循一定的规则，履行相应的义务。

自由也意味着责任。我有开车的自由，但如果我随心所欲地在只能南行的车道上逆向行驶，我的自由很快就会结束。开车的自由意味着，我必须遵循保证每个人驾驶安全的规定。只有遵循规则，我们的自由才能得到保障。维系规则靠的不是专制权力，更不是为了维护独裁者自身的利益。规则应该是我们每个人为了所有人的利益自觉遵守的。

当下流行的育儿方式是基于孩子绝对的自由，不受任何限制，这让孩子成了暴君，家长则成了奴隶。孩子享受自由，随心所欲，而家长却不得不履行所有的职责，这样的做法很难说是民主。况且，因孩子得到太多自由而导致的灾难已经让家长自食其果。孩子犯错，家长为其打掩护；孩子受罚，家长代为受过；孩子出言不敬，家长默默承受；孩子要这要那，家长一一照办。由此，家长失去了对孩子的影响力。而孩子也会感到茫然，没有规则，他们不知道用什么来指导自己的言行，他们内心的秩序感已经丧失。他们更热衷于一意孤行，而不是学习群体生活中所必需的原则和规定。

孩子的内心一直存在着参与社会生活、与他人产生交集的意愿，却因为上述原因受到阻碍，无法充分实现。这就造成了儿童内心的混乱感，致使更多的儿童无法适应社会。明确的规定能够给孩子带来安全感，让他们确信社会结构在发挥其正常的功能。没有这些，孩子就会感到无所适从。他们不断努力“寻找自我”，却误入歧途，变得消极阴郁，或乖张叛逆，这样的例子屡见不鲜。自由意味着秩序。没有秩序，就没有自由。

因此，为了帮助我们的孩子，我们必须转变自己的教育方式，摒弃过去要求服从的专制态度，构建一种建立在自由和责任原则之上的新规则。现在的孩子已经不能用强制服从的方法对待，我们应该用激励和鼓励的方法，让孩子愿意承担自己的责任，与所有人一起维系社会规则。我们需要新的育儿原则来取代过时的传统。

多年来我们的工作就是与家长和孩子打交道，在此过程中我们发展出了若干育儿方面的工作原则，下文将予以呈现。我们的儿童指导中心堪称人际关系的实验室，在这里，我们自己提出的方法论的有效性得到了检验。首先，有必要澄清在家庭中平等生活的基本要求。这一基本要求需要时间和持续的努力才能成为传统文化中不可撼动的组成部分[1]。但是，如果没有这些原则，家长在处理孩子的问题时遇到的疑惑和无力感，仍将无法得到纠正。

1 有趣的是，在世界上任何一个国家，只要那里的人们曾经生活在专制的文化传统之下，而那里的儿童曾经以其文化环境下的文化模式为行为准则，那么，一旦民主思潮开始发展并影响这个国家，那里的儿童就会行为逾矩，给家长和老师造成压力，就跟在美国发生的状况一模一样。

第二章

理解孩子

UNDERSTANDING THE CHILD

六岁的博比坐在桌子旁用蜡笔涂色，妈妈正在计划本周的菜单。博比开始用脚轻敲地板。“别闹了，博比！”妈妈生气地说。博比停下来，轻轻耸了耸肩。但他很快又开始了。“博比，我说过不要再吵了。”妈妈再次责备他。博比又停了下来。但没过一会儿，他又敲了起来。妈妈把钢笔摔在桌子上，伸手打了博比一巴掌，喊道：“我说了别吵了！你为什么总是做让我生气的事情？你为什么就不能安静地坐着？”

博比不知道他为什么不停地敲地板，他无法回答妈妈的问题。但他的行为是有原因的。有一种方法可以处理这种情况，而不会让妈妈和博比陷入一场对他们来说都很痛苦的冲突。

然而，为了知道如何激励孩子以有益的方式行动和思考，并且能与他人达成协作，我们必须了解一些相关的心理机制。

如我们所见，一切人类行为都有其目的，都是朝着一个目标而进行的运动。有时我们知道自己行为的目的是什么，有时我们不知道。每个人都经历过这样的时刻——我们对自己发问：“到底是什么让我做出这样的事情的？”我们的困惑是有道理的。我们的行为背后总有一个原因，而这个原因隐藏在我们意识之外。

孩子也是如此。如果我们想帮助一个孩子改变他的行为方向，必须先了解他的动因。我们很难改变一个人的行为，除非意识到行动的背后是什么。我们只能通过改变他的动机来诱导他改变行为。有时我们可以通过检查孩子得到的结果来探究他行为的目的。

在上面的例子中，妈妈被惹恼了。博比想惹恼妈妈——当然，他并不是有意的。他这样做是出于一个隐藏的动因。妈妈大吼大叫，打他耳光，对他来说是一次胜利，因为他得到了妈妈的全部关注。他为什么要停下来呢？看看辉煌的成绩吧！他可以让他的妈妈一直关注他。这是一条线索，让我们可以探察博比的秘密和隐藏目标。博比不知道他内心有这样的动机，但他每天可能无数次这样做。当妈妈做出这样的回应时，她实际上对博比隐秘而不自知的要求做出了让步，强化了他隐藏的目的。如果他知道他再也不会得到同样的结果了——即使敲打地板也不再让妈妈烦恼，那么这样做还有什么意义呢？相信他很快就会放弃的。如果他只是安静地玩耍，不打扰妈妈，并因此得到了温暖的微笑、愉快的拥抱和赞美的话，他就不太可能通过令人恼怒的行为引起妈妈的注意了。

反过来从妈妈的角度说，当她被孩子惹恼时，博比感到满足，她想要制止孩子的行为却无济于事，她打孩子的脸，这只能显示她在孩子面前气急败坏、甘拜下风。这样只会强化孩子的动机，让他更想惹怒她、打败她。博比的脚其实在表达他对妈妈的感情——“看看我！跟我说点什么，别埋头做笔记了！”如果妈妈能看出来，那她就知道他的动机是什么了。他只是想要吸引妈妈的注意力，想要在她的视野里有一席之地。有了这些了解，妈妈就能更好地处理此类状况了。被孩子的隐藏动机牵着鼻子走是一个严重的错误，只会让他继续惹恼自己。通过下文我们会了解很多应对的方法，让妈妈可以化解博比的强制要求。

对归属感的渴望

孩子也是社会性的存在，他最强烈的动机就是渴望归属。他是否能获得安全感完全取决于他在群体中的归属感。这是他的基本需求。他所做的一切都是为了找到自己的位置。从婴儿期开始，一个孩子已经在亟亟探索成为家庭成员的方法。他努力观察，通过行为获得成就，由此不断得出结论——这不是用语言表达的，但却是明确的——“啊！只要这样我就能归属到家庭中去了！这样我才是有意义的存在！”他已经选定了某种方法，并希望通过这种方式来实现他的基本目标。而这种方法成为他的直接目标，并构成了他的行为的基础。

换句话说，这就是动机。归属感是他的基本目标，而他为达到基本目标设计的方法则成为他的直接目标。因此，我们可以说他的行为是目的导向的。一个孩子从来不会意识到他的行为背后的动机。当被问到为什么敲地板时，博比会诚实地说他自己也不知道。他想要找到自己在家庭中的位置，为了解决这个问题，他仅有的方法就是用自己的感知探路，而不是有意识地进行推理，然后得出结论。他的行为是出于内心的动机。他通过试错来学习。他会重复那些让他有归属感的行为，放弃那些让他遭到冷落的行为。

由此，我们就得到了引导孩子行为的基础。不过，我们可能还会遇到很多麻烦，除非事先了解孩子会“在何种情况下”认为自己找到了归属感。

为了获得这种至关重要的归属感，一个孩子会采用各种各样的方法——或者说，选择各种错误的直接目标，在讨论这些方法之前，我们需要了解一些儿童的普遍性特征：一个孩子如何观察，他所处的环境究竟是怎样的，以及一个孩子在家庭中究竟处于怎样的地位。

孩子的观察

孩子是专家级的观察者，可是，他们对自己观察到的事物的理解会犯很多错误，经常由此得出错误的结论，往往在寻求归属感时用错了方式。

三岁的贝丝是一个快乐且讨人喜欢的孩子，她的成长如此迅速，让她的父母感到高兴。她不到一岁就会走路，十八个月时就学会了上厕所。两岁时，她就能说合乎语法的句子，且吐字清晰准确。她非常善于用自己的萌态和能力赢得成年人的认可。可是突然间，她开始为自己想要的东西哭哭啼啼，接二连三地把衣服打湿或者弄脏。这些行为看上去是她的退步，可是在两个月前，她的小弟弟降生了。在最初的三个星期里，贝丝对这个小弟弟非常感兴趣，她聚精会神地看着妈妈给他洗澡、换衣服和喂奶，每当贝丝提出帮忙时，妈妈都坚决但亲切地拒绝了。然后贝丝似乎渐渐失去了兴趣，她不再来儿童房了。此后不久，她就开始做出上述惹人心烦的举动。

贝丝看到了她的小弟弟受到所有关注，她忽然意识到，这个备受期待的弟弟把妈妈从她身边夺走了。妈妈现在把很多注意力都放在了弟弟身上，而不是她。贝丝的观察是正确的，妈妈在幼小无助的婴儿身上花了很多时间。但是贝丝犯了一个错误，她把这理解为她失去了自己的位置，而如果她把衣服弄脏，表现出自己的无助，就能让自己变得重要。她想象自己可以通过做一个婴儿来重新获得失去的地位。她没有意识到自己跟小弟弟相比有很多优势。[1]

五岁的杰里和他的妈妈经常吵架。无论妈妈告诉他什么，他都要争辩两句。不管妈妈要他做什么，他都会拒绝。他脾气暴躁，经常破坏玩具、盘子或家具。他善于逃避妈妈布置的家务，除非被强迫或遭到惩罚，否则绝不妥协。他的妈妈很困惑，事实上她本人已经树立了先尽义务再享乐的好榜样。其实杰里很早就发现，妈妈所说的一切爸爸都会言听计从。妈妈总是怒气冲冲，对爸爸施加压力，而爸爸为了求得安宁选择屈服。爸爸极其讨厌冲突。有几次，妈妈想对杰里严厉一点，爸爸就想方设法为儿子求情。

杰里观察并钦佩妈妈的权力。他的印象是，有权力的人就有显赫的地位；因此，他努力想要获得类似的显赫地位。他模仿他的妈妈，用愤怒作为获得权力的手段。他妈妈实际上控制不了他。他感知到了这一点，而妈妈却毫无所觉。她以为当她惩罚他时，她占了上风，却没有意识到儿子会施加报复，他下一次的发脾气和对抗就是对她的报复，是他们之间新一轮的权力较量。在母子两人的斗争中，杰里实际上是占上风的。

1 我们稍后讨论解决贝丝问题的方法。

既然杰里通过展示权力来获得地位的方法如此成功，那么他的错误在哪里呢？杰里能算一个快乐的孩子吗？当他走进一个要求人们相互妥协的集体时，他学会的交际方式还有用吗？杰里能通过发脾气来处理生活中可能发生的所有状况吗？他能在所有场合都成为占据上风位置的人吗？他和异性的关系，以及最终和妻子的关系会是怎样的？他如何看待一个男人在这个世界上的位置？

孩子所处的环境

孩子注视着他周围发生的一切。他从他所看到的东西中得到自己的结论，并摸索出某些方针以指导自己的行为。早在幼年时期，一个孩子就必须学会适应他的内部环境和外部环境，并应对这两种环境中出现的种种状况。所谓“内部环境”，就是孩子的遗传禀赋。婴儿出生后的头一年，大部分时间都被用在试验和学习如何处理自己的身体。他学习如何协调移动胳膊和腿，这样他就可以变换姿势，抓住他想要的东西。还要学习如何让自己的身体按照自己的意愿运作。学习观察和解释他所看到的——去听、去感觉、去嗅、去品尝、去消化。随着时间的推移，他学会了如何运用他的智力，解决他面临的难题。在所有这些成就中，他学会了如何处理自己的内心环境。他发现了自己的能力和不足。当一个孩子遇到困难或者发现自身的缺陷时，他要么放弃，要么用其他动作作为补偿。有时候，孩子们甚至会为了弥补自己的某些弱势而发展出某种特殊的技能（这个过程称为过度补偿）。

伊迪丝出生时没有右臂，而她的双胞胎姐姐伊莱恩则是正常的。伊迪丝没有被严重的残疾吓倒，她用一只胳膊完成了姐姐用两只胳膊做到的事情。当两姐妹学习爬行的时候，伊迪丝用后脚跟拖曳，用小屁股在地面挪动，以跟上姐姐的步伐。之后她又学会了自己穿衣服、扣扣子、系鞋带、整理头发、洗澡——都是用左手。她渐渐长大，变得擅长做家务，甚至还会缝纫。现在她结了婚，是一个非常能干的家庭主妇。极少的情况下她才会寻求帮助。

艾伦五岁时得了小儿麻痹症。这导致他右腿肌肉无力。妈妈为他提供帮助的同时鼓励他锻炼身体。她极力推荐他游泳，而且艾伦从这项运动中获得了极大的乐趣。到 16 岁时，他已经完全克服了自己的缺陷，成为高中游泳队里的明星队员。

四岁的米琪是家里四个孩子中最小的一个，出生时就有严重的视觉障碍。然而，她并不是完全失明。她才四岁，却已经丧失了信心。家人为她穿好衣服，喂她吃饭，除了走路她什么都不会做，甚至走路时也得有人牵着她的手。家里的每个人都耐心地放慢步子等着她，尽量逗她开心。在自己的残疾面前，米琪已经放弃了，由着别人为她做好所有的事情。

说到这里，读者可能会反对我们把事情简单化了。我们还没有谈到别人对这些残疾儿童的影响。这是有意为之。我们已经说明了，无一例外，当一个孩子发现自身的缺陷时，他们会为自己做出决定，认定某种应对缺陷的办法。每个孩子对周围人的影响都比我们所认识到的要大得多。伊迪丝早早就下定决心要跟上姐姐的步伐，这赢得了妈妈的赞许，而妈妈的赞许反过来更激励她重复这种行为。艾伦愿意帮助自己摆脱困境，这也让妈妈更愿意花费时间精力支持他的游泳运动。米琪完全屈从于无助的处境，因此赢得了周围所有人的同情和帮助。每个孩子当初的决定不一样，正因如此，每个人的故事都会有不同的结局。

孩子在学习应对内心环境的同时，也在与外部环境接触。当一个婴儿第一次微笑时，他已经在寻求社会接触，这是他第一个社交性的举动。他也会回应周围人的鼓励，并以自己的微笑来回报微笑。第一个动态的、双向的人际关系就是这样建立起来的。他感受到了微笑所带来的快乐。随着他处理内部环境的能力发展，他与外部环境的接触也会增强。此时，如果他遇到障碍，他要么放弃，要么启动补偿机制。

在孩子的外部环境中，有三个因素影响着他的个性发展。第一个因素是家庭氛围。在他与父母的关系中，孩子得以感知这个社会的总体面貌。是父母建立了明确的家庭氛围；通过他们，孩子体验到他所处的环境，体验这个环境中经济、种族、宗教、社会影响等方方面面的情况。他吸收家庭价值观、风俗习惯和习俗，并努力适应父母所设定的模式或标准。他对物质利益的看法反映了这个家庭的财商。他对不同种族的态度与父母的态度一致。如果宽容是一种家庭模式，孩子们可能会学会宽容，并以此为他们共同秉持的价值观。相反，如果父母看不起与自己肤色不同的人，孩子也会承袭这种观念，与不同种族的人打交道，或者参加集体生活时，他们就会认为自己高人一等。众所周知，在孩子的幼年时期树立正确的宗教观念是非常重要的，尽管孩子们对此的反应可能差别很大。孩子们也能很快观察到父母是如何对待彼此的。

父母之间的关系为家庭中的所有关系树立了模式。如果父母是热情的、友好的，愿意相互配合，那么孩子和父母之间以及孩子们彼此之间也可能发展出同样的关系。“合作”会成为一家人共有的相处之道；相反，如果父母之间存在敌意，相互争夺主导权，那么孩子们之间通常也会形成同样的模式。如果父亲强势而又坚定，母亲温顺而又宽容，那么“男子汉式的理想形象”就可能成为孩子待人接物的主要参照模式，男孩子尤其如此。然而，在两性高度平等的今天，女孩也可能决定走“阳刚”路线。父母之间的关系给孩子提供了一个指导方针，他们可以从中选择发展自己的个人角色。如果母亲是主导人物，孩子可能会试图通过模仿她来获得类似的突出地位。父母之间的激烈竞争会使挑战家庭标准的竞争变得激烈。一家的不同子女所具有的共同特征可以有很多种，但无论如何，这些共同特征一定是父母所建立的家庭氛围的表现。不过，同一家的孩子也可能不尽相同——通常情况下，一家的兄弟姊妹天差地别。为什么会这样呢？

孩子在家庭中的地位

外部环境的第二个因素是“家庭系统排列”，这个术语表示的是家庭中每个成员之间的特征关系，就像一颗恒星在与其他恒星的关系中形成了北斗七星一样。每个家庭都有自己独特的结构。家庭成员对彼此的行为做出反应，彼此影响，在这种交互关系中，个人的个性就浮现出来了。个人在家庭系统中的位置——他扮演的角色——将在某种程度上影响整个家庭的模式，也影响着这家每个子女各自的个性。

建立一个家庭最初只需要三个角色，母亲、父亲和一个孩子。母亲的角色不同于妻子，父亲的角色不同于丈夫，孩子的出现为夫妻关系提供了新的维度。而这个孩子此时是夫妻俩唯一的孩子，对于孩子而言，他在家庭中的位置与他自己的认知基本上是一致的。他是父母关注的焦点。孩子接受父母的关注，是关注的接收端，而夫妻俩的角色是这个独生子的父母，他们是关注的给予端——妻子提供的关注最多，因为她的角色是母亲。这三者之间形成了一种明确的给予和索取的交互模式。在某些情况下，父母中的一方甚至会站在孩子一边反对另一方。这种结盟通常是由婴儿挑起的，并通过他的行为强加给父母。

当第二个宝宝降生时，家庭最初的三个成员各自的位置发生了变化。第一个孩子忽然失去了“王位”。他的地位发生了变化——他的父母不知怎么竟允许了这件事的发生。现在这个孩子必须表明自己的立场，重新明确自己在“篡位者”面前、在父母面前的位置。由于系统排列的变化，家庭成员构成的关系网中出现了新的成员。眼下，刚诞生的宝宝是新加入者。第一个孩子觉得有必要在一个新的位置上重新确立自己的地位——两个孩子中的“老大”。与此同时，婴儿发现了他作为“新生儿”的家庭地位。这个位置看似与第一个孩子曾经占据的位置相同，实则不然，因为那个更年长的孩子此时已经在场了。

当第三个孩子到来时，每个人在整个家庭系统排列中的位置又发生了变化，与之相应的，各个位置所具有的意义也发生了变化。妈妈和爸爸现在是三个孩子的父母。老大以前被“废黜”过，现在轮到老二被“废黜”了。他发现自己处于长子和新生儿中间。随着每一个孩子的出生，家庭系统排列都会呈现出一种新的结构，具有新的互动模式和新的意义。这就是为什么我们发现一个家庭中的孩子并不都是一样的——尽管在某些方面，他们可能会结成统一战线。同一家庭的第一个和第二个孩子之间的相似之处并不太多，相较而言，两个来自不同家庭，但同样是长子的孩子更可能具有相似性。

随着家庭系统排列的演变，每个孩子都以自己的方式找到了自己的位置。常言道，“篱笆外面青草青”，每个孩子都会觉得自己的位置不如其他孩子。第二个孩子会对第一个孩子构成威胁。这时，第一个孩子会调整自己的内心环境，要么放弃，要么通过努力保持领先位置来进行自我补偿，至少在某些领域他们必须保持领先。第二个孩子在他和第一个孩子的关系中也是如此。他通常会怨恨第一个孩子的进步，要么寻求超越，要么放弃。一个孩子在家里排行老几，这件事的重要性完全取决于这个孩子如何看待，以及他如何诠释自己的排序。并不是所有排行老大的孩子都会下意识地通过竞争保证自己的领先地位。每个家庭系统都是独一无二的，因为其内部成员对它的理解是独特的。童年时代我们对家庭系统排列的理解方式会在我们的内心留下终身的烙印。大多数家庭内部都存在极强的竞争性，第一胎和第二胎之间的竞争通常非常激烈，促使他们各自朝相反的方向发展。如果父母错误地认为，让两个孩子相互对抗可以促使他们双方付出更多的努力，那么这种情况就会进一步加剧。然而父母这样做往往适得其反：孩子会把舞台让给更成功的对手，自己默默灰心丧气，走上一条与对手截然相反的道路。无论第一个孩子以何种方式取得了成功，第二个孩子都认为这个领域已经被征服了，并将寻求一条完全不同的道路。

让我们举例说明家庭系统排列演变所带来的最突出的影响。

A先生和A太太都受过大学教育，夫妇两人积极向上、机敏聪慧，而且精力充沛，两人都有杰出的学业成绩和社会成就。他们的女儿帕蒂出生时，他们非常高兴，很自然地期盼她能有“伟大的成就”。

帕蒂成长的每一个阶段都受到大家的赞赏和鼓励。当帕蒂十个半月大并迈出了人生第一步时，A太太的骄傲是无止境的。在她一岁多一点的时候，已经能很熟练地自己上厕所了。父母都为这个聪明伶俐的孩子感到欣慰不已。帕蒂感受到了父母对她的认可，于是更加努力地去留住这些赞许。当她一岁两个月大的时候，斯基珀出生了。这个孩子从出生就比姐姐帕蒂要病弱许多，他的体重没有正常增长，出牙的时间也比帕蒂晚得多。父亲原本憧憬获得一个健壮、“有男子汉气概”的儿子。而如今，这个孩子让他忧心忡忡，心烦气躁。与此同时，帕蒂研究着眼下的家庭关系情境。随着斯基珀的成长，她同样注意到自己比这个弟弟厉害多了。但是这个弟弟给她带来了威胁——他是横亘在她和父母之间的障碍。她要怎么做才能和爸爸妈妈待在一起呢？帕蒂自然不会用推理或思考解决这个问题。

她感觉到了这种关系情境，做出了坦诚的、下意识的回应。她感觉到父亲对这个虚弱的儿子的失望，于是利用这种失望，努力让自己显得充满活力——羸弱的弟弟成为她的反面对照。尽管如此，一旦斯基珀取得新的成就，帕蒂仍会感到恐慌。为了始终保持领先地位，现在她不得不做出某种新的成就。随着时间的流逝，帕蒂越来越专注于努力达到父母的成就标准，努力远远领先于斯基珀。她逐渐形成了一种错误的信念，认为自己必须是第一，是最好的。她还发现了阻碍和打击斯基珀的方法——贬低他的能力。

与此同时，斯基珀对自己的内外环境的认识也在增强。他开始感觉到，在某些方面，他没有达到爸爸妈妈对他的期望。他也感觉到了姐姐的聪明和干练，并对她心怀怨恨。他尝试了很多东西，却在心里暗自料想自己肯定不会成功。他很早就气馁了，并且多多少少有些自暴自弃。他逐渐产生了一种错误的信念，认为自己就是成不了气候。当爸爸或妈妈说："帕蒂在你这个年纪的时候就能做到，为什么你做不到？！"他会感到绝望，同时内心滋生一种对帕蒂的近乎仇恨的情绪。每次遇到这种情况，他并不会觉得自己受到了挑战并且决心更加努力，相反，他接受这些评论，认为这进一步证明他就是朽木。

在这个家庭内部关系发展的这个阶段，人们可以看到斯基珀不再对帕蒂构成威胁；她加倍努力和做出成就，并以此成功解决了这个问题。斯基珀所处的外部环境自他出生起就与帕蒂不同；因为他除了爸爸妈妈还有一个姐姐。尽管他与姐姐有同样的父母，但这对父母对子女有着很高的成就标准，而且姐姐已经达成了他们的标准。由于身体不那么健壮，斯基珀对自己的处境进行了评估，摸清了自己的处境——每次他遇到某个障碍，都会感觉这些障碍是不可逾越的。他变得灰心丧气，并确信自己无法完成某些成就，更无法以成就跟姐姐竞争。他怎样才能找到自己在这个家里的位置呢？他的能力不足让父母伤透脑筋——他们确实一直在忙着催促他、强迫他、劝告他。他屡试屡败，父母对他的表现不胜其烦，他反过来又用哭泣来应对父母的态度。父母都为他感到难过，他得到了很多关注。有关斯基珀的话题暂时就先说到这里。

帕蒂三岁零三个月大的时候，凯西出生了。帕蒂开始意识到，家里现在有了一个可以和她竞争的女孩。她对生活的了解大大增加了，她意识到这个婴儿是多么无助。在帮助妈妈照顾这个无助的孩子时，她表现出惊人的能力。但随着凯西的成长和技能的发展，帕蒂开始警觉起来。现在家庭系统排列变了。帕蒂有一个弟弟一个妹妹，而她必须保住自己的领先地位。在这个家里，她一直都是最有能力的人，弟弟妹妹中的任何一个取得的任何成就都会威胁到她的这个位置。当年幼的弟弟或妹妹成功地赢得认可时，她开始对他们产生怨恨。然而，这种“嫉妒”的表达给她带来了责难。为了克服这个障碍，她发展出了掩饰自己的技能。

在斯基珀眼里，凯西同样也是聪明的女孩，让他本就无望的处境更加雪上加霜。他作为男孩的身份并没有给他带来多大的帮助，因为不知怎么的，他不太像个男孩。斯基珀现在排行老二，更倒霉的是，他是三个姊妹中唯一与众不同的那个。他既不是一个聪明的女孩，也不是一个有男子汉气概的男孩。每次失败和挫折都会让他轻易落泪。大家都骂他娘娘腔。他进一步退缩，用敷衍的态度应付生活。比起凯西，他用于应付帕蒂的时间更多，但却扮演了顺从的角色，让帕蒂“领导”他。

凯西可爱迷人，整个婴儿时期都是大家关注的焦点，有四个人为她服务。随着她对周围环境的意识增强，她意识到了父母对孩子的成就标准。她意识到帕蒂才是真正具有领先优势的人，而斯基珀不知何故没有达到标准。但最重要的是，她看到帕蒂和斯基珀都被责骂了很多次，帕蒂挨骂是因为脾气暴躁、喜怒不定（既然父母把太多注意力挪到了弟弟妹妹身上，这些举动总算让帕蒂觉得自己跟那两人扯平了），斯基珀挨骂则是因为做事漫不经心，遇到什么事都喜欢哭。到了凯西两岁的时候，她已经找到了自己在家庭系统排列中的位置——与帕蒂和斯基珀不同，她会是那个快乐、满足的“好”孩子。于是，她找到了自己在家庭系统排列中的位置。

帕蒂六岁半的时候已经开始上学，并且成为妈妈的得力助手，为此她自信满满。这一年，阿琳出生了。现在帕蒂在家庭的位置非常稳固，因此，她并没有切身感觉到阿琳的降生实际上对她构成了新的威胁。当然，无论如何，对于帕蒂来说，最保险的办法是尽一切努力显示自己的能力，让这个新生的婴儿仅仅是一个什么都干不了的宝宝。随着时间的流逝，妈妈要求帕蒂“帮助阿琳”做这做那，帕蒂非常乐意为无助的阿琳做些事情。但当妈妈让帕蒂教阿琳怎么系鞋带时，帕蒂却犹豫了。她一边大张旗鼓地教阿琳，一边向阿琳指出她有多笨。斯基珀或多或少忽略了阿琳。另一个女孩凯西也是如此。妈妈经常说，斯基珀好像一直半睡半醒。凯西一个人玩，她很有创造力，也很少惹麻烦，因此很少受到责备，也不会激怒其他兄弟姐妹。她什么都不擅长，但也不打扰任何人。阿琳仍然是个“宝宝”，她要求很多的关注，也得到了全家人无微不至的关注。

于是，到了阿琳三岁的时候，家庭系统排列呈现出这样的状况——父母两人充满活力，秉持很高的成就标准；长女帕蒂九岁半，是个聪明能干的孩子，也是一个聪明的小学生，坚信只有当她是第一名时，只有当她出类拔萃时，她才有意义；斯基珀八岁半，他软弱、无能、气馁，深信自己只有当个“爱哭的宝宝”，让别人感受到他的难过，他才具有意义；凯西六岁，既不被大的也不被小的承认，但她快乐、满足、品行良好，懂得如何通过良好的行为来取悦他人，但她并不关心自己是否能获得很大的成就；阿琳三岁，是个可爱但不会说话的“小婴儿”。每个人都有自己独特的位置和角色，每个人都有明晰的感知，知道如何才能取得在生活中的成功。

不用说，并非所有四个孩子的家庭都以同样的方式发展，我们的例子仅仅说明了其中一个家庭。相反的情况完全可能存在，比如第一个孩子完全有可能在竞争中遭遇挫败，被第二个孩子后者居上。具体来说，或许第一个孩子只是一个非常普通的女孩，而第二个孩子非常可爱，吸引很多注意力并且在竞争中超过了他的姐姐。在每个家庭里，每个孩子如何理解家庭的处境，如何看待自己对父母期望的完成情况，当他遇到障碍时会如何应对，这些因素对家庭系统排列的发展起着决定性的作用。这个家庭原本可以呈现出一幅完全不同的面貌。如果帕蒂觉得父母的成就标准对她来说太高了，如果她觉得弟弟是一个难以克服的威胁，她可能会选择限制自己的成就领域，或者选择自暴自弃。同时，斯基珀可能会觉得学校里的各种荣誉都会对自己发出召唤，他会在学校表现出色，以此作为一种对自己的病弱体质的补偿。而凯西也可以决定做一个健壮的、调皮捣蛋的“假小子”——家里的“小恶魔”。同理，在前三者的影响下，阿琳可能会成为家里的“好”孩子。

在家庭系统排列内，每个人的行为方式都取决于自己看待自己在家庭中的地位的方式。同时，他的行为也潜移默化地影响着其他孩子的行为。每个人的行为都会给其他孩子带来难题，与之相对的，系统里的另一个孩子面对这个问题，并决定他打算如何处理这个问题。他对自己的立场的理解，以及他对系统内其他人的行为意义的理解都会影响他的决定。如果他的解释有误——这是经常发生的——人们就很容易看出这个孩子是如何一步一步误入歧途的。如果父母意识到孩子们内心存在的错误观念，他们就能更好地引导孩子做出更正确的评价（不幸的是，大多数父母和孩子一样，很少意识到孩子行为的重要性）。如何做到这一点，将在本书的结尾处揭示。

夏天，十岁的乔治和八岁的大卫共同打理草坪。他们必须在晚上把割完的草耙好，否则第二天妈妈就不准他们去游泳。大卫负责草坪前面的区域，乔治负责后面的区域。中午，大卫进来宣布：“妈妈，我一直是个好孩子，我的活儿都干完了。乔治在街上玩，他负责的那部分草坪现在动都没动。”“是的，宝贝，你一直都很乖。”妈妈回答，“去把乔治叫来，就说我找他。”大卫找到乔治，对他说：“妈妈需要你，你是咎由自取。我已经把院子里我那部分的活干完了，而你还没有。”大卫没料到，就在这时，乔治转向他，打了他一拳。一场战斗随之而来。当他们回到家时，大卫哭着向妈妈诉说乔治给他的伤害“突如其来，毫无理由”。妈妈转向她的大儿子。“噢，乔治，你为什么非要当个坏孩子？”“为什么你不做家务，还对你的弟弟这么刻薄？你们应该彼此相爱，而不是吵架。”

大卫出生后不久，两岁的乔治变得完全无法管教，两个男孩之间这种令人痛苦的关系就开始了。乔治无礼、目中无人、有破坏性，而且总是惹麻烦。妈妈总是在“教训”他。与乔治完全相反，刚出生的大卫是一个特别快乐的婴儿。对于妈妈表达的爱和感情他会很快给予回应。妈妈一次又一次地称赞他有多好。她隐约知道乔治对这个婴儿有些嫉妒，但不明白为什么，因为她仍然花了很多时间在乔治身上。然而，在乔治看来，婴儿大卫已经篡夺了他在妈妈心目中的地位，既然她对婴儿的完美表现如此印象深刻，乔治就完全自暴自弃（而不是努力通过补偿或提高自己的能力给妈妈留下深刻印象），转而“坏”起来，以此引起妈妈的注意。另外，大卫是个好孩子，却也会巧妙地激怒乔治，让他把自己打一顿，这样自己就可以把乔治置于更坏的境地，从而确保自己“好”孩子的地位。乔治愿意和大卫对着干是为了报复大卫取代了他在家里的地位，两个孩子都让父母忙着照顾他们，两人各有自己的方式。每个人都根据自己对自己地位的理解行事，并与另一个人相互配合以维持平衡。当然，两个孩子都没有意识到自己对自身地位的解读是错误的，也没有意识到家里会出现这种龙争虎斗的局面，他们各自都为此出了一分力。

在一个有三个孩子的家庭里，曾经享有“婴儿”地位的老二已经被废黜，现在变成了不上不下的中不溜。他的位置极其艰难。老大和老三经常结成联盟对抗共同的敌人，老二总受到牵连的战术性胁迫。他会发现，曾经自己在老大面前没有年龄上的优势，如今在老三面前依旧如此，同时，他也不再有当宝宝的特权。在这样的状况下，他往往感到自己受到轻视和虐待。他觉得生活对自己不公，而且家里的人都没有公正地对待自己，在这样的设想之下，他会采取一种好斗易怒的姿态，以此求得内心的平衡。除非出现某一个契机，令他改变自己的观点，否则他很可能一辈子都带着这样的信念：人是不公平的，他在生活中没有成功的机会。然而，如果中间的孩子碰巧比他的兄弟姐妹更成功，他可能会更计较父母对孩子是否公平公正，并以此找机会挑起事端。举例来说，如果在家庭中妈妈设定了高标准，同时这家的两个儿子中间的孩子是个女孩，那么这个女孩可能会模仿妈妈，同样扮演一个完美主义者。女孩会利用自己的女性气质来获得这样的荣誉，先是在家庭中，然后是在以后的生活中。相反，如果家庭里更崇尚的是阳刚的男子气概，这个女孩就会和她的兄弟们竞争，成为一个“假小子”，长大之后，她会比自己兄弟中任何一个都更具“男子汉气概”。同样，如果父母因为没有儿子而感到失望，作为二孩的女儿可能会试图通过顺从的行为来寻求好感。换一个处境，如果这个家里有一大一小两个女孩，中间的是个男孩，事情就完全不一样了。如果他能成为一个“真真正正的”男孩，胜过女孩们，他就拥有了优势地位，尽管他是家里的老二。相反，如果妈妈是主导人物，中间的男孩感觉到她对无能的爸爸的蔑视，他可能会发现自己处于极其困难的境地。他可能会默默退却，认为男人都没什么本事。与此同时，他可能会和妈妈结成联盟对抗爸爸，变得更像个男人；他也可能会与爸爸结成同盟，不动声色地击败妈妈，压制她的权力。他的发展将取决于他对自己处境的理解和无意识下做出的决定。

在一个四口之家，第二个和第四个孩子经常结成联盟。这样的联盟很容易识别，两个孩子通常表现出相似的兴趣、行为和性格特征。孩子之间的竞争表现为他们在兴趣和性格上的根本差异。至于孩子之间的结盟和竞争关系将从何处发展，并没有普遍的规律。然而，联盟和竞争在家庭系统排列中是极其重要的。无论孩子之间存在什么样的相似之处，从这些相似之处中，我们都能看到整体的家庭氛围；而他们的个体差异，则取决于他们在家庭系统排列中所扮演的角色。

如果一个家庭里只有唯一的男孩，其他的都是女孩，那么不管这个男孩的地位如何，他都会觉得自己的性别是一种独特之处。至于他将这种性别差异视为优势还是劣势，取决于家庭对男性角色的重视程度，以及他对自己能力的评估，即作为男性他是否能实现家庭对男性成员的期望。同样地，一家子男孩中唯一的女孩也是如此。一个体弱多病的孩子置身于健康健壮的孩子之中，如果家人同情他，他会认为“残疾儿童”的角色对自己是有利的。但是，如果这家人非常崇尚强健的体魄，虚弱会招致蔑视，他就会发现自己面对着艰难险阻。此时他可以做出两种不同的选择，要么选择放弃，生活在自怜中——感到自己没有立足之地，感觉生活虐待了他；要么选择努力克服疾病，投身到那些身体健康的家庭成员参与的活动中去，甚至在这些活动中比他们更出色。无论他做出哪种选择，在一个充满活力的家庭中，他都会面临重重困难。举例来说，如果一个男孩有先天性心脏病，那么他付出再多的努力也不能使他在健康的人群中占有一席之地。而如果他放弃了，就会被嘲笑。不过，他可能会在完全不同的领域通过努力来寻求地位，比如成为一家子“运动员”中的“学者”。

如果一个孩子出生前，家里的第一个孩子已经夭折，那么这个孩子就要面对双重危险。在现实中，他是排行第二的孩子，排在他前面的孩子已经变成了鬼魂。与此同时，他现在又有了长子的位置。此外，他的妈妈很可能在经历丧失第一个孩子的痛苦之后，对他采取过度保护的姿态，一味娇生惯养。而他可能会选择心甘情愿地沉浸在这种令人窒息的氛围中，也可能会反抗，争取自身的独立。

家庭里的婴儿有着独特的地位。他很快发现，因为他一开始就处于无助的境地，所以他有很多仆人。为了保持自己的特权地位，婴儿会倾向于让家里的其他成员忙着服侍他，除非父母对婴儿的这种倾向有所察觉。一个“无助的小东西”会发现，接受他人的服务远好过自己主动做出行动，想要扮演好这个角色很容易，但也存在着危险。

独生子女会遇到特别困难的处境。他是成人世界里的一个孩子，一个被巨人包围的侏儒。他没有兄弟姐妹，这个家里没有与他年龄相仿的人可以和他建立关系。他的目标可能会变成取悦或操纵成年人。他要么发展成人的观点，戒备重重，总是踮起脚，希望达到成人的水平；要么就自暴自弃，是个永远长不大的婴儿，永远不如别人。他与其他孩子的关系，往往是紧张而不确定的。他无法理解他们，他们也觉得他“娘娘腔”。除非他很早就接触到和其他孩子在一起的集体生活，否则他不会对同龄人产生归属感。

没有“理想”的家庭规模。不管一个家庭有多少孩子，总会有一些特定的问题。这些问题根据家庭成员的数量和每个人对自己在家庭中的地位的理解不同而有所不同。无论家庭的规模多大，家庭成员之间都会相互影响，相互释放压力，这两种因素源源不断地在家庭成员之间流动。对任何孩子而言，影响他成长的绝不会是某个单独的因素。所有的孩子都在相互影响，也影响他们的父母。每个人都积极地决定他和其他人如何发展，正如乔治和大卫的例子所显示的那样。乔治所看到的情况是，这个名叫大卫的婴儿是一个篡位者，他占有了妈妈所有的爱和关注。因此，对于乔治来说，做一个“好”男孩是徒劳的。反之，如果他行为不端，妈妈却会注意他！在他看来，他宁愿被责骂，也不愿被忽视。虽然这听起来有些矛盾，但乔治现在渴望当“坏孩子”，因为这有助于他在家庭中建立自己的地位。“我是坏孩子，他们对我无能为力，这就是我的意义所在。”他会在心里这样对自己说。乔治实际上并没有想到这些话，但这就是他所相信的。为了重新赢得妈妈的注意，乔治采取了不当行为。他其实并不开心。在遇到一个他认为不可逾越的障碍后，他变得灰心丧气，在消极但可行的做法中寻找到了问题的答案。乔治认为没有其他方法可以克服大卫提出的障碍。他没有看到，其实他所能做的事远远多于那个无助的婴儿，这是他的优势。当妈妈不断回应他的不良行为时，她实际上鼓励了他的不良行为。爸爸也来帮腔责备他：“你为什么就不能像你弟弟那样？”于是乔治有了进一步的证据，证明他可以通过“变坏”来赢得关注；也有了进一步的证据，证明这个宝宝是“好”的。大卫随着年龄的增长，会对乔治施加压力，煽动乔治进一步违抗父母的要求变成“坏人”。与此同时，大卫通过继续做“好人”，挑动乔治做“坏人”，保住自己的地位。爸爸妈妈在这段关系中起到了推波助澜的作用，他们责骂“坏”的那个，支持“好”的那个，让孩子们相互对立。就这样，家庭里各个角色相互间呈现出这样相互纠葛且恒定的面貌。

从前文可以看出，当一个孩子面对他所处的外部环境的各个方面时，他可能采取的反应方式五花八门，无穷无尽。没有经验法则可以让父母预知孩子会采取哪一种反应。但是，当一对夫妻了解了家庭系统排列的存在时，他们就能掌握信息，能够解释许多以前看起来很神秘的事情。敏锐的观察可能会带来惊人的认知。当我们察觉到一种处境时，我们已经处在更有利的位置，能更好地应对它。

孩子的反应

当下有大量的研究理论是关于"如何塑造孩子的性格"的——就好像一个孩子是一块陶土，我们有责任把他塑造成一个能被社会接纳的人。这是一个严重错误的概念。正如我们已经证明的那样，实际情况与此恰恰相反。在我们意识到之前，孩子就已经在为自己塑形，他们同时也塑造了父母，塑造了他们周遭的环境。每个孩子都是一个活跃的、有活力的个体。他与环境中的每个人建立联系，而在此过程中，一个孩子的作用和其他任何人都是平等的。一段关系的形态完全取决于关系中的各方对这段关系的贡献，因此每一种关系都是独一无二的。每一段关系都是通过两个人之间的行动、反应和互动发展起来的，无论这关系中的主体双方是成年人与成年人、孩子与孩子，还是成年人与孩子。这种人际交往的成分可以由任何一方改变，从而改变整个关系。孩子们会通过运用自己的创造力来发展与他人的关系，并在此过程中找到自己的位置。孩子会尝试一些东西：如果它有效，如果它符合他的目标，他就会保留它，作为一种寻找个人身份的方法。有时孩子可能会发现，同样的方法并不是对所有人都有效，那么他就面临两种选择。他可以选择退却，拒绝与这样的人建立关系，也可以采用一种新的方法，发展出一种完全不同的关系。

九岁的基思是独生子。他在家里很快乐，很讨人喜欢。帮助妈妈做家务，尽一切努力取悦父母。他安静、有礼貌、听话，把房间收拾得井井有条，总是把玩具收拾好才离开。但是，他在学校却遇到了麻烦。他的老师说他“孤僻”。他从不打扰别人，总是坐在那里做白日梦，而不是听课，需要老师不断地提醒。基思在学校拒绝和同学来往，也不参加球赛或任何班级活动。

基思是家里的独生子，是这个成年人组成的小小世界里唯一的儿童，他通过取悦周围的成年人找到自己的位置。在学校里，他不理睬其他的同学，与他们保持距离，因此周围都是取笑他的孩子。他最初试图通过自己的学习成绩取悦其他的孩子，却没能给人留下深刻的印象。老师并不认为他与众不同，在老师心里，所有孩子都是一样的，基思也不是特例。基思不知道如何应付游戏中的竞争。他不能完美地投球，也不能用他好的行为给同学留下深刻的印象。他匆忙撤回到自己的白日梦中，避免任何建立新关系的尝试。

孩子可以和父母双方发展完全不同的关系。

五岁的玛戈和七岁的吉米经常调皮捣蛋，让妈妈忙得不可开交。如果其中一个想不出捣蛋的法子，另一个就会想出来。每当他们想要什么东西时，他们会先呜咽，然后大哭，最后暴怒，直到他们得到了他们想要的东西。然而，当爸爸在的时候，他们却表现得很好。只要爸爸看他们一眼，他们就乖乖听话了。爸爸回家后，妈妈讲述两个孩子的表现，爸爸会觉得难以置信。“他们总是为我着想。”他得意地说。

孩子们知道妈妈会满足他们的要求，当他们做出不端行为时，她只会责备他们，但爸爸却是个信守承诺、说到做到的人。他表明了自己坚定的态度和对他们的善意，孩子们知道爸爸是有底线的，而妈妈则没有。

家庭中每个成员各有不同的性格，这往往导致各种沟通障碍和矛盾，但是，如果家庭成员们共同努力建立和谐的生活，无论什么样的障碍和困难，都会得到改善。没有十全十美的家庭关系。但我们可以心怀希望，朝着改善的方向而努力。如果父母理解中间的孩子被排挤的处境，他们就能通过有益的行为帮助孩子找到自己在家庭里的位置。知道老二的迅速进步会使老大灰心丧气，父母就会给予老大更多的鼓励，使他对自己的能力有信心；如果父母觉察到家里最小的小宝贝可能已经发展出了一种使家庭为他服务的伟大技能时，他们就能引导这个孩子认识到，他也可以用其他的方式取得成就，而不必一味地要求别人为他服务。

一个孩子对他在家庭中的地位可以有无数种理解方式，根据他的理解又会有无数种反应。敏感而警觉的父母会研究情况并问自己："我的孩子对他在家庭里的处境是怎么想的？他行动背后的信条是什么？"

很多时候，我们成年人倾向于把我们自己在类似情况下得出的结论强加给孩子，而不是承认孩子的"私人逻辑"，然而事实上，只有孩子的逻辑才能解释孩子的行为。

孩子所处外部环境的第三个因素是家长对孩子的教育方法。下文我们会继续讨论有效和充分的训练方法，到目前为止提到的各种因素的重要性将变得更加清楚。不过现在，还有一件十分必要的事情——把自己暂时从父母的身份中抽离出来，退一步，好好看看我们的孩子。孩子是如何处理自己的内心环境的？他发展出了怎样的补偿机制，甚至是过度补偿机制？他从观察中得到了什么印象？他在家庭系统排列中的位置是什么，这对他意味着什么？关于如何确定这些问题的答案，将在我们进一步讨论教养方法时予以更详细的说明。

第三章

鼓 励

ENCOURAGEMENT

让孩子获得勇气，比任何其他教养都重要。缺乏勇气被认为是孩子出现不良行为的最基本原因。一个行为不端的孩子通常是灰心丧气的。每个孩子都需要不断地被鼓励，就像植物需要水一样。没有鼓励，他就无法成长、发展并获得归属感。然而，我们今天使用的养育孩子的方法往往让孩子经历一系列令人沮丧的事情。在年幼的孩子看来，大人似乎身形高大、效率非凡、能力惊人，是孩子最初的勇气使他在面对这样的大人时不至于完全放弃。孩子的勇气是多么奇妙的东西啊！如果我们也处于同样的境地，生活在无所不能的巨人中间，我们能像我们的孩子一样表现出色吗？面对各种困境，孩子们会生出强烈的愿望，他们希望获得技能，克服困难。

他们意识到了自己的渺小和不足，渴望成为这个家庭不可或缺的一部分。然而，在他们试图获得认可，找到自己位置的过程中，他们不断遇到挫折。事实上，让孩子们感到沮丧、挫败的正是时下流行的家庭教养方法。

四岁的佩妮跪在餐桌旁看着妈妈收拾食品。妈妈把冰箱里装鸡蛋的容器放在桌子上，又从食品袋里拿出装鸡蛋的纸盒。佩妮伸手去拿纸盒，想把鸡蛋放进纸盒里。“噢不，佩妮！”妈妈叫道，“你会把鸡蛋打破的！你还是别管了，亲爱的。等你长大了再做。”

妈妈无意中的举动让佩妮心中充满了沮丧的情绪。她给佩妮留下了多么沉重的印象——她太小了！这对佩妮的自我认知有什么影响？事实上，即使是两岁的孩子也能小心地处理鸡蛋。如果你给孩子一个机会，你会看到他虔诚地把鸡蛋一个接一个地放进容器里。当工作完成时，孩子会表现出多么自豪的神情！妈妈对他的成就该是多么高兴！

三岁的保罗正在穿他的防雪衣，准备和妈妈一起去商店了。“过来，保罗。我帮你穿，你太慢了。”

妈妈似乎具有快速做事的神奇能力，而保罗深感自己效率低下。他灰心丧气，索性让妈妈给他穿衣服。

我们以千百种微妙的方式，通过语调和行动，向孩子表明我们认为他无能、不熟练，而且通常低人一等。面对这一切，他仍然试图找到自己的位置，留下自己的印记！

我们没有给孩子提供机会，让他们用自己五花八门的方式来测试自己的能力，相反，我们不断地让他们接纳我们的偏见，接纳我们对他们能力的怀疑。我们为孩子设定不同年龄层次的标准，并以此来证明我们的偏见是正确的，而他们只被允许做特定标准限定的事情。当一个两岁的孩子想帮忙收拾桌子时，我们迅速地从他手里抢过盘子，说：“不，亲爱的。你会把它打碎的。”为了节省一个盘子，我们打破孩子对自己刚刚萌芽的能力的信心。（你以为塑料盘子是由一个充满好奇心的孩子发明的吗？）我们阻碍了孩子发现自己力量和能力的尝试。我们是如此高大、聪明、高效、能干，高高凌驾于孩子之上。

当一个婴儿穿上了他的鞋子时，我们会说："错啦，你把鞋子穿反啦！"在一个孩子第一次尝试喂饱自己，因此把脸、高脚椅、围兜和衣服弄得一团糟的时候，我们会说："噢，你把自己弄得一团糟！"我们叫着，从他手里拿过勺子，由我们自己喂给他吃。我们让他知道他有多笨，而我们多聪明。最重要的是，当他以拒绝开口向我们表示报复时，我们会对他发脾气！孩子们想要发展自己的能力，从而找到自己的位置，可我们一点一点地摧毁了他们的愿望。

我们没有意识到自己在做什么，却已经无意识地打击了孩子的信心。首先，我们认为他软弱、低人一等从而一再否定他——这种态度本身就会产生一种令人沮丧的气氛。我们现在对孩子的能力缺乏信心。我们想当然地认为，等他"长大"了，他就能做事了；但因为他此刻还那么小，所以他是不完整的、是无能的。

当一个孩子犯了错误或没有完成某个目标时，我们必须避免任何表明我们认为他是失败者的语言或行动。"太糟糕了，搞砸了。""很遗憾你没成功。"我们要把行为和人分开。我们必须在自己的头脑中清楚地认识到，一次"失败"只意味着缺乏技巧，绝不影响这个人的价值。只有当一个人勇于犯错误，勇于失败，而不必感到自卑时，他才能在自己心中找到勇气。无论是孩子还是成年人都需要这种"不完美的勇气"，没有这种勇气，我们会无可避免地陷入沮丧的情绪之中。

所谓鼓励孩子，有两条非常重要的注意事项。第一就是避免以羞辱的言行或过度保护致使孩子感到挫败。无论我们做出何种行为，使孩子对自身的能力产生怀疑，他就会感到挫败。第二是要懂得鼓励。所谓给予鼓励，就是引导孩子树立勇气和自信。但具体如何操作，没有一劳永逸的答案，需要父母仔细研究和思考。我们必须观察我们的训练计划的实施结果，并不断地问自己："这种方法对孩子的自我认知会造成什么影响？"

一个孩子如何评价自己？从他的行为中我们就能发现线索。当一个孩子怀疑自己能力和自身价值时，就会展现出自己的"低能"，他已经不再通过有意义的行动、参与他人的行动和对他人做出贡献来寻求归属感。他会深陷沮丧，并转向负面和挑衅的行为。他确信自己能力不足，不能有所贡献，于是决定至少要以某种方式引起别人的注意。被打屁股总比被忽视要好，况且被称为"坏小子"还能让他显得与众不同呢。这样的孩子已经确信，自己根本不可能通过合作行为找到自己的位置。

因此，鼓励是一个持续的过程，其目的在于给孩子一种自尊感和成就感。从婴儿期开始，他就需要帮助来找到自己的自尊并且通过成就获得地位。

芭芭拉已经七个月大了，每当她被放在她的围栏里独自一人时，她就会发脾气。这小宝宝拱起背，恶狠狠地用脚踢，使劲尖叫，脸都发紫了。这么小的孩子会有这样的脾气，这令她的妈妈惊讶不已。芭芭拉是五个孩子中最小的一个，她从出生起就一直被人抱着。在餐桌上，她坐在妈妈的腿上，通常她的围栏总在妈妈的视线范围内。

当妈妈不在房间的时候，就会叫一个大一点的孩子来逗芭芭拉开心。在午睡或就寝时间，总有人哄她，直到她眼睛睁不开了，才把她放在床上。她入睡后，妈妈会等着她醒来，她一醒来就会发现妈妈在她身边。芭芭拉高兴地迎接她。妈妈认为她是个快乐的孩子。

7个月大的芭芭拉就有了挫败感。她认为只有别人逗她开心，她才有自己的位置，如果没人注意她，她就会迷失自我。除非她成为人们关注的中心，否则她就无法参与到家人的互动之中。

有人可能会问："一个婴儿要怎么参与家人间的互动呢？"事实上，生活对任何人提出的第一个要求就是要学会自给自足。孩子需要学习如何照顾自己，这个学习过程从出生时就开始了。芭芭拉需要学会如何自娱自乐，从家人不断给出的关注中独立起来。妈妈非常爱芭芭拉，希望她成为一个快乐的孩子。可是她对这个孩子保护过度了。芭芭拉很快意识到，哭泣会让她获得满足。妈妈尽一切努力不让她哭，不让她难过。妈妈真诚地鼓励芭芭拉做一个快乐的孩子，却在不知不觉中阻碍了她的自立。如果妈妈放任芭芭拉想哭就哭，给她提供玩具让她玩，让芭芭拉独处，她将不再被芭芭拉的脾气所左右。这就是一种鼓励。每天应该留出一定的时间，让芭芭拉自己照顾自己。这项新的训练计划最佳的开始时间是上午，那时大一点的孩子都在上学，妈妈正忙于家务。然而，要忽视哭闹的宝宝是非常困难的。芭芭拉的妈妈可以增强自己的勇气，意识到能够促进她的成长才是自己能给予她的最好的爱。一个"好妈妈"没有必要对孩子的所有要求都做出让步。当一个宝宝只有成为众人关注的焦点才能获得快乐时，那她并不是一个真正快乐的宝宝。

真正的快乐不依赖于别人的关注，而是源于自我满足。一个家庭里最小的孩子比其他孩子更需要这些知识，因为比她年长的孩子已经能完成很多事情了，而她还是个小宝宝。

三岁的贝蒂想帮妈妈摆桌子准备晚饭。她拿起牛奶瓶，打算倒满杯子。妈妈抓起奶瓶，非常亲切地说："不，亲爱的。你还太小了，我来倒牛奶。你可以把餐巾铺上。"贝蒂看起来很沮丧，转过身，离开了房间。

孩子天生就有巨大的勇气，他们看到别人在做什么，就急切地想去做什么。即便贝蒂洒了一些牛奶，这又有什么关系呢？让一个孩子失去信心不是比洒了牛奶更糟糕吗？如果贝蒂有勇气接受新的挑战，妈妈可以通过交付信任来鼓励她。如果牛奶洒了，贝蒂将面临失败，需要立即接受鼓励。妈妈应该肯定她尝试的勇气，把打翻的牛奶擦干净，然后轻声说："再试一次，贝蒂。你可以做到。"

五岁的斯坦在离家两个街区的操场上没精打采地玩着沙子。他安静、瘦削，一脸严肃，动作缓慢地把沙子从一只手倒到另一只手上。他的妈妈坐在附近的长凳上。过了一会儿，斯坦问道："我现在可以荡秋千了吗？""如果你愿意，"妈妈回答，"把手给我，这样你就不会受伤了。”斯坦从沙堆里站起来，拉住妈妈的手。“我们必须小心，离得远一点，这样我们就不会被打到。”他们走近秋千时，妈妈这样解释道。斯坦坐在秋千上。“你要我推你吗？”“我能自己来吗？”斯坦问道。“你可能会翻倒下来的，”妈妈回答，“来，我推你。现在抓紧了。”斯坦静静地坐着，紧紧地抓着，妈妈推着他。不久他就厌倦了摇摆，从座位上滑了下来。“小心点，亲爱的。”妈妈说着又拉起了他的手，“你不想被别的秋千打到吧。”他们经过了单杠。斯坦站在那里眼巴巴地看着其他几个孩子，他们在单杠上摇摆、转身，甚至头朝下悬空。“我能这么做吗，妈妈？”“不行，斯坦，那太危险了。到滑梯这边来。上去的时候要非常小心，你可不想掉下去吧，我会在底下接住你。”斯坦慢慢地、小心翼翼地爬上滑梯的台阶。他坐下来，紧紧抓住滑梯的两边，慢慢地滑下来。他的唇边浮现出一丝微笑。“等等，等其他孩子滑完再说，他们可能会撞到你。现在你可以上去了。”妈妈又说。滑了几次之后，斯坦说他想回家了，他累了。他拉着妈妈的手，离开了。他没有喊叫，没有大笑，没有疯跑，也没有跳起来。他玩得不太开心。

斯坦的妈妈用过度保护的态度劝阻他。她担心斯坦会受伤，这阻碍了这个男孩，以至于他不敢越雷池半步。他不能参与到其他同龄孩子的活动中，不能为自己行动，在行动前总是先问自己能不能做点什么。当别人允许他做的时候，他也不会全情投入，没有精神，也没有乐趣。他的无精打采、闷闷不乐，都是在表达内心的沮丧。人生总有磕磕碰碰，孩子需要学会从容面对痛苦。受伤的膝盖会痊愈，但受伤的勇气可能会伴随一生。斯坦的妈妈需要意识到，她这样竭力保护儿子不受伤害，实际上是在向他指出他是多么无能，并增加了他对危险的恐惧。一个五岁的男孩在操场上完全有能力照顾自己，尽管他的确需要成年人在场保证他的安全。其实他应该在设备上进行有力的锻炼，从而获得自信，从而相信自己有能力避开秋千移动时的危险，并在单杠上控制自己。为什么他就不能体验一下从滑梯上急速下滑时的快感呢?

孩子需要成长的空间，需要测试自己应对危险情况的能力大小。这并不是说我们必须对孩子漠不关心，我们可以站在一边，在孩子需要时再提供帮助。

八岁的苏珊和十岁的伊迪丝拿着成绩单回家了。苏珊静静地回到自己的房间，伊迪丝则跑向妈妈。“看，我的成绩都是A。”妈妈把成绩单看了一遍，为她获得好成绩感到高兴。“苏珊在哪儿？”她问，“我想看看她的成绩单。”伊迪丝耸了耸肩。“她的成绩不像我那么好，”伊迪丝评论道，“她很笨的。”苏珊正要出去玩，妈妈看见了她，把她叫了回来。“苏珊，你的成绩单在哪儿？”“在我的房间里。”她慢慢地回答。“你的成绩怎么样？”妈妈又问。苏珊没有回答，只是站在那里看着地板。“我猜，又都是最差的，是吗？把你的成绩单拿来让我看看。”苏珊得了三个D和两个C。“我为你感到羞耻，苏珊，”妈妈脾气爆发了，“这件事没什么借口可找。伊迪丝的成绩就一直很好。你为什么不能像你姐姐那样呢？你就是懒，不专心。一家人的脸都让你丢光了。你不能出去玩，回你的房间去。”

苏珊成绩不好是由于她内心的挫败感。她是家中的老二，总觉得自己没有机会达到妈妈设定的标准，也没有机会达到“聪明”姐姐的成就。而妈妈给了苏珊更多的挫败感。首先，妈妈没有看到成绩单，就表示她预计苏珊有不好的成绩。由于妈妈对她没有信心，苏珊放弃了，认为自己是个失败者。然后，妈妈说为她感到羞耻，苏珊觉得自己没有价值。接下来，妈妈称赞伊迪丝的好成绩，并通过暗示再次为苏珊的自我怀疑提供了理由。妈妈说苏珊应该像伊迪丝一样，坚持一个目标并为之努力——可这个目标苏珊怎么也够不着。苏珊已经意识到自己不可能像伊迪丝那样。比她大两岁的伊迪丝总是走在她前面，苏珊甚至觉得自己没有理由去追赶她。妈妈接着批评苏珊懒惰，提供新的证据证明她毫无价值。当她指出苏珊是整个家庭的耻辱时，又进一步增加了苏珊的沮丧感。苏珊意识到伊迪丝也认为她是个笨蛋。伊迪丝想保持自己聪明的地位，她进一步贬低妹妹，这让苏珊更加沮丧。在这一切之上，妈妈惩罚苏珊，剥夺了她外出玩耍的权利。

与大众的看法相反，刺激两个女孩之间的竞争并不意味着鼓励。相反，它会让气馁的孩子感到绝望，让成功的孩子担心自己可能无法保持领先。她过于雄心勃勃，给自己设定了不可能实现的目标。除非她总是走在前面，否则她可能也会认为自己是个失败者。

为了鼓励苏珊，妈妈不能再拿伊迪丝当榜样了，所有的比较都是有害的。苏珊应该以自己的方式发挥作用，而不是作为伊迪丝的复制品。除非妈妈对苏珊有信心并表达出来，否则她无法帮助苏珊。在这种情况下，苏珊所做的正是每个人对她的期望。只有恢复信心，她的能力才会增强。为了避免批评的倾向，妈妈可以指出并认可苏珊做出的成就，不管这成就多小。

让我们重复同样的事件，并展示如何为一个已经非常沮丧的孩子提供鼓励：

苏珊和伊迪丝带着成绩单回到了家。苏珊静静地回到自己的房间，伊迪丝拿着成绩单跑向妈妈。“看，妈妈。我的成绩都是A。”妈妈看了看成绩单，签了名说：“很好。我很高兴你喜欢学习。”（在这句话中，妈妈把重点放在了学习上，而不是成绩上。她把热情的赞美改成了对孩子用心学习的肯定。）意识到苏珊在回避这个问题，妈妈等到和她单独在一起时才开口：“你不需要我在你的成绩单上签名吗，亲爱的？”苏珊不情愿地把成绩单拿给她。妈妈看了看，签了名，然后说：“我很高兴看到你喜欢阅读（这是苏珊得了C的课程之一）。这门课很有趣，不是吗？”她给了苏珊一个拥抱，提议说：“你愿意帮我摆桌子吗？”做家务的时候，苏珊似乎有些不安。最后，她说：“伊迪丝的成绩都是A，而我的成绩大多是D。”“你和伊迪丝的成绩并不重要。你也会有喜欢学习的时候，你会发现自己比以前想象的要优秀得多。”

我们很难想象，如果妈妈突然改变态度，苏珊会发生什么事。起初，苏珊可能不会相信她；毕竟在此之前她和妈妈都心照不宣地认为，家里只有伊迪丝才能取得好成绩。而苏珊确信她在学习上几乎没有进步的可能，在她看来，她的任何努力都是毫无意义的。尽管如此，她还是努力使自己的阅读成绩得了C，这表明了她的实力。当妈妈认可了苏珊的勇敢和努力后，她给了苏珊一个重新评估自己地位的机会，减少了竞争带给她的压倒性压力。就这样，妈妈给了她进一步努力的动力。苏珊现在有机会看到她的C成绩确实有一些优点。她会觉得："如果这个分数也是可以的（而不是无望的），也许我还可以做得更好。"这微小的一线希望成为鼓励，激励着苏珊去做更多的尝试。

十岁的乔治无论在家里还是在学校都是个不安分的孩子。他做过很多自主学习的项目，但从来没有完成过其中任何一个。他在学校的成绩勉强达到中等水平。他是家中三个男孩里最大的，两个弟弟一个八岁，一个三岁。乔治很喜欢和孩子玩，但经常和他的弟弟吉姆打架。吉姆在学校成绩很好，尽管他的兴趣不像乔治那么广泛，但做事情能有始有终。一天，乔治快要完成他正在做的一对书架了。由于他的妈妈担心他又会半途而废，便想鼓励他："这书架很可爱，乔治。你做得很漂亮。"出乎意料的是，乔治突然哭了起来，把书架扔在地板上，尖叫道："它们不可爱，它们是可怕的。"说完，他从工作室冲回了自己的房间。

妈妈说的话表面上看是在鼓励他。她表扬了他。然而，乔治的反应告诉她，她的赞扬并没有起到鼓励的作用，反而起到了相反的作用——增加了他的沮丧。为什么？表扬成就应该是鼓励，不是吗？

如何鼓励孩子，这个问题没有固定的答案，也没有明确的规则，完全取决于孩子的反应。上面的例子可以说明这个道理。乔治的问题在于，他太过野心勃勃了，他为自己设定的目标实际上是不可能实现的。当妈妈表扬他时，他生气了，因为他不相信自己能把事情做得足够完美。他觉得妈妈的表扬是一种嘲弄。乔治希望自己完成的作品能达到极致的完美。他的努力与他的理想相去甚远，因为他缺乏从实践中得到的手工技术。他希望立即达到完美，稍有不足他就不满意。当他的妈妈表扬他时，他觉得自己远没有达到他对自己的期望，他觉得，“连她都不明白，没有人能理解我是多么失败”，所以他才会如此愤怒。

乔治非常需要鼓励。他认为自己做任何事都是绝对的失败者。在开始一个又一个新项目时，他给人一种忙碌和积极的感觉。事实上他没有完成任何事情，只是不想面对自己的不完美和失败。他的弟弟很成功，这让他更加自卑。他的野心过大是因为他觉得自己被吉姆超越了。除非他能重新超越吉姆，否则他什么都不是。他坚信自己必须跑在弟弟前面——这本身就是一个错误的目标。而当他看到保持领先所必须付出的代价时，这个任务变得更加不可能实现了。他觉得自己只能是个失败者，因此给他再多的赞扬也不会起到鼓励的作用。如果此时妈妈告诉他“不必苛求完美”，那只会让他更加坚信没有人能理解他，仍然起不到作用。他觉得自己一定要完美，自己能否做出完美的事情决定了他自身价值的高低。即使他在某件事上成功了，他也会认为那只是一场意外。他的挫败感还在继续加深，一旦他做出的某件事助长了他的野心，或导致他的自我判断继续恶化，都会让他感到更加挫败。乔治需要把他的注意力从“如何做出完美的成就”转到“如何做出贡献并获得满足”。然而，乔治觉得，除非贡献是完美的，否则他仍旧是一个失败者。

乔治需要更多必要的帮助来重新评估他自己和他在家庭中的地位。父母可以亲自参与其中，乔治的完美主义也不是凭空而来的。父亲或母亲——或两者——可能对子女成就的标准太高了。他们可能会告诉乔治，他不必做到完美，但他们以自己为例，自相矛盾。这个家庭需要和所有的孩子公开讨论，一个人要有多好，才能“足够好”。与其称赞乔治，不如告诉他：“看到你喜欢做书架，我感到很高兴。”这样会更有效。

五岁的依瑟尔正开心地努力整理床铺。她把被子东拉西拉，终于把被子放到了自己想要放的地方。妈妈走进房间，发现被子铺得并不整齐，就对她说：“亲爱的，我来铺床。这些被子对你来说太重了。”

妈妈不仅暗示依瑟尔因为个子小而低自己一等，而且还动手用自己娴熟的铺床技巧使依瑟尔站在那黯然失色。在妈妈的完美主义面前，她在拉被子这件困难的事情上所获得的成就感消失了。依瑟尔很快就会觉得：“我做这些有什么用？反正妈妈做得好多了。”

如果妈妈对依瑟尔想要铺床的愿望表示高兴，说一句：“你能把被子拉起来了，这可真棒。”或者:“看看我的乖女儿，能自己铺床啦！”依瑟尔就会感到一种成就感，产生一种愿望，希望下次还能做类似的事情。不管完成的“作品”如何皱巴巴不成样子，妈妈都应该抵制住诱惑，不要让女儿看到自己能做得更好，而是晚些时候趁女儿不注意的时候再重新铺床。任何时候，依瑟尔的注意力都不应该集中在她在被子上留下的褶皱上。在她独自整理了几次床之后，妈妈可以巧妙地提出建议来鼓励她，比如：“你把被子四个角都卷起来，然后一个角一个角地拉平，看看会发生什么？”或者：“如果你站在这里拉，会发生什么？”到了换床单的时候，妈妈可以邀请孩子一起铺床，并开始一个谈话游戏——在此过程中一定要避免批评，而要提出支持性的建议。例如：“现在我们俩都抬起床垫的一角，把床单的一角藏在下面。现在我们一起拉，这样床单的顶部就会碰到床头板。您好，床头板先生。”于是，学习成了一种愉快的游戏，变成了一件母女俩在一起做的有趣的事情——事实上，没有任何迹象表明依瑟尔无法做好这件事。

四岁的沃利陪妈妈去邻居家玩，邻居家有一个刚满一岁半的小婴儿帕蒂，此时她正在客厅的地板上玩玩具。“和帕蒂一起玩，沃利，”妈妈建议道，“做个好孩子，别欺负她。”沃利耸了耸肩，脱下夹克，跑进了客厅。与此同时，房间里，两位妈妈坐下来喝起了咖啡。可是没过多久，她们就听到帕蒂发出一声尖叫。两位妈妈冲到客厅，发现沃利站在那里，脸上带着一种沾沾自喜的表情，帕蒂的娃娃被他紧紧地抱在胸前。帕蒂哇哇大哭，额头上出现了一个小小的红色印记。帕蒂的妈妈跑过去，把她抱起来，紧紧抱住，亲吻她的小脸。而沃利的妈妈一把抓住了儿子："噢，你这个淘气的孩子！你对她做了什么？你把她的娃娃抢走还打了她，是不是？你怎么能这么刻薄？现在我要打你屁股了。"她打了沃利两下，沃利也立即哭了起来。"说实话，我不知道该拿他怎么办，"她对朋友说，帕蒂的妈妈现在已经让婴儿安静下来了，"他只会对更小的孩子刻薄。"沃利的妈妈转而试图让帕蒂再次笑起来。帕蒂转过头去，把头埋在妈妈的颈窝里。而沃利只是闷闷不乐地看着妈妈。"我们把咖啡喝完吧，"帕蒂的妈妈说，"她没事。我抱着她。"于是沃利的妈妈又把矛头指向了儿子："你真是个淘气的孩子！你就会伤害比你年纪小的宝宝。你现在就坐在这把椅子上，规矩点，不然我会再打你屁股。"

这个案例反映出很多信息，但为了本章的目的，我们暂且只从孩子"遭受挫折"这个角度去分析。妈妈暗示沃利会变坏，这是案例中第一件强化沃利扭曲的自我认知的事情。每当我们告诫孩子"要做个好孩子"时，我们就在暗示我们希望他考虑做个坏人，我们对他想做个好人的愿望缺乏信心。然后妈妈告诉他不要戏弄小妹妹，以此来表明她希望他以什么样的方式捣蛋；此外，妈妈没有区分沃利的行为和沃利本人，她认为沃利是一个淘气的男孩、一个刻薄的男孩。妈妈无意识中表达的期望，她对儿子的不信任，还有她说出的话都在强化沃利的自我认知。沃利之所以表现得不友好，是因为他对自己的能力缺乏信心——他并不认为自己能从妈妈那里获得积极的关注。他只有扮演一个坏孩子的时候才能确认自己的位置，否则，他就会迷失。一个人会恃强凌弱，症结往往在他的童年——由于孩童时期最初的挫折，他们认为只有当一个人能够展示自己的力量时，他才是伟大的。事实上，他只是遭到了挫折，并不是淘气，也不是刻薄； 因此我们必须分清人和行为二者的区别。我们必须认识到，不良行为是由灰心丧气而导致的错误行为。当一个妈妈忽略此刻灰心丧气的孩子，转而更关注家里的小宝宝可爱的笑脸时，情况只会雪上加霜。

在这种情况下，比较有利的做法是避免所有令人沮丧的言论，因为这样的言论毫无益处。

要想让沃利相信自己有能力和帕蒂一起玩，其实更重要的是妈妈的态度，而不是妈妈说了什么。“我们去邻居家玩吧，如果你愿意，你可以和帕蒂一起玩。”如果妈妈表现出这样一种愉快的期望，就足以让沃利自信起来。到了邻居家，妈妈可以再次询问男孩，让他自己决定他是想和帕蒂一起玩，还是坐在妈妈旁边。一旦两个孩子闹了起来，妈妈可以悄悄地走进房间，拉着沃利的手说：“儿子，真遗憾，你今天情绪不太好。既然你不想玩了，我们就回家吧。”当然，这样一来妈妈不得不牺牲自己拜访邻居的乐趣了。但这样的做法可以“教导”沃利，如果他愿意规规矩矩，他还可以和妈妈一起来。如果他做不到，她可能会把他留给亲戚或另一个邻居——这样一来，沃利一定会反思自己的行为。

如果沃利的妈妈能够避免所有令人沮丧的行为，那么她对沃利信心的打击就减少了一半。如果她能真心接纳沃利，即使他的行为不算友善，她也依旧给予鼓励，这就是对孩子的鼓励。当她给予他做错事的权利时，也让他为自己的行为承担责任，表明他必须承担后果。当妈妈对孩子暗示，只要他举止和善就能跟她一起去拜访邻居时，她向孩子传达了信任，她相信他能反思自己的行为，调整好自己的情绪，能用友好的方式跟其他孩子相处。

还有其他处理这种事件的方法，将会在接下来的一章中讨论。

两位妈妈都过于关心帕蒂的不幸，这样的态度会加重帕蒂的沮丧感。帕蒂头上的那个小肿块并没有伤到帕蒂，不值得妈妈们做出那样夸张的反应——把她抱起来，为她的伤大惊小怪。她们这样做的结果是，帕蒂从这样的经历中学到，她不应该忍受一点点的疼痛，她必须立即得到安慰。她对妈妈的依赖被强化了，勇气和自给自足的意愿被削弱了。她可能很容易形成一种观念，认为自己是一个容易受伤的婴儿，必须依靠别人的保护。成年后的生活总是充满了痛苦和不适，它们已经成为生活的一部分。除非一个人在孩童时期就学会忍受疼痛、冲撞、挫败和不适，否则他们成年后的生活将会加倍艰辛。我们无法保护孩子不受生活的伤害，因此，让他们做好准备是很重要的。为孩子感到难过是我们所表现出的最具有破坏性的态度之一，因为这样的态度实际上是在表示，我们对他们本身以及他们应对逆境的能力缺乏信心。

如果帕蒂的妈妈表现出更随意的态度，帕蒂将更容易学会如何接受痛苦。这并不意味着我们必须要求孩子忍受痛苦和苦恼，同时绝不提供任何安慰，这种做法也太冷酷了，重要的是我们提供安慰的方式。“很抱歉你额头上有个印子，但很快就会好起来的，忍忍就好了。”或许妈妈可以忍住把帕蒂抱起来的冲动，而是观察到帕蒂的伤势很轻微之后，出言安慰帕蒂：“你没事，亲爱的。只是碰了一下。”然后这个话题告一段落。妈妈也不必立即转移帕蒂的注意力，因为，妈妈围绕着她忙个不停，只会让帕蒂产生更多想要被伤害的情绪。在提供了安慰之后，妈妈可以不动声色地帮帕蒂安排玩具，然后转移她的注意力，让帕蒂有时间自己应对自己的处境。帕蒂是受到伤害的那个人，她不仅要克服痛苦，还要克服失去友好气氛和无力感的痛苦。如果妈妈给她一个机会，对她有信心，她会很快恢复过来，发现自己不仅有勇气，还有忍受不适的能力。

瑞秋正在学习刺绣。她很愉快，而且专心致志。她满意而自豪地把手里的小手帕举起来，欣赏自己绣在手帕上的图案。然后，她把手帕拿给妈妈，想请教妈妈一些她不太明白的针法。“瑞秋，这是太阳花针法。但是，说真的，亲爱的。看看你的后背缝线，你应该可以做得更好的呀，可是现在，这些针脚都太长了，看起来乱七八糟的。为什么不拆掉重做一遍呢？重来一次一定会好看起来。”瑞秋的脸色从喜气洋洋变成了极度痛苦。她叹了口气，撇撇嘴。“我觉得我现在不想再做了，”她说，“我想我还是出去吧。”

瑞秋原本对自己的作品感到满意和自豪，但妈妈的这番话简直让人崩溃。“你可以做得更好”，从来都不是鼓励。它暗示着已经完成的工作还不够好——没有达到标准。瑞秋认为可爱的东西在她妈妈看来却是“乱七八糟”，所以瑞秋又一次遇到了挫折。妈妈继而建议她把自己的作品拆掉重新做一遍，这是瑞秋根本无法忍受的。她放下整件事，转移到别的事情上去了。如果她的妈妈注意到孩子的表情，她很容易就能看出她的话给孩子造成了什么影响。

对妈妈来说，一个更有益的方法是再次向她展示什么是太阳花针法，并激发瑞秋对这件事的热情。“太漂亮了，亲爱的。你这针脚多漂亮啊——”她可以指着瑞秋缝的漂亮针脚这样说，“等你缝好了，我们肯定能在浴室里用它了。”这样一来，妈妈和瑞秋一起享受着完成工作的乐趣，两人都会认为这件事是有意义的。妈妈指出瑞秋作品的出色之处，就是在鼓励瑞秋继续努力，提高技能。我们要关注的是孩子做出的成就，而不是缺陷。缝得好的针脚就是瑞秋的成就，妈妈应该提醒瑞秋注意这些成就。

有时候，父母需要很大的勇气，才能让孩子去尝试新的体验。

七岁的彼得刚拿到一笔零用钱，他曾在繁华的购物中心的玩具店里看到过一架模型飞机，现在他想要买下它。“彼得，我现在不能带你去商店，”妈妈说，“我们明天再去。”“妈妈，我可以自己骑自行车去。”彼得建议道。“彼得，你从来没有骑着自行车去过城区，你知道那里交通有多拥挤吗？”妈妈表示反对。“我能照顾好自己，妈妈。很多孩子都骑自行车去过那里。”妈妈想了一会儿，她想到玩具店外停靠的那排自行车，她经常被其中一辆绊倒。她还想象着路上的交通危险。随即她想到彼得每天都骑自行车上学，而且能很好地保护自己。“好吧，亲爱的。去吧。去买你的模型吧。”彼得高兴地冲出了房子。妈妈试图压住自己不安的情绪。他这么小，她想，但他早晚要走出这一步。差不多一个小时后，彼得拿着他的玩具冲进了房子。“看，妈妈。我买到了！”“我太高兴了，彼得，”妈妈微笑着说，“现在你可以自己买东西了，这很棒不是吗？”

彼得的妈妈虽然感到不安，但她意识到彼得需要学会照顾自己。她已经克服了自己的不安，并对彼得驾驭自行车的能力表现出了信心。彼得对妈妈的信心做出了回应，他没有辜负信任，而妈妈也认可了他的成就。事后，妈妈还进一步给了他独立的机会，答应他以后可以自己去购物。

六岁的本尼总是把毛衣上的扣子扣错，妈妈决定暂时不去管这件事。后来有一天她说：“本尼，我有个主意。你为什么不看看，从最下面的纽扣开始扣会怎么样？我想这并不难办到。”本尼对这个新方法很满意，他听了这个建议，当他一路扣到最上面的扣子时，他高兴地笑了。这次尝试取得成功后，妈妈又把同样的方法用在另一个问题上。本尼总是把他的睡衣挂在衣架上，但由于他把睡衣的下半部分揉成一团塞在衣架上，所以睡衣通常很快就掉了下来。妈妈建议说："如果你在把睡衣挂在衣架上之前，先抓住它的松紧带，把它抖一抖，你觉得会怎么样？"本尼若有所思地伸手去拿那件掉下来的衣服，抓住上面的松紧带，抖了抖，然后把它挂在衣架上。它没掉下来！他咧开嘴笑了起来。"那以后就这样办！"

本尼的妈妈找到了一种鼓励本尼的方法，她丝毫没有暗示他过去做这两件事的方式是错误的，激发了孩子的冒险精神和尝试新方法的意愿。本尼自己能看到结果，妈妈不需要给他指出来。她的微笑和脸上的光芒告诉他，她也为他的能力感到高兴。

从上文的案例中我们可以看到鼓励的重要性，同时这些案例也指出了我们往往在不知不觉中陷入的陷阱。鼓励是如此重要，在本书的其余部分中，它将被反复提及。当然，我们不能指望一次鼓励就能产生持久的效果。鼓励必须是持续的，才能让一个灰心丧气的孩子改变自己错误的自我认知，并使这种变化持续下去。

同样作为鼓励的一种手段，家长在"表扬"孩子的时候一定要慎之又慎。"表扬"可能是危险的，正如我们在乔治的案例中看到的那样。如果孩子把表扬看作一种奖励，那么当他接收不到表扬，就会感到自己不被认可。如果他做的每件事都没有得到表扬，孩子就会觉得自己失败了。这样的孩子做每件事的动机都是获得奖励，而不是为了付出贡献本身带来的满足感。因此，表扬很容易导致气馁，因为它会强化孩子的错误观念，即除非被表扬，否则他就没有价值。一定要使用表扬的情况，最好使用最简单的语句，比如："我很高兴你能做到！""真不错！""我很欣赏你所做的一切。""看，你能做到的。"

不断鼓励孩子独立，这是父母的爱最好的体现方式。我们需要在孩子出生时就开始这样做，并在整个童年时期保持下去。这样的鼓励体现在我们对孩子的信念和信心上，无论什么时候，孩子最真实的样子都值得信任；它也是一种态度，引导父母和孩子一起度过童年时期的所有日常问题，度过一切的艰难处境。我们的孩子需要勇气，而我们要帮助他们培养并保持勇气。

在本章的最后，我们想对父母说一句鼓励的话。当你读这本书的时候，你会发现我们在许多方面都提出了有意义的技巧，同时我们也指出了你和大多数父母一样犯过的错误。除非我们发现自己的错误，否则我们可能会止步不前。我们指出当今教养子女的习惯做法中的种种错误，绝不是要对当今父母提出批评或谴责。每个家长都是自身无法控制的环境的受害者。作为学者，我们当然不想让困惑和沮丧的父母更加气馁，而是尽力提供帮助，并指出摆脱目前困难的途径。

父母勇气的重要性怎么强调都不为过。每当你感到沮丧或发现自己正在想："我的天哪，我做错了！"请马上告诉自己，你正陷在沮丧的情绪之中。此时你应该把你的注意力转向学术和客观的考虑，看看能做些什么来使事情变得更好。当你尝试一种新方法并成功时，要为自己感到高兴。当你重拾旧习惯时，也请不要责备自己。你需要不断强化自己的勇气，而要做到这一点，你需要的是"接纳不完美的勇气”。在脑海中回忆你成功的时光，然后再试一次。对过去的错误耿耿于怀，只会削弱你的勇气。记住，一个人的勇气才是他脚下的基石，而软弱绝不可能是立足之处。谦卑地承认你注定会犯错误，承认错误，但不要觉得自己的价值丧失了，这样的观念将极大地鼓舞你的勇气。最重要的是，记住我们不必渴求完美，我们只需要不断改进自我。关注自己微小的进步，当你发现这些进步时，放松下来，并对自己能进一步提高充满信心。应用本书中提出的原则需要时间，你不可能一蹴而就。每一个小小的改进都是向前迈出的一步。每一个前进的步伐，都值得新的鼓励。

第四章

孩子错误的目标

THE CHILD'S MISTAKEN GOALS

妈妈正在写信。三岁的乔伊斯在旁边的地板上玩玩具，突然她跳起来，跑向妈妈，要求拥抱。妈妈回应了她，然后说："你为什么不把你的娃娃放在马车上，带她出去兜风呢？""我想让你和我一起玩！"孩子说。"过一会儿，乔伊斯。我现在得把这封信写完。"孩子慢慢地继续玩她的游戏。几分钟后，她问："妈妈，你现在可以玩了吗？""还不行，亲爱的！"妈妈心不在焉地回答。两人各自安静了几分钟。"妈妈，我要去洗手间。""好吧，乔伊斯，去吧。""可是我的背带裤脱不下来。""你可以的，"妈妈抬起头来回答，"你知道，你现在是个大女孩了。"乔伊斯装模作样地做了几次尝试。"好吧，亲爱的！到这里来，这次我来帮你。"乔伊斯离开了房间，妈妈继续写信。不一会儿，女孩又回来了，需要帮忙把她的背带裤拉上去。妈妈再次帮忙，然后又继续写信。沉默了几分钟，乔伊斯又问："你现在能陪我玩了吗？""几分钟后，亲爱的。"不久，乔伊斯又来到妈妈身边，抱住她的膝盖说："我爱你，妈妈。""我也爱你！"妈妈回答道，又拥抱了女儿一下。乔伊斯回到了她的玩具中。妈妈写完信，开始和乔伊斯玩。

在这个故事里，我们所看到的是一位充满耐心又温柔的妈妈，她和孩子之间有着良好的亲子关系。我们为什么要在这里讲述这个故事呢？让我们来好好看看母子间的互动。乔伊斯在做什么？她通过乖巧可爱的方式不断得到妈妈的关注。她的行为是在说："除非你关注我，否则我什么都不是。只有你一刻不停地陪着我，我才能找到自己存在的位置。”

孩子迫切地想要获得归属感。如果一切顺利，孩子一直持有勇气，那么他并不会太多地“制造麻烦”。他会做自己应该做的事情，并通过自己的参与和贡献来获得归属感。但如果他变得灰心丧气，他就很难获得归属感。他的兴趣从参与群体转变为绝望地试图通过他人的反馈来实现自我。而当一个孩子所有的注意力都转向了这一目标，他的所有行为——无论是令人愉快的行为还是令人不安的行为，都会导向这一目标。无论如何，他必须找到一个属于自己的位置。这样的孩子可能会追求四种公认的“错误目标”。如果我们希望引导孩子采取建设性的方法融入社会，理解这些错误的目标是至关重要的。

渴望得到过度的关注，这是灰心丧气的孩子们用以获得归属感的第一个错误目标。孩子错误地认为，只有当他成为关注的焦点时，他才有意义，受这种错误假设的影响，他发展出了高超的技能，以便自己总能获得关注。他找到了各种各样的方法让别人围着他转，或许他表现得迷人而机智，也可能他令人愉快而腼腆……然而，尽管他很讨人喜欢，但他的目标始终是赢得关注，而不是参与其他人的行动。

在我们的例子中，乔伊斯似乎是想要参与。她想让妈妈和她一起玩。我们如何判断乔伊斯的行为是否恰当呢？很简单，参与意味着根据形势的需要而进行合作。勇敢自信的孩子能感觉到妈妈除了和她一起玩之外，还需要做点什么。乔伊斯却不这么认为。她觉得如果妈妈忙于其他事情，就会忘记她，只有得到关注，她才能找到自己存在的位置。

如果吸引注意力的方法失败了，孩子就会转向另一种令人厌烦的方法。他可能会抱怨、戏弄、磨蹭、用蜡笔在墙上涂鸦、把牛奶洒出来……尝试上千种吸引注意力的方法中的任何一种。这样做的目的在于，当他的父母怒气冲冲地冲到他面前时，他确信父母关注着他！这样的孩子有一个错误的自我认知。每当我们屈从于他对关注的过分要求时，我们就强化了他错误的自我认知，并使他更加坚信，这种方法将有助于获得他所渴望的归属感。

孩子自然需要我们的关注。他们需要我们的帮助、训练、同情和爱。但是，如果我们能够觉察到，我们不断地被孩子支配，与此同时，孩子正努力获得持续的、过度的关注，那么我们就可以相当肯定，我们的孩子正在无意识地提出要求，而这是他寻找自身定位的错误方式。

如何区分适当的关注和过度的关注？这个问题乍看之下很难解答。其实，其中的秘诀在于从整体上认识到当下的情境。参与和合作要求家庭中的每个人都以情境为中心，而不是以自我为中心。父母不妨在观察视角上退后一步，作为一个客观的旁观者观察孩子的行为。如果孩子的行为和反应似乎与情境的要求不一致——就像乔伊斯的故事所表明的那样——那么很可能孩子正在过度寻求关注。我们常常可以通过观察自己的反应来判断孩子无意识的意图是什么，因为我们与孩子之间的互动通常是发生在无意识层面上的，我们只是“自然地”回应孩子的需求。而当我们意识到这种互动，当我们能够对无意识层面的互动有所察觉时，我们就能把它带到意识层面，从而有了为孩子提供指导，引导他们重新定位自身的方法。

五岁的佩吉正在看电视。她已经被提醒了三次“该上床睡觉了”。每次妈妈跟她说话，佩吉就开始哭泣，恳求让她再多看一会儿，把“这一个节目”看完。电视节目的确不错，妈妈让步了。然而，电视节目结束时，妈妈再次让佩吉上床睡觉，佩吉却不理会，换了个频道，静下心来继续看。妈妈走进房间。“佩吉，你早该睡觉了。来吧，做个好女孩，快去睡觉。”“不！”佩吉回答。妈妈俯身对她生气地说：“我说让你去睡觉。现在去！”“可是，妈妈，我要看——”“你要我打你屁股吗？”妈妈打断了佩吉，伸手关掉了电视机。佩吉立刻尖叫起来。“你是个坏妈妈！”她冲到电视机前，想把它重新打开。妈妈抓住佩吉的手，扇了她一巴掌，强行把她带进卧室。“我受够你了，小姐。现在乖乖上床睡觉吧。去把衣服脱了。”佩吉尖叫着反抗，脸朝下倒在床上。妈妈气得直发抖。她离开房间二十分钟后，重新回到佩吉的卧室看看情况，结果发现佩吉还穿着衣服，正在看一本书。妈妈气坏了，打了佩吉屁股，给她脱了衣服，把她放到了床上。

首先，佩吉知道她该上床睡觉了。但她磨磨蹭蹭，要求多看一会儿电视，因为这样做可以挑战妈妈的权威。而当妈妈做出让步，允许佩吉继续看电视时，这就正好满足了女儿的意图。佩吉的行为似乎在说：“我必须让你做我想要你做的事，只有这样我才能感觉自己是重要的。”她哄骗妈妈让她继续看电视，并且达成了自己的目的。她成功地展示了自己战胜妈妈的能力。

由此可见，对权力的争夺就是孩子们用以获得归属感的第二个错误目标。如果一个孩子获得关注的需求遭到父母强行拒绝，经过一段时间后，孩子往往会发展出这样的状况。此时，孩子下定决心要用权力来打败父母。拒绝做父母想让他做的事情，这让他获得了巨大的满足感。这样的孩子觉得，如果他服从父母的要求，他就会屈服于更强大的力量，从而失去个人价值感。害怕被更强大的力量压倒这样的恐惧，对一些孩子来说是一种具有毁灭性的现实，这种恐惧会导致他们为了展示自己的力量而竭尽全力，不惜一切代价。

当佩吉的妈妈坚持要佩吉在节目结束后上床睡觉时，妈妈和佩吉陷入了一场权力之争。故事的其余部分说明了两人是如何试图让对方知道谁才是老大的。每次妈妈心烦意乱，每次她打佩吉耳光或打她屁股，都是在把胜利出让给佩吉。而在佩吉看来，惩罚带来的侮辱和痛苦都是值得的，都是为胜利付出的代价。她要让妈妈一直处于沮丧之中，让妈妈宣告投降——这时如果父母感到彻底失败，脾气爆发，就恰好满足了孩子的需求。我们的行为是在说："除了我的身材和力量，我什么都没有了。"孩子们感觉到了这一点，并利用了它。你难道不记得当你让父母气急败坏、沮丧不已的时候，你是如何一边泪流满面哇哇大哭，一边在心里暗自得意的吗？

不要试图压制一个沉溺于权力的孩子，这种做法是一个严重的错误，而且是徒劳的。在随后的长期斗争中，孩子只会发展出更纯熟的技巧来运用自己的能力，在这个过程中他会越来越笃信，除非自己能让父母沮丧投降，否则自己就毫无价值。在这样的成长过程之下，孩子可能会觉得，只有做一个恶霸、一个暴君才能让自己获得内心的满足。

由于我们对平等的观念发生了变化，权力竞争的问题在当今社会变得普遍起来。我们将在第十六章进一步讨论这个问题。目前，我们只需要意识到，当父母和孩子都试图向对方展示自己的掌控权，这就意味着双方的关系中存在权力的斗争。

要求引起注意和展示权力之间是有区别的，其中一个重要区别是孩子在被家长训斥后的反应。如果他只是想引起注意，他会在受到训斥时停止自己的不当行为，至少是暂时停止；但如果他的意图是展示权力，父母越是训斥，他越会变本加厉。乔伊斯和佩吉的例子清楚地表明了这种区别。

妈妈在厨房，爸爸在地下室。五岁的罗伊和三岁的艾伦在客厅里玩。突然，艾伦发出痛苦的尖叫声。妈妈和爸爸赶到现场，发现艾伦蜷缩在角落里尖叫，而罗伊正举着一只打火机，火苗正灼烧着弟弟的胳膊。等父母赶到时，伤害已经造成。罗伊成功地把艾伦严重烧伤了。

孩子们用以获得归属感的第三个错误目标是权力斗争加剧的结果。当父母和孩子越来越多地卷入权力斗争，双方都试图制服对方，结果就会演变成一场激烈的报复。在沮丧的情绪中，孩子可能会寻求报复，并以此作为他体现自身重要性的唯一途径。到了这一步，孩子已经确信自己不可能被喜欢，也没有任何权力；只有当他能像被别人伤害一样去伤害别人时，他才有意义。于是他错误的目标变成了报复和还击。罗伊曾经为了获得自己的位置而付出努力，而如今他深陷在沮丧之中，把自己看成一个不讨人喜欢的坏男孩。他的行为的确令人憎恶，于是很轻易地说服其他人，他的的确确就是个坏男孩。这样的孩子最需要鼓励，却最少得到鼓励。只有真正理解和接纳孩子本来的样子，才能帮助他重新发现自己的价值。妈妈或爸爸惩罚罗伊时，只会给他进一步的证据证明他是坏的，同时，惩罚也会给罗伊提供进一步发出挑衅的动机，这将导致进一步的报复和进一步的相互伤害。

彻底自暴自弃的孩子会采用第四种获得归属感的错误目标，即证明自己是个无能的人。

八岁的杰伊在学校遇到了难题。在一次家长会上，老师告诉妈妈，他的阅读能力极差，各科成绩都落后，不管他怎么努力，也不管妈妈给他多少额外的帮助，他似乎都没有取得任何进展。“杰伊在家里都帮大人做些什么呢？”老师问。“我不再让他做家里的事了，”妈妈回答，“他什么都不想做，再说他笨手笨脚的，就算做了也做得很糟糕，所以我就不再要求他帮忙了。”

一个彻底灰心丧气的孩子会放弃自己。他觉得自己在任何方面都没有成功的机会，无论是自己用正面的方法还是错误的方法，一切努力都无济于事。他变得无助，在这种无助的情绪之下，他夸大自己身上任何的弱点或缺陷，甚至有意夸大自己幻想出来的缺陷，避免去做任何他预料自己做不了，或会让自己难堪的事情。看似愚蠢的孩子往往是灰心丧气的，他们用愚蠢作为逃避付出努力的借口。比如这些孩子会说："反正我无论做什么事都做不好，你会发现我一无是处，所以让我一个人待着吧。"这些孩子不再支配别人，他们选择放弃。每当妈妈说："我放弃了！让他做任何事都没有意义！"她可以确认，这正是孩子想要让她产生的想法。就好像孩子在说："放弃吧，妈妈。没用的。我毫无价值，毫无希望。别管我吧。"当然，孩子对自己的看法是一个错误的概念，经历了一系列不可逾越的障碍之后，他形成了这样的自我认知。他灰心丧气，然而，事实恰恰相反，没有一个孩子是毫无价值的！

当我们意识到孩子错误行为背后可能存在的这四种错误目标时，我们就有了行动的基础。但是，在任何情况下，我们都不应告诉孩子我们怀疑他们有着错误的目标，这样做不但没有任何好处，而且还会适得其反。心理学知识应该被用作我们行动的指南，而不是作为攻击孩子的武器。对于自己的目的，孩子其实是毫无意识层面上的认知的。的确有人可以使一个孩子意识到他隐藏的目的，但这个人应该是受过专业训练的专业人士；一旦我们意识到孩子的错误目标，我们就能意识到他行为的目的。看起来毫无意义的行为现在开始变得有意义了。我们现在可以采取行动了。如果我们让孩子无法得到他无意识想要的结果，他的特定行为就变得毫无意义了，他可能会重新考虑他的方向，并选择另一种行动方式。

当我们意识到孩子在寻求过度的关注时，我们应该避免屈服于他的要求。当我们发现自己卷入了一场权力较量时，我们可以退出战场，不允许自己卷入这场较量。向一个不在场的妈妈寻求关注是没有意义的。在空荡荡的战场上，即便成为胜利者也毫无意义。当孩子试图伤害我们时，我们应当意识到他内心深处的沮丧，避免自己情绪受挫，避免通过惩罚来还击。当我们发现孩子自我放弃时，不要让他灰心丧气，想办法引导孩子去发现自己的能力。

如果妈妈不相信孩子是无药可救的，孩子本身呢？又怎么会自暴自弃呢？

接下来的章节将说明这四个错误目标的实际案例，并描述纠正这些错误的可行方法。有一个重要的现象值得注意——往往明显表现出这四种错误目标的都是幼年期的孩子。在幼儿时期，孩子的注意力集中在发展与父母和其他成年人的关系上。他把自己看作一个生活在成人世界中的孩子。在这段时间里，四个错误的目标对知情的观察者来说是相当明显的。然而，到了十一岁左右的时候，他与同伴的关系变得更加重要，为了在同伴群体中找到自己的位置，他追求更多样化的行为模式。到了此时，令人不安的行为（这样的行为往往代表着孩子寻找自己位置的错误努力）再也不能简单地用这四个错误目标中的任何一个来解释了。青少年和成年人的挑衅行为有时也可以用这四个错误的目标来解释，但他们也会表现出其他的错误目标，比如寻求刺激、过度关注男性特质、寻求物质上的成功等，这些并不属于上文我们讨论的四种错误目标。

有一个必须牢记在心的重要理念是，作为父母，我们只能试图激励孩子改变行为。即使我们做了正确的事情，成果也往往不尽如人意。（无论如何，期望自己每一次都能获得成功，这同样是一种不切实际的目标！）每个孩子对自己要做什么都有自己的想法。家庭以外的影响，尤其是同龄人的影响，也会给他留下很深的印象。但我们引导他走向另一个方向的努力，却发现自己是在白费功夫，我们必须记住，每个孩子都是独立的个体，他有自己的选择和决定。我们不能为此承担责任。这恰恰也是平等理念的题中之义。

生命只由当下组成，在此刻做正确的事，我们就会迈向进步。如果我们不能满足特定情况的要求，不知道如何应对，那么我们将很难把握、改善自己的当下。

解决问题的办法并不总是立竿见影的。这一时刻发生的事情只是一系列事件中的一环，这些事件要么已经有了解决方案，要么尚未得到解决方案，要么根本无法解决。对于我们和孩子来说，每分每秒都在见证他的变化，家长对他的教育过程随着时间稳步推进，孩子的人际沟通能力随着时间逐步增强，要么相反——时间见证了他负面态度的养成，看着他越来越难以融入社会。

孩子遇到的许多问题都可以循序渐进地来解决。在这本书中，我们力图指出，在给定的冲突情况下，哪些方法可能是有益的，而哪些是有害的。对大多数父母来说，在大多数情况下，只要知道在特定情况下该做什么，不该做什么就足够了。在过去，这些知识是所有妈妈所共有的，正是这些知识构成了代代相传的育儿传统。我们现在的工作是澄清在民主环境中有效的方法，从而发展出一种新的抚养孩子的传统。

在许多情况下，孩子的错误行为背后的错误想法和错误目标已经根深蒂固，要应对这些他的不良行为，仅凭家长做出正确的回应是不够的。在这种情况下，父母需要对孩子内心的基本假设、对他的人格模式进行深刻的重建，需要对他的行为动态进行更全面的了解。而为了做到这些，父母可以参加家长学习小组或咨询中心或者接受个别咨询，又或者学习更多关于儿童心理学的理论书籍[1]。我们试图做的是澄清父母对亲子互动中某些日常程序的误解——对那些因为孩子而身心俱疲的妈妈提供帮助，一个妈妈首先必须发现自己影响孩子的巨大潜

1 为了抵消目前父母阅读各种书籍的倾向，从而在努力理解和对付孩子时变得更加困惑，我们建议阅读遵循相同方向的书籍。如：

Adler, Alfred. *The Problem Child*. New York: Capricorn Books, 1963.

Adler, Alfred. *Understanding Human Nature*. New York: Premier Books,1957.

Beecher, Marguerite and Willard. *Parents on the Run*. New York: Julian Press, 1955.

Dinkmeyer, Don, and Dreikurs, Rudolf. *Encouraging Children to Learn: the Encouragement Process*. Englewood Cliffs, N.J.: Prentice-Hall, 1963.

Dreikurs, Rudolf. *The Challenge of Marriage*. New York: Duell, Sloan and Pearce, 1946.

Dreikurs, Rudolf. *The Challenge of Parenthood*. New York: Duell, Sloan and Pearce, 1948, revised edition, 1958.

Dreikurs, Corsini, Lowe, and Sonstegard. *Adlerian Family Counseling: A Manual for Counseling Centers*. Eugene: University of Oregon Press, 1959.

Rasey, Marie. *Toward Maturity: The Psychology of Child Development*.New York: Hinds, Hayden & Eldrige, 1947.

Rasey, Marie, and Menge, J. W. *What We Learn from Children*. New York:Harper & Brothers, 1956.

Wexberg, Erwin. *Our Children in a Changing World*. New York: Macmillan Company, 1938.

力，而后才能知道如何正确地引导孩子。父母对孩子的了解越深刻，他们就越能帮助孩子重新定位自己，帮助他们获得对生活更准确的认识，接受与他人合作所必需的社会价值观，以及使他们的生活圆满实现所必需的社会价值观。

第五章

对惩罚与奖励的误解

THE FALLACY OF PUNISHMENT AND REWARD

家里静悄悄的，这让妈妈觉得蹊跷，她决定四处察看一番。她发现两岁半的亚历克斯又在忙着把卫生纸塞进马桶。因为这样堵住马桶，亚历克斯被打了好几次屁股了。妈妈怒不可遏地吼道："你又做这种事？！要我教训你几次才肯听？"她一把抓住亚历克斯，脱下他的裤子，用鞭子抽打他。那天晚上晚些时候，爸爸发现马桶又被塞了。

为了同一个行为被打了那么多次屁股，亚历克斯到底为什么还要继续？是他太小所以不懂事吗？远非如此。亚历克斯很清楚自己在做什么，他是故意重复这个错误行为的。当然，他自己也说不清为什么！但他的行为告诉了我们原因。他的父母说："不，你不能。"他的行动在说："我要证明给你看我可以！不管你说什么！"

如果惩罚能让亚历克斯停止往马桶里塞东西，打一次屁股就能达到效果。可是，多次打屁股并没有产生多大的效果，究竟出了什么问题呢？

在第一章中，我们讨论了社会环境的变化，民主已经融入我们的生活，成为一种生活方式。

既然民主意味着平等，父母就不能再承担"权威"的角色。权威意味着一种支配关系：一个人对另一个人拥有权力。而相互平等的人之间不可能有这样的支配关系。支配关系即力量、权力，人与人之间的这种关系，已经被另一种平等的影响方式所取代。

惩罚和奖励是专制社会惯用的手法。在这样的社会环境下，享有统治地位的权威者有权根据功绩给予奖励或惩罚。他的特权即决定谁该赏谁该罚。专制的社会制度是建立在稳固的统治权力的基础上的，因此，权威者决定奖惩的特权被人们习以为常，人们默认这就是生活准则的一部分。孩子们观察着、等待着，希望着有一天他们能成为享有特权的成年人。今天，我们的整个社会结构都发生了变化。孩子们获得了与成人平等的社会地位[1]，我们不再享有比他们优越的地位。我们对他们的影响已经消失了：不管我们是否知道，他们都清楚这一点。他们不再认为我们具有居高临下的权威。

我们必须认识到，把自己的意志强加给孩子是徒劳的。再多的惩罚也不能带来持久的顺从。今天的孩子为了维护自己的“权利”，愿意接受任何程度的惩罚。困惑不解的父母错误地希望惩罚最终会带来结果，却没有意识到他们的方法实际上毫无用处。他们最多只能从惩罚中获得暂时的效果。当同样的惩罚必须一次又一次地重复时，就会发现这根本无济于事。

惩罚的使用只会帮助孩子发展出更强的反叛意识和反抗能力。亚历克斯还如此年幼，却已经误入歧途，开始走上了反叛之路。

六岁的丽塔整个上午都脾气暴躁。她不肯吃早餐，被妈妈骂了一顿。接着她跟四岁的妹妹吵了一架，妈妈让她回房间待半个小时。随后，丽塔又把家里种的花连根拔起，再次被妈妈训斥，妈妈还威

1 平等的概念很难被真正理解。尽管平等已经实现，但我们无法根据传统感知它的真正含义。我们寻找使一个人比另一个人低或高的单一品质，尽管所有这些评价都已经过时。我们习惯寻求单一的标准来评判人与人的优劣高低，可是，如今这些评判标准都已经被废弃了。

胁要打她的屁股。丽塔不但不听还变本加厉，把邻居家的猫绑在晾衣绳上，差点把它勒死。妈妈罚她坐在厨房的椅子上不许动。最后，丽塔把她的午餐牛奶扔到了地板上。妈妈忍无可忍，把丽塔拖进她的房间，狠狠地打了她一顿，并命令她整个下午都不准走出房间。一个小时后，妈妈发现丽塔的房间里静悄悄的，她以为丽塔可能睡着了，就往房间里偷看了一眼，发现房间里的窗帘被人剪了，只要是丽塔够得着的地方，都被剪成了碎布条。这使妈妈非常沮丧。她痛苦地叫道："噢，丽塔！我该拿你怎么办呢？"

丽塔用"勇气"来掩饰她的沮丧。她的行为在说："至少我坏的时候，你知道我在身边。"然后，当妈妈被逼得一罚再罚的时候，丽塔终于用自己的行为告诉妈妈："如果你有权利伤害我，我也有同样的权利伤害你！"随之而来的是她可怕的还击和报复。妈妈惩罚得越多，丽塔报复得越厉害。这就是惩罚的结果。不幸的是，孩子的适应力和顽强程度远远大于成年人。他们比父母更懂得使用计谋，更能看清局势，更能在这场较量中坚持到最后。结果就是父母忍无可忍，摇着头，痛苦地喊："我不知道该怎么办！"

惩罚，或者说权威意识："服从我，否则后果自负！"应该被一种相互尊重和合作意识所取代。即使孩子不再处于劣势地位，但他们没有受过训练，缺乏经验，他们需要我们的引导。一个好的向导能激励他的随行者采取适合情况的行动，所以父母必须这样做。我们的孩子需要我们的引导。如果他们知道我们尊重他们是平等的人，有平等的权利决定他们要做什么，他们就会接受我们的指导。当孩子被鞭打时，他的尊严已经受到了极大的伤害，而当父母打完孩子又感到内疚时，家长自身的尊严也所剩无几。

我们应当学习使用更有效的方法来刺激孩子，使他有遵守秩序的愿望。我们可以创造一种互相尊重、互相体谅的氛围，为孩子提供一个学习如何与他人舒适、快乐地生活的机会。我们需要安排环境，但不能表现出对孩子或对我们自己缺乏尊重。我们可以在不展示权力的情况下做到这一切，因为权力会煽动反叛，与我们教育孩子的目的背道而驰。

训练自己用新的育儿方法，在这个过程中，我们可能被激怒，对孩子进行惩罚或打骂孩子，当我们发现这种情况时，我们应诚实地承认，以便缓解我们的挫败感，而不是以自欺欺人的态度说我们惩罚孩子“是为了他好”。与此同时，我们也可以承认，有时孩子确实是潜意识主动要求挨鞭子的。他的挑衅行为是他目标的一部分，他的目标是证明他是“坏”的，或者是为了让我们卷入一场权力之争，或者是为了报复之前的“不公正”。当我们惩罚他时，我们与他的意图是一致的——可以说是落入了他的陷阱。问题在于，作为人类，我们是不完美的。每隔一段时间，我们就会表现得像一个普通人类，而不是教育者。最好的办法就是对自己的弱点报以微笑，然后继续前进，继续做出更有建设性的努力。我们必须有勇气承认自己不完美。当孩子不断地使我们感到挫败时，我们有权争取短暂的瞬间，扳回一城，享受片刻的胜利，之后也不需要为此感到内疚。罪恶感是我们负担不起的奢侈品。在这种时候，我们的感觉会替我们说："是的，我打了他。我认为这样做是不对的。但只要我感到内疚，我就不是一个糟糕的父母。"奇怪的是，坦率地承认："当然，我打了他。是他自找的。我知道这作为一种训练方法是没有用的，但这让我感觉好多了。现在我可以收拾残局，重新开始了。"这极大地增加了我们自己的勇气，我们自己也觉得我们可以对付这个孩子了。

妈妈给了八岁的比尔一美元，让他去烘焙店，而妈妈自己则要去超市。两人在外面再次相遇时，妈妈找比尔要零钱。"你要零钱干吗？"比尔大声咆哮。"比尔！我需要那些钱！"男孩生气地把零钱倒在妈妈的手里。"我不明白，"他厉声说，"我帮了忙，不是吗？"妈妈不解地看着他："是的，你帮了我一个忙。"当他们朝车子走去时，比尔浑身上下都流露出他的怨恨。

作为一种制度，对孩子的良好行为做出奖励，这跟惩罚一样有长远的害处。这两种制度同样表现出缺乏尊重。只有当某个低于我们的人向我们提供帮助或做了好事时，我们才会给予"奖励"。在平等之间相互尊重的体系中，一项工作之所以完成，是因为它需要去做，而满足感来自两个人一起和谐地完成一项工作，就像比尔和他妈妈那样。但比尔应该为家庭福利做出自己的贡献，可他并没有这样的概念。他的注意力都集中在自己身上。他只想着"买面包对我有什么好处"，但他发现结果是"对我什么好处都没有"时，他表现出了怨恨。多令人气愤啊！比尔的眼界是多么狭隘啊。他认为自己只有得到某种奖励，才能获得属于自己的位置，他天生的社会利益观念被这种错误观念扼杀了。只有当他的行为得到某种回报时，他才认为自己有归属感。

音乐会中场休息时，两个初中生在聊天。“嘿，梅维斯很擅长弹奏德彪西的曲子。”其中一个评论道。“啊，她其实并不那么喜欢钢琴，”另一个回答，“你知道吗？”他接着说：“她妈妈每小时付给她一美元，让她练习。”“你在开玩笑吧！”“不，我没有。梅维斯说她整个夏天每天练8个小时，就是为了能多挣到钱。”“这是一个很好的训练理由！”“难怪她不怎么喜欢钢琴。她不是出于乐趣才演奏的。见鬼。当我练习的时候，我太沉迷于其中了，我的家人会喊着让我停下来，让琴键歇一歇。”“是啊！我明白你的意思。我也经常这样。”

这就是我们年轻人明辨是非的一个例子！

下了一场大雪，爸爸叫十岁的迈克和八岁的斯坦去人行道铲雪。“你付我们多少钱？”迈克问。“我想想，”爸爸犹豫着，“你觉得你们的劳动值多少钱？”“噢，大约一美元二十五美分。”迈克开口要价。“这个价钱包括车道费吗？”爸爸疑惑地问。迈克不想扯得太远，小心翼翼地回答说：“是的，我想是的。”“那好。”爸爸同意了。“太棒啦！”男孩们一边冲出去一边大喊。

为什么要给孩子做家务的钱？他们住在大人提供的房子里，吃的是大人提供的食物，穿着大人提供的干净的衣服，并分享利益。如果他们像他们声称的那样是平等的，他们就有义务分担劳动。

通过奖励制度，迈克和斯坦认为他们不需要做任何事情，除非他们能从中得到一些好处。在这种情况下，他们不可能培养出责任感。重点被放在了“对我有什么好处？”，以至于奖赏越来越难以使他们感到满足。事实上，没有一种奖励能让我们获得完全的满足感。

孩子们应该分享家庭生活的方方面面。他们在可支配的金钱方面也有份，通常是以零用钱的形式。这是他们分到的份额，他们应该被允许用自己的份额做他们喜欢做的事。家务劳动和零用钱之间不应该有任何联系。孩子做家务是因为他们对家庭福利有贡献。他们得到零用钱，这是他们分享的家庭权益。

妈妈把两个小女儿留在停车场的车里，这样她就可以毫无顾虑地去杂货店买东西。妈妈一下车，两个小女儿就哭了起来。“乖一点，我给你们带玩具来。”妈妈安慰她们。“什么玩具？”三岁的孩子问。“噢，我还没想好。”妈妈匆匆地回答，然后走开了。

妈妈想通过提供物质利益来赢得合作。然而事实上孩子不需要贿赂也能变得乖巧。他们其实是想变好的。孩子的良好行为源于他对归属、有益贡献和合作的渴望。当我们为了孩子的好行为而贿赂他时，我们实际上是在向他表明我们不信任他，这会导致孩子感到沮丧。

奖励并不能给孩子一种归属感。这可能是父母对这一刻的认可，但下一刻呢？爸爸妈妈还认可吗？还会有另一个奖励吗？这样的时刻越来越多，父母所能提供的奖励总会耗尽！如果我们不给予特别的奖励，孩子就会认为这是在浪费他的努力。当孩子开始问自己“这对我有什么好处？”，得到的答案是“没有”并因此拒绝合作时，父母将面临一个严重的问题。除非他认为奖励足够，否则孩子就会拒不合作——合作的意义何在？如果他得不到任何特别的回报，他为什么要费心去做他应该做的事呢？到了这一步，功利主义的态度变得可怕起来；他们没有机会满足自己的欲望。一种完全错误的价值观被建立起来了，孩子认为世界亏欠了他。如果没有什么是自动到他手心里来的，他会“给他们好看”。举例来说，在这种价值观之下，16 岁的孩子可能会认为“遵守高速公路规则以保全生命”这样简单的意识在他的价值观中没有一席之地。他更喜欢不计后果地飙车。他为什么要费心遵守公路规则呢？奖励在哪里？他有他的车。更有趣的是，看看他能经历多少刺激，并展示他是一个多么聪明的家伙，随心所欲，仍然没有被抓住。就算他被抓住了，小小的惩罚又有什么用呢？反抗的刺激是值得的。不管怎样，爸爸会把车修好的。

这就是奖惩的最终结果。“他们没有奖励我，那么我要惩罚他们。如果他们惩罚我，我就报复他们。我要让他们看看！”

真正的满足感来自一种贡献和参与的感觉——在我们用物质奖励孩子的现行制度中，这种感觉实际上被剥夺了。我们错误地试图通过奖励来赢得合作，实际上是在剥夺孩子们生活中最基本的满足感。

第六章

利用自然结果和逻辑结果

THE USE OF NATURAL AND LOGICAL CONSEQUENCES

既然惩罚和奖励是无效的，当孩子行为不端时，我们能做些什么？这么说吧——如果妈妈忘了烤箱里的蛋糕，后果是什么？按照逻辑，蛋糕烤焦了。这是她健忘的自然结果。如果我们让孩子体验到自己行为的后果，我们就提供了一个诚实而真实的学习环境。

十岁的阿尔弗雷德经常忘记带午餐去学校。妈妈一发现午餐，就把它送到学校，并确保送到他的手中。每次发生这种事，她都要对他的疏忽大骂一顿，并提醒他，给他送午饭给她带来多少麻烦。阿尔弗雷德对这些教训的反应是向妈妈发脾气，以及继续将午餐遗忘在家里。

忘记带午餐的自然结果是什么？一个人会挨饿。妈妈可以告诉阿尔弗雷德，她不再为他的午餐负责。当他忘记时，妈妈可以对他的抱怨置之不理。毕竟，这不是她的问题。阿尔弗雷德肯定会生气的，因为他认为妈妈有责任照顾他吃午饭。但妈妈可以平静地回答："很遗憾，阿尔弗雷德，是你自己忘记了。"（在这件事上，也许有必要争取学校的合作，这样就不会有人提供午餐钱了。）可是，如果妈妈补充说"也许这将给你一个教训"，她会立即把"后果"变成惩罚。最重要的是，我们要用语言告诉孩子，他有能力解决自己的问题，他并不是一定要按照我们的决定去做。

对许多父母来说，让孩子挨饿的想法是可怕的。挨饿的确是一件糟糕的事。但偶尔不吃午饭并不会对身体造成伤害，而且这种糟糕的感觉可能会有效地刺激阿尔弗雷德，让他记得把午餐带走。这将有助于消除阿尔弗雷德和妈妈之间的摩擦和不和谐，这种摩擦和不和谐比饥饿更具破坏性。我们没有权利去承担孩子的责任，我们也没有权利去承担孩子行为的后果。这些都是属于他们的。

四岁的爱丽丝体重偏轻，很容易生病。爸爸妈妈都相信，适当的营养会改善她的健康状况。

爱丽丝坐在桌前，津津有味地吃了头几口。她喝了一点牛奶，随着爸爸妈妈的谈话开始，她逐渐对食物失去了兴趣。她把胳膊肘靠在桌子上，用手托着头。她无精打采地把盘子里的食物推来推去。“来吧，亲爱的，”爸爸提示道，“好好吃饭吧。”他说话温柔而充满爱意。爱丽丝迷人地笑了笑，咬了一口，放在嘴里。爸爸又在和妈妈说话了。爱丽丝的嘴巴动了一两次。“来吧，亲爱的。好好吃饭。”妈妈暂停了和爸爸的谈话。“你一定想长高高，身体壮，不是吗？”爱丽丝使劲咀嚼着。“这就是我的乖女儿。”爸爸鼓励道。但只要妈妈和爸爸再说话，爱丽丝就不吃了。整顿饭都是父母在不停地哄爱丽丝吃东西。

爱丽丝胃口不好，这背后的目的是想让父母忙着照顾她。当我们观察父母在做什么时，很容易发现这一点。

我们靠进食维持生命，这是一种正常的功能。当孩子出现喂养问题时，背后总是有一对教育方式出了问题的父母。吃饭是孩子的事，父母应该管好自己的事，而不是孩子的事。

教爱丽丝正确吃饭最简单的方法，就是“允许”她自己吃。如果她拒绝，家长应该保持友好的态度，完全放弃口头提醒，等大家吃完后，把没吃完的食物从桌子上拿走，让爱丽丝自己去发现到底会发生什么。如果不吃，就会挨饿。在下一顿饭，而不是之前，再次提供食物。如果爱丽丝还在磨蹭，就什么也不说；饭桌上仍保持着友好的氛围。言下之意是：“如果你想吃，这里有食物。如果你不想吃，那么我会假定你不饿。”如果孩子玩食物，食物就会被拿走。没有惩罚的威胁，也没有贿赂的奖励（比如甜点）。爱丽丝可能会在一个小时后抱怨饥饿，乞求妈妈给她牛奶和饼干。这时妈妈可以回答说：“你饿了啊，这可真糟糕。晚餐六点钟准备好。太可惜了，你得等这么久。”不管爱丽丝挨饿的样子看起来多么可怜，妈妈必须让爱丽丝饿着，因为这是不吃东西的自然结果。打屁股造成的痛苦是惩罚，因为它是由父母造成的。挨饿不舒服不是大人强加给孩子的，而是吃饭时不好好吃的结果。

为什么父母对打孩子屁股造成的痛苦毫无愧疚感，却对孩子自己造成的饥饿痛苦感到恐惧呢？似乎父母觉得自己有责任提供食物，如果看到孩子饿了却什么都不做，就会被指责为不称职的父母。然而，我们对饮食的过度关注，对瘦和健康的深切焦虑，往往是一种面具。父母可能完全相信自己的责任感，而实际上他们掩盖了自己真正想要主宰的意图：“我打算让我的孩子按照我希望的方式吃东西。”正是这种控制欲驱使着许多父母。爱丽丝反抗的正是这种非常权威的控制。

当“权威”被移除，爱丽丝不再有什么东西可以反抗时，不吃也没有什么好处，她很可能会自主好好吃饭。这可能需要一点时间，当然也需要耐心。

如果合乎逻辑的结果被用作威胁或在愤怒中“强加”给孩子，它们就不再是结果，而变成了惩罚。孩子们很容易就能分辨出其中的区别。他们会对合乎逻辑的结果做出反应，也会在受到惩罚时做出反抗。

爱丽丝的父母决定使用逻辑推理。她总是磨磨蹭蹭，这让妈妈很生气，但妈妈什么也没说。爸爸和妈妈交谈，但没有生气。他们的问题就在他们的鼻子底下——孩子喜欢磨磨蹭蹭，把食物在盘子里推来推去。爸爸妈妈已经快吃完午饭了。爸爸转向爱丽丝，带着爱的耐心。“爱丽丝，来吧，吃你的午餐。如果你不吃，你知道你会在晚饭前就饿，而且在两餐之间你不能吃任何东西。你不想挨饿，对吧？”“我不想再吃午饭了。”爱丽丝回答。“好吧，你会饿的。记住，晚饭前什么也不要吃。”

这不是合乎逻辑的结果，这依然是惩罚。爱丽丝受到了饥饿的“威胁”。妈妈和爸爸仍然关心她的吃饭问题，并巧妙地表现出来。他们还是想“强迫”爱丽丝吃东西。而爱丽丝是多么聪明啊。她能感觉到如果她饿了父母会有多难受。所以她拒绝自己的午餐，并将“忍受”饥饿来惩罚她的父母。

摆脱困境的唯一方法是爱丽丝的父母真正做到对她的饮食不再关注。这是爱丽丝自己的事情。她必须解决它。她可以选择吃，也可以选择不吃；她可能觉得饿，也可能不饿——这是她的选择。让她自己承担后果吧。

当我们使用“逻辑结果”这个词时，父母常常会误解为把自己的要求强加给孩子的一种新方式。而孩子能看破伪装，明白这只是变相的惩罚。逻辑结果抑或是惩罚，其中的奥秘就在于运用的方式。父母应当采取回避的态度，为事件发生的逻辑顺序留出空间。这样做的结果是双向的。不吃东西的自然结果是饥饿带来的不适，吃东西的自然结果是满足感和舒适。

午餐时间对妈妈来说是每天的麻烦事，她很难让六岁的卡罗尔在规定时间内吃完午饭，下午准时抵达幼儿园。

然后她听说了应用逻辑结果的系统。妈妈承认，卡罗尔能准时到是她的骄傲。她很难容忍卡罗尔迟到给她丢脸。无论如何，有一天她指给女儿看时钟的指针，告诉她那个时间应该去上学，然后坐下来和她一起吃午饭。卡罗尔磨磨蹭蹭的。当妈妈吃完后，她离开桌子，拿着一本书坐在另一个房间里。（实际上她根本没有看进去书，但从表面上看，她似乎全神贯注于自己的事情！）结果，卡罗尔迟到了半小时才到达学校。而当她再次回到家后，她偶然发现，尽管她迟到了，但家里一切照旧。第二天，妈妈继续按部就班。第三天，她给老师写了一张纸条，请求老师的合作。那天卡罗尔迟到了45分钟。当她回到家时，因为迟到了，她难过得哇哇大哭。“亲爱的，很抱歉你迟到了。也许你明天可以安排得更好。”妈妈这样说。从那天起，卡罗尔就像只鹰一样盯着时钟，而妈妈不再为准时送她去上学而头疼。

同样的技巧也适用于孩子们早上起床和上学这两件事。他们可以有自己的闹钟。妈妈可以告诉孩子，她将不再负责按时叫他们起床和上学。从此妈妈不再缠着孩子们，而是任由孩子们磨蹭，忘记拿书本和做作业。如果孩子错过了校车，就只能走路上学了，哪怕是很远的路。反正他们有精力。

只要稍微思考一下，我们就会得到一个合乎逻辑的结果。我们只需要问问自己："如果我不干预，会发生什么？"作业没做完，老师就会大发雷霆；玩具被破坏了，那就没有可玩的；没有放进洗衣篮的衣服不会被洗干净；等等。当然，在其他时候，可能需要更巧妙地安排结果。

三岁的凯西在自家院子里玩的时候，经常跑到马路上去。妈妈不得不经常看着她，把她带回院子里。责骂甚至打屁股都无济于事。

在这种情况下，合乎逻辑的后果会是什么？自然地，我们不会让孩子随心所欲，直到她被车撞了——这是在街上玩耍的自然结果。所以我们必须安排一个符合被打乱秩序的结果。凯西第一次上街，妈妈问她能不能待在院子里。如果她走丢了，妈妈就平静地把她抱起来，坚定地把她抱进屋里。"既然你不想在院子里玩，你就不能出去了。等你准备好了，你可以再试一次。"如果凯西在家里有一个明确的玩要区域，那就最好了。这样一来，把凯西从她的户外游戏中移除时，没有留下反抗的导火索。当妈妈说：“既然你不想待在院子里……”她暗示了凯西对自己感受的权利。妈妈不能把“想待在院子里玩”这样的念头塞进凯西的脑袋里，但她可以设定限制和后果。只要凯西表示愿意再试一次，她就能出去。如果她跑到街上，她就会被带回家里度过这一天。为了防止这变成一场权力的较量，在连续第三次之后，妈妈可能会把凯西关在家里几天。最重要的是，要不断给孩子再试一次的机会。这样可以让他们觉得自己还有机会，也表明了妈妈对孩子的信任，对孩子学习能力的信任。凯西可能会抗议被带进来，以表达她的反叛。在这一点上，妈妈要保持冷静，对反叛完全不做任何回应，因为我们一次只能处理一个问题。

三岁的贝蒂经常忘记刷牙。为了完成这项任务，妈妈每次都得陪着她、逼着她。这场较量使妈妈和贝蒂都很不高兴。这时妈妈想到了一个后果。她告诉贝蒂，如果她不想刷牙，就不必刷牙，但是由于糖果会破坏不刷的牙齿，贝蒂就没有糖果吃。从那以后，妈妈再也不提刷牙的事了。整整一个星期，贝蒂既不刷牙，也没有吃到任何糖果。其他孩子都能吃到糖果和冰淇淋。一天下午，贝蒂宣布她想刷牙，这样就能吃一些糖果。“现在不行，贝蒂。早上才是刷牙的最佳时间。”女孩毫无怨言地接受了这个建议。第二天早上，她主动刷了牙。

孩子们做的许多让我们烦恼的事情正是为了这个目的——让我们忙着照顾他们。逻辑推理在这里很管用。

四岁的盖伊总是把鞋子穿错脚，这让妈妈非常恼火。“噢天啊，盖伊。你什么时候才能学会好好穿你的鞋！到这里来！”然后妈妈让他坐下，给他换了鞋子。

盖伊知道他的鞋子穿错了。妈妈可以考虑自己对盖伊穿错鞋子的反应，这样就能明确知晓儿子行为的目的。他是在向妈妈表明，他将用他的鞋子让她为他服务。当妈妈说“你什么时候才能学会”，她是在暗示盖伊很笨。这当然不是事实，没有一个孩子是笨蛋。妈妈可以通过不再关心盖伊如何穿鞋来让自己和盖伊摆脱这种冲突局面。那是他的脚，不是她的。如果她不干涉，盖伊就会不可避免地感觉到鞋子穿错所带来的不适。妈妈第一次注意到鞋子穿对了，可以平静地表达她为他学会穿鞋而感到高兴。无须多言，这是对盖伊的成就的肯定，也会激励他继续努力。

十岁的艾伦把他的接球手套落在操场上，当他回去拿的时候，手套不见了。他伤心地哭了起来。爸爸责备道：“这是你今年夏天丢的第三只手套了。你以为钱是从树上长出来的吗？”他长篇大论地告诫艾伦要照顾好自己的财物，然后从艾伦那里得到了照顾下一只手套的承诺。“好吧，我明天再给你买一只。但是记住，这是今年夏天最后一次了！”（这些都是爸爸在买第二只手套后说的，包括最后一句，但他就是看不下去艾伦这么伤心！）

很多时候，父母有一个绝佳的机会，可以让不良行为的后果发挥作用。但出于同情或“保护”孩子的愿望，他们剥夺了孩子的后果，用自己的方式惩罚他，比如训斥或训诫。

事实上，爸爸可以说：“我很遗憾你把手套弄丢了，艾伦。”这时艾伦或许会大发脾气：“但我得戴上手套！”爸爸可以问他：“那么你有钱买新手套吗？”艾伦会回答：“没有，不过你可以给我。”“你会在固定的时间得到固定的零花钱。”爸爸又一次拒绝。“但这还不够！”“对不起，我也无能为力。”爸爸必须保持坚定，但很友好。

逻辑推理的运用意味着我们重新定位自己的思维方式。我们必须认识到，我们不再生活在一个可以“控制”孩子的专制社会，而是生活在一个需要“引导”孩子的民主社会。我们不能再把自己的意志强加给孩子了。我们现在必须“激励”适当的行为，而不能再强迫他们这样做了。除非我们长期使用这些新技术，使之成为我们的第二天性，否则我们会发现重新定位的过程相当困难。这需要我们进行大量的思考，并经常运用我们的想象力。事实上，让事情顺其自然，不受人为的干扰是可以实现的。这就是所谓的“自然结果”。例如，如果孩子睡过头，他就会很自然地上学迟到，不得不面对老师的愤怒。在其他时候，我们可能需要限制与错误行为逻辑相关的事件（这些是“逻辑后果”）。自然结果代表了现实的压力，无须父母采取任何具体行动，而且总是有效的。相比之下，逻辑结果除非极其谨慎，否则无法应用于相互斗争的亲子关系中，因为它们通常会恶化为惩罚性的报复行为。出于这个原因，自然结果总是有益的，但逻辑结果可能适得其反。

博比没有倒垃圾，此时如果妈妈为此而拒绝给他看他最喜欢的电视节目，这就没有逻辑上的联系。不管妈妈怎么说，博比都会听到："你没有倒垃圾，所以我要惩罚你，不让你看电视。"这个案例中可以构建的逻辑结果是，妈妈不愿意在堆满垃圾的厨房里做饭。从博比这方来看，博比没能在球队集合之前完成周六的家务，那么在他完成他的这项任务之前他不能参加比赛，这是很合乎逻辑的。

准确而持续地运用逻辑推理往往是非常有效的，可能会在减少摩擦、增加家庭和谐方面发挥惊人的效果。孩子们很快就能看出逻辑结果的正义性，他们通常欣然接受，没有怨恨。父母越少说"后果"，其行为就越不会表现为惩罚。当然，有时候，没有可能的后果，我们必须等待另一个场合。有时候，这个问题甚至可以和孩子们讨论，看看他们能提供什么来解决。

然而，如果父母与孩子进行权力斗争，他倾向于使用合乎逻辑的结果作为惩罚，这就丧失了这种方法的有效性。最重要的是，我们要时刻警惕，不要掉入这个陷阱。我们必须反复提醒自己："我没有权利去惩罚一个与我地位相当的人，但我确实有义务去引导和指导我的孩子。我没有权利把自己的意志强加于人，但我有义务不对他的过分要求让步。"

第七章

坚定但不强硬

BE FIRM WITHOUT DOMINATING

坚定和强硬，我们有时很难理解两者的区别。孩子需要坚定的态度。它提供了一些限制，若没有了这些限制，孩子就会感到不安。如果没有限制，孩子就会不断试探，看看自己能走多远。通常的结果是，他的行为激怒了父母，忍无可忍的父母惩罚了孩子。一场不愉快的场面随之而来，和谐被打破了。

妈妈开车的时候，朱迪和杰瑞这对五岁的双胞胎在旅行车的后座欢快地嬉戏。他们变得越来越吵，心烦意乱的妈妈几次叫他们安静下来。他们会停下来一分钟，然后继续他们的打闹游戏。两人越来越兴奋，突然，杰瑞推了朱迪一把，朱迪撞到了妈妈的头和肩膀。“真是够了。”她尖叫着把车停在路边。两个孩子都显得惊慌失措。妈妈狠狠地打了两个孩子一顿。双胞胎完全惊呆了，因为妈妈很少使用暴力。

妈妈对这对活泼好动的双胞胎非常宽容，双胞胎反过来也觉得“什么都可以”。如果我们允许孩子不遵守规矩，而下一次又在同样的状况下发火，教导孩子，这就是告诉孩子，只有当我们变得暴力时，才有必要关注父母的要求。

任何时候，行驶中的汽车上不是疯狂玩耍的地方。妈妈可以不借助任何力量在车内建立秩序，坚定而不强硬。这怎么做到呢？秘诀在于懂得如何坚定。统治的行为模式意味着我们试图把自己的意志强加给孩子，我们告诉他应该做什么。如果妈妈试图把她的意志强加给双胞胎，她只会成功地激起他们的反抗。另外，坚定表达的是我们自己的行动。妈妈总能决定自己要做什么，并付诸实施，那就是不在孩子们不守规矩的时候开车。每次孩子们吵起来，就停车。她可以说："只要你们不乖，我就不开车。"然后安静地坐着，直到他们井然有序。不需要其他解释，妈妈已经表明了自己的立场，她的决定是坚定的。[1]

构建一种没有支配关系的"坚定"态度需要双方彼此尊重。我们必须尊重孩子决定自己打算做什么的权利。我们不受不守规矩的孩子的摆布，从而赢得对我们自己的尊重。

七岁的埃里克是家里排行在中间的孩子，他吃东西非常挑剔。爸爸端上丰盛的炖牛肉——这是家里常吃的菜——埃里克瘫坐在椅子上，任性地宣布："那些食物我都不喜欢。""埃里克，尝尝。"妈妈恳求道。"你知道我不喜欢混在一起的食物，"埃里克抱怨道，"我就是不吃。""那好吧，我给你做个汉堡。"妈妈为他准备汉堡时，埃里克在磨磨蹭蹭地拿餐具。爸爸和其他孩子吃完饭就离开了餐桌。妈妈和埃里克一边吃一边谈论着他在学校一天的表现。

埃里克控制了整个局面，这样妈妈不仅给了他特别的食物，而且还全神贯注地照顾他。他让妈妈全心全意地为他服务。

埃里克有权拒绝吃炖菜，妈妈必须尊重他的权利。但在她想做一

1 在一个案例中，一位妈妈成功运用了逻辑结果的技能。她带着两个孩子完成了一趟两千公里的旅途。两个孩子一个十岁一个七岁，旅途中三人都很放松、享受，没有发生任何摩擦或破坏规矩的事情。

个“好”妈妈的愿望中，她承担了奴隶的角色。妈妈和爸爸可以坚定自己要做的事情，让埃里克照顾好自己。让我们看看如果父母态度坚定会发生什么。

埃里克宣布他不要炖牛肉。“好吧，儿子。你不想吃就算了。”爸爸回答。他继续把食物端上桌，但忽略了埃里克。“那你不给我准备点其他食物吗？”埃里克问。“我们今晚吃炖菜，”妈妈回答，“如果你不吃，你可以走了。”“但我不喜欢炖肉。”埃里克喊道。“对此我无能为力。”妈妈唯一的回答。在这一点上，妈妈和爸爸都坚决避免唇枪舌剑。他们对埃里克关于食物、饥饿等问题的任何进一步评论都不予理睬，继续吃晚饭。埃里克怒气冲冲地离开了餐桌。后来，埃里克来到厨房要牛奶和饼干。“我很抱歉，埃里克。我不是餐厅的大厨，我只在吃饭时间提供服务。”直到下一餐才给埃里克吃东西。尽管他一再抗议，妈妈都没有再给他任何答复。父母双方连续好几次都坚持自己的立场。埃里克很快就加入了这个家庭，家里有什么就吃什么。

三岁半的凯西已经病了好几天了，晚上需要照顾。病好后，她继续要求夜间服务。过了几个晚上，妈妈决定叫停。她和爸爸商定了一个行动方案。妈妈吻别凯西说：“爸爸和我今晚要好好睡觉了，如果你用传呼器呼叫我们，我们不会回应的。”当凯西醒了呼叫他们时，他们都不接。经历了这一次之后，凯西整晚都在睡觉。

妈妈说出了她要做的事情，让凯西自己做决定。当凯西试探她

时，妈妈依然坚定。

妈妈和莎伦在从操场回家的路上，莎伦决定去姑姑家玩一会儿。妈妈不同意，她们现在要回家了。莎伦呜咽着央求。妈妈不理会她，继续走着。莎伦开始尖叫，一屁股坐在人行道上。妈妈头也不回，平静地继续走着。突然，莎伦跳了起来，笑着跳着向妈妈跑去。她们愉快地走完了剩下的回家的路。

妈妈的行动表明她已决定要回家了。她没有用争论或解释来逼迫莎伦，也没有对她的要求让步。当孩子看到妈妈真的想回家时，她尊重妈妈的决定，加入了妈妈的行列。

坚定，就是我们拒绝屈服于孩子的过分要求，也不纵容他每一次的无理取闹。一旦我们做出了符合秩序的决定，我们就必须保持坚定的态度。这孩子很快就明白了。

维持秩序可能需要一定程度的坚定，甚至需要施加无形的压力，尤其是对年幼的孩子。当妈妈说“不”时，她必须确保这一决定得到执行。责骂、威胁或打屁股都不会成功，因为这些敌对的举动虽然有可能暂时阻止不受欢迎的行为，但通常会将冲突转移到另一个领域，导致更多不当行为。孩子们只有通过坚定的坚持才能学会遵循父母的决定。如果孩子不愿意穿得体的衣服去上学，妈妈可以阻止他出门。如果他太吵，不想停下来，可以要求他离开房间。然而，这种施加压力的行为必须时时伴随着给孩子选择的机会。“如果你安静，你可以留下来。”如果他依旧拒绝安静下来，妈妈可以让他选择自己出去，或者被带出去。让他离开，可能会显得专制。然而，如果给他一个选择，且要求是合理的，孩子不会看到这一点。如果父母和孩子之间的关系是友好的，孩子很可能会做出回应。不要用冗长的解释和道歉或说教。安静而坚定的态度是必要的，尤其是对年龄较小的孩子特别有效。有时候，一个坚定的目光就足够了。当父母认真的时候，孩子能感觉到。我们的讨论小组中有一位妈妈这样说道：“每当我不确定自己是不是真心的时候，芭芭拉就会按照她想要的去做。但当我知道我是认真的时候，她就会直接妥协乖乖地听话。就是这么简单。”

第八章

对孩子表达尊重

SHOW RESPECT FOR THE CHILD

民主的生活建立在相互尊重的基础上。如果一段关系中只有一个人得到尊重，那就没有平等可言。我们必须非常明确地表达出对孩子和他的权利表示尊重。这就要求我们把握好对孩子的期望值，既不能过低也不能太高。

两个月大的格雷戈里是家里第一个孩子，父母为他感到无比骄傲。一有机会，他们就叫醒格雷戈里，把他展示给亲朋好友看，这些亲朋好友都羡慕不已。

可是格雷戈里有睡觉的权利。父母无视他的权利，这是对他的不尊重。

格雷戈里经常哭闹，睡眠不好。只要他一哭，就有人给他喂奶，即使他一小时前才被喂食过。

一个婴儿的身体健康和成长依赖于规律的休息和饮食。在规律的日常生活中，胃会适应先消化后休息的工作模式。这促进了食物的充分利用，并建立了一个持续一生的基本秩序。起初，婴儿似乎只有一个需求——吃。通过喂食程序，一个婴儿第一次接触到秩序体系。宝宝和他的胃都有权遵循规律和秩序，婴儿甚至可以主动参与到调整喂食时间的行动中来。

儿科医生对喂养时间表的建议各不相同。遵循“按需喂养”计划的妈妈会发现，如果她对自己正在做的事情感到放松和自信，她的宝宝会在两次喂食之间形成一个规律的时间间隔。但是，如果她充满焦虑，只要宝宝动一动就纵容他，就不能帮助他制定时间表，反而刺激他提出不适当的要求。不规律的喂食时间表，是对秩序，也是对婴儿本身的不尊重。

九岁的彼得是独生子，他非常想取悦自己的父母，而父母对彼得有极高的要求，无论是在行为习惯还是在学业成绩上。在学校里，父母为彼得安排了广泛的活动，期望他在各个领域都有优异的表现。一旦有一门课成绩低于“A”，彼得就会遭遇一场灾难。他必须是童子军活动的领导者，必须在少年组的体育项目中夺得奖牌，必须把钢琴课的技巧掌握到完美，必须知道他收藏的每一块石头的正确名称，还要能完美地制作他的模型飞机，准确无误地记住他的《圣经》段落，在任何时候都要有整洁的仪容，表现出无可挑剔的举止仪态。所有认识彼得的人都认为他是一个聪明非凡的孩子。但他也有缺点，他的父母一直无法纠正：他喜欢咬指甲，几乎把所有的指甲都咬秃了。他还会做噩梦，每次一紧张，他的肩膀就会发抖。

爸爸妈妈在他们的“远大期望”中，不知不觉变得残酷。而彼得被取悦父母的欲望所驱使，很容易被引导去做任何对方期望他去做的事情。由于他的智力高于平均水平，而且非常努力，他设法达到了这些期望。但他表现出了内心的叛逆和焦虑。他觉得，只有让父母满意，一直保持领先的排名，自己才有意义。他不敢公开反抗父母的要求，因为这样就会失去自己的位置。

他只能在睡梦中抗议。彼得正走向灾难。爸爸妈妈对彼得表现出深深的不尊重，他们只把他当作提高自己威望的手段。当彼得的一生都在为他父母制定的宏大愿景服务时，他就无法尊重自己。

只有当我们对孩子充满信任，对他的能力有信心时，我们才能对他表示尊重，但这并不意味着我们可以提出满足我们野心的要求。

一岁半大的帕姆试图爬上客厅的一把椅子。滑倒了，椅子撞到下巴，嘴唇也磕破了。妈妈看到她的血一滴滴滴落，她保持镇定，轻快地说："再试一次，帕姆。你能行的。"帕姆舔了舔流血的嘴唇，开始继续练习。

残忍吗？其实一点也不。如果妈妈把孩子受伤当成了不得的大事，帕姆一定会丧失勇气。恰恰相反，妈妈看到孩子受伤后表现出并不在意的样子，帕姆才有勇气从容面对。这是多么珍贵的一课！

九岁的杰夫收藏了许多化石。他用其中一块价值很高的化石换了一块价值低得多，但对他来说却有趣得多的化石。爸爸发现了这笔交易，他非常生气。爸爸生气的第一个原因是，跟杰夫做交易的另一个男孩才十四岁，在评判化石价值这件事上却比杰夫要老到许多；第二个原因是杰夫没有征求他的意见。爸爸"摆平"了这件事，导致两个男孩之间的友谊出现裂痕，也让杰夫觉得自己能力低微，他陷入了自卑。

交易的决定者是杰夫，这个决定本应得到尊重。如果爸爸想要表示对杰夫的尊重，让他保有自己的尊严，这种情况本可以这样处理——当杰夫把自己交换来的新化石给爸爸看时，爸爸可以像往常一样表现得很感兴趣，暂时放下这件事。某一天，爸爸可以帮助杰夫发现各种化石的相对价值，而不提交易。杰夫自己会意识到，他被人占了便宜，但同时他并不会觉得自己遭受到了爸爸的羞辱。可惜现实情况下爸爸并不是这么做的。当爸爸“摆平”这件事的时候，是在暗示杰夫，他应该先想想清楚，在这件事上他大错特错。其实，杰夫从未参与过类似的化石交易，他又怎么会知道其中的门道呢？爸爸对儿子的期望太高了。爸爸应该让这个男孩明白，既然做出了决定，就必须遵守诺言。这样，一场父子冲突就变成了有益的学习机会，而杰夫和男孩的友谊也能保住了。

全家人去游乐场游玩，十一岁的罗伯特缠着妈妈要再坐一次碰碰车。九岁的露丝和七岁半的贝蒂想去佩妮游戏中心玩投币游戏机。一家人开始朝游戏机走去，罗伯特还在继续恳求。妈妈生气地拒绝了他。每当罗伯特兴奋或紧张时，他就会出现语言缺陷，听起来像个咿呀学语的婴儿。他越是央求，他的语言缺陷就越明显。最后，妈妈把矛头指向了他，模仿他的语言，拿他开玩笑。露丝和贝蒂大笑起来。罗伯特抿紧嘴唇，强忍着眼泪，落在了人群后面。

无论出于什么原因，羞辱一个孩子，这都是一种极度的不尊重，而不是一种训练手段。罗伯特在压力下出现语言缺陷的事实表明，他已经身处困境了。嘲笑强化了他的自我认知，现在他认为自己是有缺陷的，他在逆境面前无能为力，他没有希望。如果妈妈拒绝接受他对自己的错误评价，就应该表现出对罗伯特的尊重。一句“儿子，我们现在要去游戏机那里”就能让他停止恳求。

游乐园里的家庭纠纷比比皆是，这样的冲突其实很容易解决。在全家离开家之前，就每人可以花多少钱达成一个明确的决定。每个人都必须明白，他只有这么多钱。出于安全考虑，家长应该限定孩子可以玩哪些游乐设施，在出门之前就让孩子明确家长的要求。当父母对他们的坚定建立了尊重时，一场游乐园之旅就会充满乐趣。到了游乐园之后，孩子们可以自由决定玩什么，玩多久；如此一来，他们很快就能学会如何预算自己的钱和时间，以便在游乐园获得更多的快乐。如果采取相反的做法，父母不断提醒和告诫，就会把情况变成一场冲突，一家人陷入争吵，每个人都会陷入失望和沮丧。

对孩子的尊重意味着我们把他当作一个人，和我们一样有做决定的权利，但类似的“权利”并不意味着孩子可以做大人做的事。家庭中的每个人都有不同的角色要扮演，每个人在自己的角色中都有权获得尊重。

第九章

引导孩子尊重规则

INDUCE RESPECT FOR ORDER

父母要表现出对孩子的尊重，同时也要赢得孩子对其坚定态度的尊重。在此基础上，引导孩子进一步学习尊重秩序，就会容易得多。

如果孩子感受不到秩序紊乱对自己造成的影响，他就不会尊重秩序。他会对利刃表示尊重，因为它可能划伤自己；对火表示尊重，因为不注意用火安全可能会导致失火；对自行车表示尊重，因为他不努力保持平衡车就会翻倒；对棒球表示尊重，因为他不及时闪躲，就会被砸到……这些都代表了他不可抗拒、无法逃脱的秩序。他服从重力的秩序，因此在自行车倾斜时，他伸出一只脚作为支点；他尊重飞来的棒球的惯性，因此他手握球棒，避开了这个方向歪斜的球；他学会了在他的物质世界的限制下生活，并运用物理法则。再多的说教也教不了一个孩子如何平衡自行车。他学会了跳动的经验。我们帮他在自行车上安装辅助轮，但他自己学会了平衡自行车的艺术。所以，在每一个需要尊重秩序的领域，孩子都必须通过经验来学习，通过他自身的行动，而不是通过父母的说教。我们有义务给孩子增加训练次数，并随着他技能的发展逐渐将其移除。我们必须利用情景提供训练机会，让孩子积累经验。

九岁的格蕾丝坐在客厅的书桌前写字，七岁的威尔玛在地板上剪纸娃娃。纸屑到处都是。妈妈走过客厅时提醒道："孩子们，你们玩完了要打扫干净。""我们会的。"威尔玛非常不耐烦地回答，脸上的表情像是写着"你又来了"！妈妈第二次走过客厅时，两个女孩都在看电视。桌子上堆满了纸，碎纸屑和纸娃娃躺在地板上，无人理睬。“姑娘们，一定要打扫干净。”妈妈再次告诫。“好的，妈妈。”两个女孩十分敷衍地齐声说，厌烦地压低了声音。过了一会儿，妈妈注意到姑娘们吃了点心，把眼镜落在了电视机顶上。饼干屑撒得满地都是。“天啊，你们能自己捡起来吗？看看你们弄得 团糟！”“好的，妈妈，”格蕾丝恼怒地说，“我们会的。”

没过多久，妈妈发现格蕾丝躺在床上看书，威尔玛在外面玩，客厅里一片狼藉。她把威尔玛叫进来，怒气冲冲地说：“赶快打扫，我们有客人要来吃晚饭，我想让这个房间看起来体面点。今天早上你们帮我打扫了，但你们用完这些东西为什么不收拾干净呢？在开始做别的事情之前，你们应该把当时正在做的事情先处理好。你们应该清楚这一点。”妈妈愤怒地没完没了地讲道。格蕾丝和威尔玛闷闷不乐地收拾东西，把散落在各处的东西放好，妈妈则怒气冲冲地在她们周围徘徊。

格蕾丝和威尔玛当然知道她们应该收拾自己的物品。但她们既不尊重妈妈的话，也不顾及情境的需要。尽管姐妹俩已经长到这么大了，妈妈还是不得不反复提醒她们收拾，这说明多年的说教和啰唆没有任何效果，姑娘们依然不顾秩序。每次妈妈一开口，她们就用自己不打算遵守的承诺来安抚她，同时对妈妈的提醒表露出厌烦。

孩子不遵守规则，这是当今父母抱怨最多的事情。似乎孩子们都倾向于采取这种形式来反抗成年人。把东西收起来是所有父母的要求，而大多数孩子对此都表示反感。妈妈越是表现出在意家里是否整洁，越是容易受到孩子们的强烈抵制。

孩子需要把秩序作为自由的一部分来体验。哪里有混乱，哪里就会丧失自由——每个人的自由都会受到影响。

这就构成了相互尊重的问题。如果妈妈对女孩们给予尊重，她就丧失了将自己的秩序观念“强加”给她们的权利。而她对自己表示尊重，就意味着她不会收拾她们的烂摊子，追着她们跑，为她们做这做那。其实，妈妈可以引导女孩们尊重秩序。如何做到这一点呢？她可以看情况决定自己要做什么。

如果她发现女孩们的东西放错了地方，她可以把它们捡起来放好，不是为了女孩，而是为了她自己，因为它们挡了她的路。然后，只有她知道东西在哪里，因为东西是她捡起来的。姑娘们怎么会知道这些东西在哪里呢？妈妈要对此态度坚定，但很友好，这不是惩罚。不自己收拾东西，合乎逻辑的结果就是不知道它们在哪里。纸娃娃不见了，笔和纸也消失了，因为零食盘子和杯子没有放好，所以客厅里也不可能有零食。所有这些事情都是在愉快的氛围下进行的，没有任何人发脾气，妈妈也没有用滔滔不绝的话语说教。这些行为绝不应该被女孩们当作惩罚或报复。女孩们可以随心所欲地在自己的房间里乱扔东西。妈妈不必担心她们在自己的房间里制造混乱，但她可以让她们体验乱扔东西的后果。当妈妈不能“强迫”女儿保持整洁时，她会为此感到挫败——与其如此，不如让妈妈采取拒绝合作的态度，她可以拒绝为女儿们的房间换床单、拒绝打扫，由着房间里一片狼藉。

姑娘们很快就会觉得难以忍受，尤其是袜子丢了或者找不到衬衫的时候。为了避免因为混乱而感到沮丧，女孩们会需要妈妈的帮助，而此时妈妈可以主动提出每周帮她们打扫一次房间。当她和女孩们一起打扫房间时，她必须避免做出任何关于混乱的评论，不要去说“看这有多糟糕”“你怎么能忍受？”之类的话。所有的谈话都应该是愉快的，她们可以谈任何话题，就是不涉及眼下的狼藉。渐渐地，女孩们发现她们的混乱并没有让妈妈心烦意乱，妈妈不动声色地拒绝了这场“谁赢谁输”的较量，这时她们会觉得井然有序的房间让人感到更舒适。如果她们在家里其他地方的混乱导致属于她们的东西不见了，她们可能会更小心，并学会把它们放好。

三岁的珍把她的三轮车落在车道上了。妈妈叫她把三轮车骑到后院去。珍没理会她，继续在沙池里玩。妈妈生气地把她从沙池里拉出来，打了她的屁股，带着她走到三轮车跟前。“我告诉过你，骑完三轮车就把它收起来。我是认真的，快去！”然后，妈妈一手拉着三轮车，一手拉着哭泣的女儿。

妈妈使用武力，并没有教会珍秩序的必要性，武力只会制造亲子间的敌意和反抗情绪。事实证明，温和而坚定的态度会更有效。妈妈可以把三轮车搬进来，放在一个三岁的孩子在没有帮助的情况下很难把它弄出来的地方。当孩子再想要骑车的时候，妈妈可能会说：“对不起，珍。既然你上次骑三轮车的时候不愿意把它收起来，这次你就不能把它拿出来了。不过你可以今天下午再试一次。”最后这句话给了珍鼓励，所以下次她可能会自己把三轮车收起来。或者妈妈可以静静地牵着孩子的手，两个人一起把三轮车收起来。

十一岁的克莱经常错过吃晚饭的时间。他沉迷于自己那些有益健康的男孩子们的活动，而妈妈每次都原谅他。当他回来的时候，妈妈会为他热好晚餐，然后打扫厨房，直到他吃完。

克莱觉得这样太好了！妈妈是他忠实的仆人，兴高采烈地为他的利益服务。他觉得这种额外的服务是他应得的。但他不尊重秩序，因为没有人要求他这么做。他已经知道，与伙伴们保持良好的关系，锻炼身体增强体质，这些都是妈妈非常看重的事情。他为什么要尊重晚餐时间呢？时间会根据他的意愿而改变。

克莱的身体健康和他与朋友的关系都很重要。但如果他也学会尊重秩序，这些都不会受到任何损失。妈妈可以告诉克莱，晚餐时间定在六点以后，过了这个时间，她拒绝为他重新准备晚餐。而克莱可以选择是否按时回家吃饭——一旦妈妈不关心他的食物摄入量，这个选择对他来说就会变得很重要。

四岁的多丽丝总是忘记把自己的东西收纳整齐，这让妈妈十分苦恼。这家人除了爸爸妈妈和多丽丝，还有一岁两个月大的凯文，他们住在一间拥挤的小公寓里。一天，妈妈去了一个儿童指导中心。那天晚上，她和爸爸讨论了她学到的一个新方法，爸爸表示坚决支持。第二天早上，多丽丝像往常一样把她的睡衣扔在地板上，把她的玩具也扔得到处都是。到了中午，妈妈问：“你把你的东西收拾好了吗？”“没有。”妈妈又问：“那么，你想不想得到一个特许，可以有一天不用收拾东西？”“那太好了！”多丽丝喊道。“好吧。但是，我也想度过同样的一天，什么也不收拾，这没问题吧？”“当然可以。”多丽丝耸耸肩回答，在那天剩下的时间里，妈妈把她用过的所有东西都随手乱扔。除此之外，她像往常一样和女儿聊天、玩耍。她向多丽丝提议两人一起去检查一下她所有的衣服，看看哪些需要缝补。多丽丝同意了，她们说干就干。可是，妈妈把所有的衣服都放在了多丽丝的床上。凯文的衣服、玩具和瓶子也都随意扔在了床上。爸爸回家时发现公寓里一团糟，但他选择如法炮制。他把外套搭在婴儿车上，把领带挂在灯柱上，把鞋子从脚上踢掉扔在地板中央，然后像往常一样坐下来和孩子们玩。他表现得好像没有什么不寻常的事发生。到了做晚餐的时候，妈妈一边准备晚饭一边喂凯文。桌子上散落着多丽丝的纸和颜料，所以没有地方摆放餐盘。妈妈走进客厅开始看杂志。“晚饭准备得怎么样了，亲爱的？”过了一会儿，爸爸问。“都准备好了。”妈妈回答。“那我们吃饭吧，怎么样？”爸爸又问。妈妈的声音从杂志后面透出来：“没法吃啊。”“什么意思？”“没有地方放盘子。”爸爸只好拿着报纸坐了下来。“妈妈，我饿了。”多丽丝说。“我也饿了。”妈妈冷冷地回答。多丽丝默默地研究了一下眼下的情况，然后走进厨房，看了看桌子，又回到客厅。她用脚踢了一下地板上的积木，又回到了厨房。妈妈和爸爸继续看杂志，他们清楚地知道多丽丝正在收拾桌子。不一会儿多丽丝就回来了，轻声地说：“妈妈，我们现在有地方吃饭了。”妈妈马上摆好了晚餐，他们边吃边聊，一家人都很开心。

多丽丝准备睡觉时却找不到她的睡衣了。“很抱歉你找不到它了，亲爱的。”妈妈说。“床上有那么多东西，我怎么上床睡觉呢？”孩子问。“的确是没法睡觉了，不是吗？”妈妈说。“妈妈，我不喜欢这样！”多丽丝大哭起来。“我们该怎么办呢？”妈妈问。“我想我们最好把东西都收起来。”女儿回答。

有三个因素让这个案例中的妈妈获得了成功。第一，她一直保持着友好的态度，保持了愉快的气氛。第二，她避免了说教。她很少谈论眼下最需要解决的问题，只是和孩子谈论其他话题。第三，也是最重要的，她抓住了教导孩子的关键点。她并没有暗示多丽丝必须把东西收起来，也没有任何报复的意思。

这样精心策划的场面，不能使用得太过频繁。它的价值在于整个家庭共同经历的混乱所产生的巨大影响，如果过早地重复这种教学经验，这种影响就会消失。

另一种处理孩子物品乱放的方法是准备一个大纸板箱，把所有东西都装进去。妈妈会捡起挡道的东西，而不是孩子们在自己房间里乱放的东西。从橡胶到玩具，所有的东西都放进箱子里。等孩子们想要从这个盒子里捞东西时，就得花费不少力气。

如果孩子们的房间太糟糕了，妈妈可以直接拒绝进入他们的房间。衣服洗干净准备收起来时，她可以把它们放在房间外别的地方，因为她不想进入一个脏乱的房间；再说，就算她愿意走进乱糟糟的房间，也没地方放干净的衣服呀。

想象力将帮助我们找到友好的方法，避免强迫孩子服从秩序，但可以让他们经历不守规则的后果，这将引导他们根据当下情境的需要，做出更好的行为。

有时孩子可能做出严重违背秩序的行为，而在大多数此类案例中，都存在亲子关系不和谐的情况。这时，想要单纯依靠某一种技巧来解决问题，比如使用逻辑推理，是行不通的。父母需要制订一个计划来修复已经破损的亲子关系。

第十章

引导孩子尊重他人的权利

INDUCE RESPECT FOR THE RIGHTS OF OTHERS

六岁的凯瑞似乎很有音乐天赋，他很喜欢在自己的播放器上播放唱片。一天，妈妈发现儿子用客厅的高保真音响放她的唱片，因为唱针操作不当，划伤了几张好唱片，这让妈妈非常沮丧。妈妈向他解释了这些唱片的价值，如何保管它们，告诉他这些唱片对自己非常重要。男孩不安地扭动着身子。在妈妈的胁迫之下，男孩最终答应再也不擅自碰她的唱片，只能等她在家的时候一起听。可是，第二天凯瑞就违背了他的承诺，又用高保真音响听起了唱片。

凯瑞没有权利擅自动妈妈的唱片，这一点上妈妈的态度应该坚定。事实上，她向孩子做的所有的解释都是徒劳的，她从他口中获得的承诺也毫无意义，而且她还遗漏了最关键的一点——她应该说："凯瑞，这些是我的唱片。我是唯一可以播放这些唱片的人。"之后如果凯瑞还想使用音响，妈妈可以问他，是希望自己离开房间还是被带出去。这样的问话方式显示了对孩子的尊重——他仍然拥有为自己做决定的权利。妈妈坚定地要求凯瑞离开房间，但允许他选择自己要怎么离开。这说明了做一个独裁者和争取自己的权利这两者之间的微妙界限。二者深层的区别在于意图。妈妈并没有要求凯瑞只准播放属于他自己的唱片，相反，她在要求孩子尊重她的权利。

每当四岁的艾伦对妈妈的所作所为感到不满时，她就会打妈妈、踢妈妈，甚至咬妈妈。而妈妈却坚信自己不应该打孩子，女儿的行为让她感到十分沮丧。她试图让艾伦感到惭愧，为此她竭力表达自己有多伤心，希望以此来制止这种行为。可是孩子不为所动。

可怜的妈妈！她相信母子关系中所有的特权都是属于孩子的！事实上，在平等的关系中，每个人都有对等的权利。如果艾伦有打、踢、咬的权利，那么妈妈也有同样的权利。妈妈有义务向艾伦证明这一点。如何证明，这才是关键。如果下次艾伦又扇了妈妈巴掌，这种情况下，妈妈可以高兴地说："我明白了，你想玩扇耳光的游戏，那就玩吧。"然后妈妈打艾伦一巴掌。一旦她真的打了，孩子可能会火冒三丈，再次打回来。妈妈还是以游戏的姿态，再次狠狠地扇她一巴掌。妈妈继续这个游戏，直到艾伦退出。根据我们的经验，很少有孩子愿意再玩一次这个游戏！他们可能会忘记疼痛，再次冲动地动手，但当第二次听到妈妈说出玩扇耳光游戏的事件时，他们会忙不迭地撤退。

孩子往往相信自己拥有特权，而在某些情况下，父母可以假定自己也拥有同样的特权。这一招时常非常有效。例如，看到六岁的孩子在吮吸自己的大拇指时，妈妈可以选择一句话也不说，同样开始吮吸自己的拇指！孩子讨厌妈妈这个动作！他觉得他有权利这么做，但妈妈没有。你会发现，一旦妈妈也养成吮吸拇指的习惯，孩子再也不会吮吸拇指了。（不过，父母不能单单只靠这一个方法！）

每当爸爸妈妈请朋友来打桥牌时，七岁的佩妮和五岁的帕特就开始调皮捣蛋。他们穿着睡衣在房子里跑来跑去，用各种各样的方式“招摇过市”，而且拒绝回房间睡觉。妈妈和爸爸起初容忍，可到最后爸爸就会忍无可忍，打他们俩的屁股，生气地把他们扔到床上，强迫他们去睡觉。

妈妈和爸爸有权和朋友一起度过一个不受孩子干扰的夜晚。在客人到达之前，他们可以告诉孩子：“我们希望你们不要来打扰我们的朋友。你们可以礼貌地打招呼，但必须远离客厅。好了，你们有两个选择，要么今晚到姨妈家去[1]，要么和我们一起待在家里，但必须好好表现。你们选哪一种？”孩子的决定必须得到尊重。如果他们选择留在家里，但最后还是不守规矩，那么，下次朋友再来的时候，不用事先征求他们的意见，就把他们送到姨妈家去。在此之后的下一次，他们可以再次被给予选择的权利。

在前面的第七章，我们展示了凯西是如何被教导尊重父母睡觉的权利的。

1 如果家里没有姨妈可以照顾孩子，可以雇一个保姆在房间里陪伴孩子。

第十一章

消除批评，减少犯错

ELIMINATE CRITICISM AND MINIMIZE MISTAKES

八岁的查尔斯刚刚写完一封给祖母的感谢信。妈妈要求看看信的内容。男孩不情愿地把它推到妈妈面前。“噢，查尔斯，看看你那糟糕的字。你为什么不能把字写直呢？看看，你有三个单词拼错了。这写得太糟糕了，不能把这么糟糕的东西寄给祖母，你先去重新把信抄写一遍吧。”妈妈把单词正确的拼写写在一旁，查尔斯又重新开始了。他的错误越来越多，信纸一页又一页地丢掉，最后他愤怒地哭了起来，把笔扔在地上。他吼道：“我根本写不好。”“够了，”妈妈命令道，“你先做别的事情，半小时之后再回来写信。”

过于强调错误，会带来灾难性的后果。查尔斯很喜欢写信，祖母也会很高兴看到这封信，不管里面是否有拼写错误。可是现在，他讨厌这封信，讨厌它给他带来的痛苦。当妈妈把注意力集中在错误上时，她把儿子的注意力从积极的方面引导到了消极的方面。他开始害怕犯错误。这种恐惧深深地压迫着他，让他犯更多的错误。现在他心灰意冷，这对于孩子来说几乎是一场灾难。如果我们总是关注孩子的错误，我们会让孩子灰心丧气。记住，一个孩子成长的基石不应该是被打击后的脆弱，而应是夯实的信心和力量。

如果妈妈采取另一种态度，赞扬查尔斯为祖母写信这件事所表现出的体贴，这会让孩子深受其益！这种做法将母子二人的关注点放在积极的方面，并让孩子获得成就感。这会让他想要做出更多能表现自己体贴的事情。此外，妈妈可以从儿子写过的信件中找出格式良好的，并对它们表示认可。“我看到你在这里写了一个非常漂亮的字母

C。很好。你在进步。”查尔斯就会受到激励，在书写上更加精益求精，因为他对自己能力的信心得到了提升。妈妈可以将这些拼错的单词搁置一旁——孩子愿意给奶奶写信才是最重要的。可惜妈妈没有这样做。她对查尔斯的期望太高了。

我们花了很多时间和孩子们相处，刻意观察他们做错了什么，并立即斥责他们。我们现行的教育制度似乎是基于这样一种观念，即我们要杜绝孩子的一切错误，培养出十全十美的孩子。然而，稍稍停下来想一想，我们就会意识到，其实我们只是在凭着直觉办事。如果我们的直觉指向孩子的错误，我们会很轻易找到自己想要找到的。相反，如果我们把注意力集中在孩子做得好的事情上，表达我们对他们能力的信心，并给予他们鼓励，他们的错误和缺点可能会在这个过程中被自我修复。

我们往往生活在一种恐惧中，担心我们的孩子会误入歧途，学会坏习惯，养成错误的态度，以错误的方式做事。我们不断地监视着他们，试图防止他们犯错误。我们不断地纠正，不断地告诫。这样的做法，说明我们对孩子缺乏信心；对于孩子，这样的做法是一种羞辱，他们会满心沮丧。我们总是在强调消极的方面，又怎么能期望孩子找到动力，信心满满地向成功进发呢？

当一个孩子不断被纠正他的错误，孩子不仅会觉得自己总是错的，而且可能会害怕犯错。这种恐惧可能会导致他不愿意做任何事情，因为他可能会做错。恐惧会使他丧失行动的能力。他形成的认知是，除非他是完美的，否则他就没有价值。可是事实并非如此，完美对于任何人都是一个不可能实现的目标，追求完美很少会带来进步，而更多的时候是让人陷入绝望，半途放弃。

我们都会犯错，但只有极少数错误是灾难性的。很多时候，当我们做出一个行为，我们甚至不能判定它是不是错误的，直到它完成了，我们看到了结果，才能明白！有时我们甚至不得不撞上南墙才能发现这的确是一个错误。我们必须有勇气承认自己不完美，也要允许我们的孩子不完美。只有这样，我们才能更好地发挥自己在社会中的作用，才能进步和成长。尽量减少对孩子所犯错误的关注，把他们的注意力引向积极的一面，孩子就会保持他们的勇气，更好地学习和进步。多对孩子说“错误已经造成，现在应该想的是，眼下我们可以做些什么”，这样的问话会引导孩子前进，激发他们的勇气。犯错并不可怕，更加重要的是我们在犯错后做了什么。

十岁的玛格丽特把烧焦的饼干从烤箱里拿出来，她哭了起来。她是按照配料包装盒上的说明做的，做的时候毫不费力，可现在她的饼干全毁了。妈妈闻到了烧焦的味道，她来到厨房问女儿：“发生什么事了，宝贝？”玛格丽特抽泣着说：“我把饼干烤焦了。”“是的，我看得出来。”妈妈对她说，“那就让我们找出饼干烤焦的原因。我知道你不是故意的。你当然会难过，亲爱的，但哭是没有用的。让我们看看为什么会这样。”听到妈妈的话，孩子停止了抽泣，开始审视眼下的处境。她和妈妈又检查了一遍配料包上的操作说明和她的成果，直到她们发现出错的原因所在——玛格丽特弄错了烘焙所需的时间。“噢，我知道我做错什么了。”“很好，”妈妈说，“让我们把这堆东西清理干净，然后你可以再试一次。”

这件事对玛格丽特来说本可能是一场失败和灾难，而妈妈把它变成了一种教学情境。她没有对孩子浪费食物提出谴责，也没有对孩子的实际操作提出批评。她实事求是地向玛格丽特表明，犯错并不可怕，重要的是找出错误的原因。她承认女儿会感到沮丧，但没有过度担心，并通过与女儿一起寻找错误的原因来引导她走出困境。然后，她立即鼓励玛格丽特再试一次。妈妈的支持和共情驱散了玛格丽特的沮丧。

很多时候，孩子犯错是由于缺乏经验或判断错误，此时孩子可能已经为结果苦恼了。责骂他或谴责他只会让他的内心雪上加霜。

爸爸走到他的工作台前，他拿起一把螺丝刀，发现长凳上放着一架模型飞机，螺丝刀、钳子、锤子和扳手乱七八糟地散落在周围。这架模型飞机，连同长凳的整个表面，他所有的工具，都被涂上了一层铝漆。铝漆罐躺在地板上。眼前的场景让他怒不可遏。他叫来十岁的儿子。“你自己看看！你把这里弄得乱七八糟。”斯坦走到爸爸身边时，爸爸朝他吼道，“你为什么就不能学会保持整洁呢？你有什么权利把我的长凳弄得这么乱？我所有的工具都被你涂了油漆！你这么做是为了什么？——回答我！”

斯坦站在那里，张口结舌，他吓坏了，强忍住眼泪说：“爸爸，我只是想给我的模型涂上颜色。我不知道喷漆会喷得这么远。后来我也不知道该怎么办了。”“你当时为什么不告诉我，而是等我发现了才解释？”“我怕你生气。”斯坦嘟囔着。“我当然生气了！你明知道自己做错了，还故意偷偷溜走。为了这件事我要揍你一顿，年轻人。”

爸爸的愤怒是可以理解的。然而，工具上的铝漆并没有影响它们的功能。在盛怒之下，爸爸没有听出斯坦声音中的苦恼，也没有意识到男孩所处的困境。斯坦在爸爸发怒时会感到恐惧，而眼下爸爸的反应更强化了斯坦的恐惧，让他跟爸爸更疏远，更不愿意向爸爸寻求帮助了。打孩子一顿并不会让工作台恢复秩序，也不能教会斯坦如何使用喷漆。那么，什么样的方法才能起到积极的效果呢？

首先，爸爸应该尽量克制自己一时的冲动，控制住自己的怒火，取而代之的是，他应该意识到斯坦做出的一切都是无心之失，孩子并没有打算把整个板凳都涂上喷漆——其实爸爸看一眼就能看出发生了什么。其次，爸爸就可以利用这种情况对孩子进行教学指导。其实，这个男孩能独立思考和使用喷漆，这说明他已经具备了探索的勇气。

让我们假设事情是这样发展的：

爸爸把斯坦叫到工作室。“我看得出来你遇到了麻烦，儿子。你能告诉我发生了什么事吗？”斯坦可能会带着窘迫的心情回答说：“嗯，我正在给我的模型喷漆。我不知道油漆会喷得这么远。”“所以你现在知道了，喷漆和刷漆是不一样的，对吗？”“是啊，我现在知道了。”斯坦回答，爸爸的友好让他松了口气。“下次喷漆的时候该怎么做呢，你有什么好主意吗？”“嗯——”男孩想了想说，“我想我可以在模型周围铺上纸。”“如果你把纸盒的一面拆掉，把你的飞机放在里面，从敞开的一面喷，会怎么样呢？”爸爸建议。“噢，这个方法会很管用的！”“现在长凳上的工具该怎么办呢？”“呃……我不知道。我想它们没坏吧。”“如果它们挂在属于它们的地方，会发生什么呢？”这是一个微妙的提醒，提醒斯坦应该把东西收起来。斯坦听懂了，他微微一笑，承认道：“那它们就不会沾上油漆了。”“现在，你想想，应该怎么处理这些工具呢？”“我想我得用一些松节油来清理它们了。”“松节油没法清理干掉的油漆，斯坦。”“噢，那还有别的办法吗？”“工具的把手部分就这样吧。不过金属的部分，我认为用钢丝球好好抛光一下就能清理干净。”“好吧，我试试。”

斯坦心甘情愿地去清理工具。他的父亲和他一起处理这件事，两人相处和睦，像两个朋友。而斯坦也从错误中吸取了教训。

妈妈正在往盘子里放意大利面酱。“我能帮忙吗？”琼问。“噢，琼，我不知道该不该让你来。你总是笨手笨脚！好吧，给你！”妈妈把盛满酱汁的盘子递给琼，“看看你能不能把这个放到桌子上而不洒出来。千万小心。”琼端着盘子走得很慢，她的眼睛盯着盘子里的东西，小心翼翼地盯着它，以免酱汁洒出来。没想到她的脚绊到了椅子腿上，盘子斜了，盘子里的东西溅到桌子上，溅到她衣服的前襟上，还溅到了地毯上。“琼！你这个笨东西！你这是在干什么？

我不是刚告诉过你要小心吗？为什么你做什么事都这么笨手笨脚？就不能小心点吗？”

琼竭尽所能地让自己不显得“笨手笨脚”，不把酱汁洒出来，结果她还是绊到了椅子，她害怕的事情还是发生了。如果妈妈对琼端满碟酱汁的能力表现出真正的信心，琼走路时就会更加从容。可现在，琼只知道自己又一次失败了，她更加觉得自己就是笨手笨脚。

孩子自然会犯很多错误，做很多错事。如果我们抱着时时刻刻准备批评孩子的态度，我们可能会使事情越变越糟。一开始，孩子只是偶然做出偏离理想状态的行为，久而久之，这样的行为就会演化为严重的，往往是长期性的行为缺陷或认知错误。例如，许多幼儿偶尔会出现口吃的情况，如果父母不过分关注，这种缺陷就会消失。然而，事情往往并没有这样发展。我们总是觉得自己责无旁贷，必须防止或纠正孩子身上出现的任何不良行为，我们感觉自己必须做点什么，一旦孩子出现任何“犯错误”的苗头，我们立即就会被激怒。我们非但没有纠正错误，反而增加了纠正错误的难度，因为，在孩子被纠正的同时，他会发现继续这个行为对他有好处——让他获得了额外的关注，或者让他找到了某种方式，可以与父母对抗。因此，批评并不能“教育”孩子，它只会刺激他们再次做出不好的行为，让孩子已经存在的缺陷进一步恶化。

为了有效地引导我们的孩子，我们需要对正在发生的事情保持警惕。遇事多问问自己这是一个错误吗？错误的根源是孩子气馁、判断力差或缺乏知识吗？还是行为背后有隐藏的目的？在前面提到的案例中，玛格丽特和斯坦的故事说明了他们缺乏经验，判断力差。查尔斯和琼犯错误的原因则是他们灰心丧气。前两个孩子需要的是指导，而不是批评，后两个孩子需要的是鼓励，这样他们才能发现自己的能力。

然而，正如我们所展示的，有因才有果，错误的行为背后可能是错误的目标——孩子做出这个行为，有其背后的目的。如果我们遇到的情况是这样的，那错误就不再是偶尔的失误，而是“明知故犯”。

妈妈带着五岁的莎伦在公园野餐，这时她遇到了一位朋友。当妈妈介绍她和自己的朋友相互认识时，莎伦一边吮着手指，一边紧紧抓住妈妈。妈妈恳求女儿：“来吧，莎伦，别害羞。”然后妈妈又转向她的朋友：“我不知道她为什么这么害羞，家里其他孩子都不是这样的。”女孩退得更远了。朋友弯下腰，试图让她做出回应。莎伦还是面无表情，她皱着眉头看着妈妈的朋友。当朋友终于放弃和莎伦沟通的念头，并开始和妈妈说话时，莎伦沉默地站了一会儿，然后拉着妈妈，爬到她的腿上，然后把脸抬起来，想吻妈妈一下。

莎伦的害羞是有目的的，妈妈叫她“别害羞”只会徒劳无功。关注她的“缺点”（或不当行为）只会强化这种行为。莎伦认为自己是家里那个会“害羞”的孩子，这给了她一定的特殊性。当我们审视她害羞的结果是什么时，我们发现莎伦成了人们相当关注的焦点。人们努力让她做出回应，而她成为大家关注的中心。（有时候我们会发现，一个害羞沉默的孩子实际上在偷偷地嘲笑大人的行为！）既然害羞是有回报的，莎伦为什么要停止害羞呢？

如果莎伦没有得到关注，那么继续害羞就没有意义了。妈妈可以骄傲地介绍她，但要以一种随意的方式，当她没有做出回应时，妈妈不妨若无其事地继续和朋友交谈。莎伦的害羞所造成的影响会被最小化，甚至被忽略。如果朋友说："天哪，她很害羞，不是吗？"（朋友们都很容易这么做。）妈妈可以回答："不，她不害羞，她只是现在不想说话而已。等一会儿她会说话的。"

如果我们想让孩子克服某种错误行为，就必须发现行为背后的目的，然后，不要谈论它，设法让孩子无法达成目的。大多数时候，我们最应该做的就是不采取行动，不做出反应，避免冲动之下做出回应。

伊泽贝尔今年六岁半，她有一个八岁的哥哥弗雷德。哥哥是个惹人喜爱、无忧无虑的糙小伙，伊泽贝尔却很爱哭。妈妈、爸爸和弗雷德都叫她"爱哭鬼"。每当她哭的时候，一家人都会直言不讳地责骂她，弗雷德还会取笑她，故意惹她哭，然后一脸轻蔑地看着她。有一天，一家人去游泳池，两个孩子都从车里跳下来往前跑。伊泽贝尔摔倒了，膝盖擦破了点皮。她立即抽泣起来。"啊，她老是哭个不停！"弗雷德一边走一边轻蔑地叫道。"这伤得不重，伊泽贝尔。"爸爸严厉地说，"别哭了，到泳池里来吧。""好疼啊，给我擦点药吧！"女孩抱着她的腿抽泣着。爸爸开始训斥她："别哭了，这点伤还不至于到要擦药的地步。一旦你进入泳池，你就会把这一切都忘了。""别哭哭啼啼了，伊泽贝尔，”妈妈不耐烦地说道，“来吧，跟我们一起游泳吧。”伊泽贝尔继续哭着，不肯动。伊迪丝姨妈注意到这家人，她朝他们跑过去，双方热情寒暄。伊泽贝尔哭得更厉害了。伊迪丝姨妈注意到她，俯下身来问她出了什么事，试图安慰她。但是伊泽贝尔还是哭个不停。爸爸终于开口了：“伊迪丝，就算你坐在那里安慰她三个小时，她还是会继续哭。这正是她想要的。她就是个爱哭鬼。我们去游泳吧，让她坐在那里哭。”全家人都跳进泳池，让伊泽贝尔一个人待在游泳池边。过了一会儿，她也加入了他们，一开始很不情愿，但很快就投入到游泳的乐趣中了。

哭闹的孩子通常会得到我们的同情，一个孩子的痛苦总能深深打动我们的心。伊泽贝尔很早就发现了这个优势。问题在于，她过度使用这种优势，她的家人对此已经感到厌烦。不过，哭泣仍然有另外的用处，这会让全家人都注意到她，评论她的哭泣，责骂她，围着她长吁短叹。作为家里受欺负的小可怜，她继续维持着自己的位置。每次有人叫她“爱哭鬼”，她对自己的看法就会得到强化。家人终于明白了，选择自己去游泳，任由她一个人继续哭。可惜的是，这时他们已经满足了伊泽贝尔想要用哭泣达到的目的。伊泽贝尔已经从这个情境中得到了自己想要获得的东西。

如果爸爸妈妈想帮助伊泽贝尔成长，使她不再成为一个爱哭的人，他们首先必须认识到，伊泽贝尔哭泣的目的是获得父母过度的关注。然后，他们必须停止把这件事挂在嘴边，不再认为伊泽贝尔就等于爱哭鬼，最后将这整件事抛诸脑后。在这种特殊的情况下，伊泽贝尔在游泳池边摔倒擦伤了，父母中的一方（无论谁碰巧先到）可以以轻松随意的态度检查一下伤口，评估一下伤势的严重性，只要确定孩子只是轻伤，他们就可以说："我很抱歉你伤害了自己，过一分钟就会好起来的。等你准备好了就来泳池里吧。"

随后，一家人都跳进泳池。一旦伊泽贝尔发现哭不会有结果，她大概率会选择改变自己的行为。此后每次她哭的时候，父母都应该遵循同样的程序，状似不经意地承认她继续哭泣的权利，同时声明，等她准备好了就可以加入家里的其他成员。这种尽量减少过错、消除后果的方法，一定要在她高兴、乐于合作的时候，并且给予她足够的关注。

我们必须时刻谨记，将行为与做出行为的人区分开。这一点在当今尤其重要，因为我们已经养成了给孩子起绰号的习惯，比如"好哭鬼""告状精""粗心大意""撒谎精"等。事实上，孩子往往是因为不开心，或者为了得到某种回报才会去调皮捣蛋。每个孩子都是好孩子，一旦我们给一个孩子贴上标签，我们就只能看到他贴着标签的样子。孩子自己也一样，他会把自身和他的标签联系起来，这会强化他错误的自我认知，阻碍他朝着正确的方向成长。故此，我们必须做出区分——并不是孩子本身坏，只是孩子做出的行为不够正确——只有当我们意识到这一点时，孩子才会感觉到我们观念的变化，并对这种区别做出回应。而当孩子觉察到我们对他的信任时，就有了勇气去克服困难，这些困难在他看来已经不那么严重了，因为我们的鼓励把它们最小化了。

第十二章

保持规律作息

MAINTAIN ROUTINE

“佩妮在哪儿？”爸爸坐下来吃早饭时问道。“我想她今天早上可能会起得晚一点，亲爱的。”“为什么呢？”爸爸又问。“嗯，昨晚她一心想在睡觉前见你一面，最后很晚才睡。”“但是，昨晚我告诉过你，我会很晚才回来。”“我知道啊，但是她不明白。所以我就只能让她一直熬夜，直到她自己睡着。”“今天上学怎么办？”“噢，没关系。只是上幼儿园而已。我会写张假条，说她今天早上不舒服。”“这样不太好吧，麦格。在我看来，佩妮应该遵守一些规则。”“哎呀，她有足够的时间来学习规则。她还这么小！”

爸爸说得对。佩妮确实需要一个可以遵循的规律。规则对于孩子来说，就像墙壁之于房子一样，它为他的生活提供可靠的范围和界限。当你处在一个没有规则的环境中，不知道下一刻会发生什么时，任何人都会感到不适。而规则给人一种安全感。既定的常规也提供了一种秩序感，自由从秩序感中诞生。允许佩妮享有熬夜的“权利”，意味着剥夺了她适当休息的权利，让第二天的生活一团糟，让生活失去平衡，剥夺了她享受学校生活的权利。这不是自由，而是纵容。妈妈为了给佩妮请假，向幼儿园提供一个虚假的借口，让佩妮不用承担晚睡的后果，这样一来，佩妮就无法对自己的决定做出明智的判断。像许多孩子一样，其实佩妮正在试图探索界限和限制，并希望获得它们带给自己的安全感。她试图弄清，自己走多远才会触碰到界限。然而当界限显得远在天边时，她会陷入困惑，更加想要为所欲为，以此尝试寻找一个极限；然后，突然有一天，她的行为举止会变得非常出格，以至于她周围的人忍无可忍，终于有人对她做出惩罚。而她本人也会惶恐不安，不知道发生了什么。

父母有义务建立能够支持家庭流畅运作的作息规律，即建立并维持日常秩序，然后让孩子们循规蹈矩。无论年龄多小，孩子都应该体验秩序。一旦建立了这种秩序，孩子们就会感受到它，并且理所当然地知道该怎么做。

如果你想从芝加哥去洛杉矶，你肯定不会不顾目的地，随意选择一条感兴趣的公路，义无反顾地钻进驾驶座，然后说走就走。相反，你会沿着一条方向明确的高速公路行驶。对孩子的生活教育也是如此。一趟汽车之旅需要明确的目的地，比如洛杉矶，而对孩子的教育也需要明确的目标，即让孩子融入社会、自给自足。我们只有遵循明确的路线，一路沿着高速公路行驶，才能到达目的地。我们可以在各种各样的作息规则中进行选择，但不能完全脱离规则，正如我们可以在通往洛杉矶的几条公路中做出选择一样。这种作息规律不必一味死板，可以留下一些调整的空间。总有一些时候，必须打破常规来满足意想不到的需求。不过，这种对常规的中断应该仅仅是例外，而不能成为一种常态；同时，打破常规的理由不应该是为了父母的方便，也不应该是为了满足孩子的突发奇想。

暑假里，金妮和琳恩几乎是随心所欲、为所欲为。她们晚上熬夜，什么时候起床就什么时候吃早饭，零食和饮料想吃就吃、想喝就喝，为了逃避家务，她们会一时兴起就跟着朋友跑出去玩，让妈妈开车把她们送到这里送到那里，让妈妈忙得团团转。到了七月中旬，妈妈时常唉声叹气："等学校开学了，家里的事情都安定下来，我会很高兴的。”

一放暑假就让孩子从时间安排的压力中解脱出来，这似乎是一种普遍的做法。自然，日程安排和日常活动会发生改变，但日程改变并不一定意味着作息紊乱。放任的暑假生活会给孩子留下这样的印象——上学是令人讨厌的，不受日程规范约束的“自由”是可取的。这是一种错误的观念。上学是孩子在生活中的职责，就像上班和做家务是爸爸妈妈的职责一样。无论是上学、上班还是做家务，都应该遵循常规化的时间规律，否则生活就会陷入混乱。假期是必要的。假期意味着对日常生活的改变，变换已有的生活节奏，让自己更有活力，让自己焕然一新。但这并不意味着完全放弃常规。暑假的日常活动安排可能与学校的不同，上床睡觉时间可能会重新调整，以便家人有更多的时间一起玩耍，起床时间也会调整以适应睡眠需求，用餐时间改变以适应新的夏季活动——所有这些都使从学校常规到暑假的变化明显。然而，我们仍然必须维持一个秩序体系，没有规则和秩序，人与人的合作、和谐就无从谈起。

让我们回到第四章乔伊斯的故事。乔伊斯要求妈妈一直关注着自己。如果妈妈对自己有游泳时间上的规定，那么当她想要拒绝孩子过分的要求时，就不会无从下手。当乔伊斯明确知道自己可以在什么时间跟妈妈玩耍，她会更愿意接受妈妈的拒绝，而选择遵循规则的要求。

孩子们确实需要我们的关注。还有什么比固定的亲子娱乐时间更能建立和谐快乐的亲子关系呢？这段时间属于孩子，他确信这是妈妈陪伴自己的时间。如果妈妈和孩子都意识到这段时间是一起玩耍的时间，双方都会倾向于放弃任何可能出现的冲突情况，以充分利用这段快乐时光。这样一来，父母和孩子间的关系会变得多么和谐融洽！（可悲的是，有些孩子的不合作态度根深蒂固，他们甚至并不把父母当作朋友，也不想和父母一起玩。）

或者让我们考虑一下第四章中佩吉的情况，妈妈和佩吉陷入了一场权力对抗，如果孩子能清晰意识到作息时间的规则，佩吉知道妈妈会采取强硬的态度，这场对抗本来是可以避免的。就寝时间就是就寝时间，只要孩子适应了固定的作息时间，他们就很少会产生越界的念头。很自然地，如果一场权力对抗已经形成，孩子就会把每一个规则作为他的攻击点。当全家人都自然而然地接受作息规律，愿意心平气和并且坚定地维护作息规律，而不是为了反抗作息规律相互争斗，这时，家庭内部就会自然形成一种内部秩序体系。某些活动是全家人共同参与的，孩子和大人彼此之间很容易形成共同的常规，比如吃饭时间。不过，由于每个家庭成员各自的职能不同，在其他的日常活动上，很可能需要不同的时间安排。一岁孩子的就寝时间比九岁孩子早得多，而九岁孩子的就寝时间又比父母早得多。当然，在全体成员都参与的活动中，仍不应该有各异的时间安排。

在第九章克莱的案例中，妈妈可以用如下方法解决孩子给她出的难题：制定一个关于晚餐时间的既定规则，要求所有家庭成员都必须在那个特定的时间一起吃饭。这个规则应该遵循的前提是，不应该给任何家庭成员造成不便，所以在时间的选择上不能一意孤行。每个家庭都必须制定出有利于整个家庭利益的作息模式；每个家庭的模式各有不同，不存在适用于所有家庭的既定的生活模式。但通常由妈妈来建立日常作息，并设定规则界限，在规则界限之中，家庭得以成长和发展。每当有孩子违反了秩序，妈妈就有义务不动声色地维持秩序。只有当父母允许孩子不断违反规则时，才会导致家庭常规的严重破坏。

通常，建立家庭生活标准的也往往是妈妈。诸如，妈妈会要求，在做日常工作之前把床整理好，在爸爸回家之前把客厅整理好，到了吃饭的时间就应该上桌，星期天在餐厅吃饭，庆祝节日的方式，等等。这些都是我们传给孩子的文化价值观的一部分，它们已成为我们日常生活的一部分。

在我们组织的一次家长讨论组聚会中，我们发现了一个共同的问题，那就是孩子的餐桌礼仪很糟糕。我们在讨论中发现，每个家庭都会选择就便在厨房里吃饭，这可能是导致孩子餐桌礼仪差劲的原因之一。在场的十八位妈妈都决定，将一家人的就餐位置改到餐厅，并且要以更正式的方式供应晚餐。妈妈们约定在下次会议上报告结果。那些家里没有餐厅的妈妈则决定在厨房设置用餐区，以便更正式地供应晚餐。接下来的一周，每位妈妈都惊讶地发现，孩子们在餐桌上的举止有了改进。她们都觉得，家庭气氛的改善大大补偿了她们所增加的工作量。（当下有许多父母，在换新房时要求有一个餐室，或许上述案例就是出现这种现象的原因吧。）

我们为家庭生活建立的这些行为模式是家庭规则的重要组成部分。丰富而愉快的家庭生活就是由这些点点滴滴的日常规则细节所构成的。

第十三章 花时间进行训练

TAKE TIME FOR TRAINING

儿童需要接受明确的训练才能掌握许多生活所需的技能。自然地，孩子们会通过观察获得许多知识。但是我们不能指望他仅凭观察就学会所有的知识。他需要在如何穿衣、如何系鞋带、如何吃饭、如何洗漱和洗澡、如何过马路等方面接受训练，而且，随着年龄的增长，他还需要逐渐学会如何参与做家务。如果家长平时不进行训练，临时要求孩子必须完成这些任务，还加以责骂或惩罚，孩子是无法学会这些技能的。训练应该成为日常生活的一部分。

每天早上，四岁的温迪都无助地坐着，等着妈妈给她穿好衣服。纽扣让她摸不着头脑，衣服无法区分前后，鞋带更是系不好。每天早上妈妈都要骂她一顿，最后给她穿好衣服，然后送她出门。

温迪发现了无助的好处——妈妈会伺候她。妈妈需要花时间训练她的孩子自己穿衣服。

如果我们不花时间训练，我们将花更多的时间纠正未经训练的孩子。不断地纠正并不能“教育”孩子，因为这是一种批评和指责，会使孩子泄气和生气。最后的结果是，孩子下定决心拒绝学习。此外，所谓的“纠正”往往起不到作用，因为孩子们认为这是获得特别关注的一种手段，并乐于反复使用。

一个尚未陷入挫败感的孩子会表现出做事的兴趣。敏感的父母会发现孩子做出了学习的尝试，并鼓励他们。然而，进行训练不能操之过急，应该为孩子的尝试和学习留出特定的时间。一家人出门的早高峰绝不是教孩子如何系鞋带的好时间。此时此刻的压力只会让妈妈变得不耐烦，让孩子变得叛逆。下午的游戏时间通常是训练新技能的理想时间，这可以成为游戏的一部分。在市面上可以找到无数的训练辅助工具，或者妈妈也可以自己设计。从一件破旧的衣服上取下一排大纽扣和扣眼，钉在一块木板上，作为温迪的教学辅助工具。在画上鞋的硬纸板上打几个大洞，可以用来教她系鞋带。如果孩子参与制作这些物品，他们会倍感兴趣。看妈妈做东西玩总是很有趣的，帮忙做更有趣。妈妈还可以调动孩子的聪明才智，从而培养他的创造力。

餐桌礼仪可以通过玩偶茶话会来教授。同时，介绍和问候客人的方式也可以成为聚会的一部分。在火车、公共汽车、有轨电车上的行为可以通过假装乘车的游戏来教授。表演和角色扮演是很好的训练工具，因为孩子天生就是演员，任何技能的训练都应该在重复的程序中进行，直到掌握特定的技能。每一项技能都应该单独学习。要有耐心，对孩子的学习能力充满信心，多说鼓励的话，比如“再试一次，你会成功的”，营造愉快、欢乐的氛围，认可孩子在游戏过程中获得的每一项成就，如此一来，学习过程对孩子和父母都可以是一种乐趣。

让孩子通过训练了解可能会发生的不愉快的事件，这也是明智的。

格温和鲍比被安排去做扁桃体切除手术。妈妈觉得有必要让他们了解一下手术前后会发生什么，这会给他们提供帮助。在预定手术的前几天，她设计了一个游戏。“让我们假装这些玩偶要去医院切除扁桃体，”她建议道，“现在，我们首先需要什么？”“手提箱。”鲍比回答说，并带来了一个玩具。“里面装什么？”孩子们挑选好物品，放进箱子里。玩偶们穿好了衣服。鲍比扮演爸爸的角色，开着车。通过符合情境的对话，孩子们了解了护理人员的接待程序和在医院睡觉的程序。接着，妈妈扮演医生的角色，假装跟玩偶说话。她用孩子们的玩具拖车解释说那是担架。然后，她用一个盖着旧白袜子的滤茶器，假装给玩偶做麻醉，一边做一边向玩偶解释。“贝琪（玩偶的名字），这个闻起来会很怪，但你只要好好地深呼吸，然后数数，很快你就会睡得很熟了。”在游戏里，妈妈巧妙地避免了实际的手术过程，因此孩子们不知道之后发生了什么。“现在贝琪睡得很熟。我要把她的扁桃体切除，然后把她放回担架上。”妈妈一边说着，一边取下玩偶脸上的“面具”，用毯子把她裹起来，放回拖车里。“她回到了自己的房间。当她醒来时，她可以吃一些冰淇淋。”“切除扁桃体会疼吗？”格温问道。“她什么也感觉不到，格罗根太太。”妈妈回答，继续扮演着医生的角色，“你看，她睡得很熟。”“她醒了会疼吗？”“她的喉咙会有点痛，格罗根太太，但我知道她能接受这点疼。疼的感觉不会持续太久。”然后妈妈问谁想扮演下一个玩偶的医生。鲍比自告奋勇，游戏的过程重复了一遍。

第二天，孩子们互相玩起了“切除扁桃体”的游戏。

格温和鲍比去医院的时候，他们表现得很有信心，非常配合。

当妈妈说玩偶可以接受喉咙疼痛时，她诚实地承认会有疼痛感，但她对孩子们处理痛感的能力表现出了信心。她还随口指出了疼痛非常重要的一点——它不会永远持续下去。（尽管对一个疼痛的人来说似乎会！）

如何训练一个孩子独自游戏，这一点在第三章讲解过了。芭芭拉需要学会自立，学会自己玩。这是一个反向的教学情境。在这种情况下，妈妈想要让孩子有所进步，就必须先自己从情境中抽离。父母有必要退后一步，让孩子自己练习——独自解决难题。

两岁半的简沮丧地愤怒地尖叫起来，因为她的玩具四轮马车的轮子被椅子腿夹住了。“怎么了，简？”妈妈过来查看。简跺着脚不停地尖叫。妈妈坐下来等着。女孩猛拉了一下，马车卡住了。“除了猛拉，你还能做什么？”简又往另一个方向拉。可马车还是被困在那。“如果你拉一下马车的后部，会发生什么？”简照做了，马车重新获得了自由！她拉着马车跑开了。“你解救了马车，不是吗？”妈妈问。

这样的训练将持续多年，妈妈让她的女儿知道，解决问题的方法有很多。妈妈克制自己不帮孩子把玩具拉出来，而是利用这种情境进行教育，让简知道她可以靠自己。

妈妈把十个月大的布鲁斯放在沙池里，坐在旁边照看他。布鲁斯把手伸进沙堆里，用手指摸着沙子，看着妈妈，咧嘴一笑，塞了一把进嘴里。“布鲁斯。不，不。”妈妈跳起来向儿子跑去，儿子正手脚并用爬开，开心地笑着。她抓住了他，从他嘴里抠出沙子，再把他放回沙堆里。这样的表演在一个小时的时间里重复了很多次。

布鲁斯发现了一个让妈妈忙个不停的游戏。当布鲁斯在外面玩的时候，妈妈不敢看书。她必须时刻看着他。

妈妈需要花时间训练布鲁斯不要把所有东西都放进嘴里——大多数宝宝都会这么做，因为这是他们探索周围世界的一种方式，他们想要知道，这个东西摸上去感觉如何？尝起来怎么样？仅仅因为这是自然行为，但父母还是有理由训练他们自我克制的能力。每次布鲁斯把沙子放进嘴里，妈妈都要把沙子从他嘴里抠出来，把他放到他的玩具马车或婴儿车里。既然布鲁斯不喜欢在沙子里好好玩耍，就必须把他抱走。布鲁斯可能会号叫或尖叫以示抗议。妈妈可以继续看自己的书，让他大喊大叫。她尊重他表达懊恼的权利。当布鲁斯安静下来的时候——而不是之前——妈妈可以让他再试一次。沙子一进他的嘴里，妈妈就平静地把他抱起来，再把他放进婴儿车。他很快就会学会的。只要嘴里含着沙子，自己就要坐回婴儿车。不需要言语。布鲁斯听不懂，但他能理解动作。

随着家庭规模的扩大，年幼孩子的训练需求可能很容易被忽视。年长的孩子可能会替弟弟妹妹做他们本应自己做的事情，这是需要注意的，因为大孩子可能会利用这个机会建立自己比婴儿优越的地位。每个孩子都值得他的训练期，这会带来一种个人成就感和技能感。

需要注意的是，有客人在场或全家人在公共场所的情况下不宜尝试对孩子进行训练。在这些环境中，孩子应该以他们习惯的方式行事。如果父母希望孩子能在公共场所举止得体，就应该事先在家里好好训练。而在公共场所，一旦孩子的行为违反了公共规范，唯一适用的做法是，平静地将孩子带离这个场所。

第十四章 赢得合作

WIN CO-OPERATION

换尿布时，八个月大的丽莎不停地踢、滚、扭，整个换尿布的过程很艰难。妈妈经常气得要轻轻地打她一巴掌。丽莎会非常伤心并为此可怜兮兮地呜咽起来。

这个八个月大的仅仅依靠非语言感知的婴儿，已经发现了一种让妈妈沮丧的方法，这听上去匪夷所思，却是事实。我们似乎从来都不愿意相信婴儿的智慧。我们倾向于把非常聪明的孩子当小傻瓜对待，然后把他们培养成愚蠢的成年人！但是，任何一个用心的妈妈都不得不承认，孩子的确非常聪明[1]！

现在，妈妈必须训练丽莎在换尿布的过程中，贡献自己的一份力量。妈妈要赢得丽莎的合作，首先要认识到丽莎的目的，然后才会知道该怎么做，而不是陷入愤怒的情绪。其次，她可以重新安排时间表，延长为丽莎洗澡所用的时间，利用这多出来的时间对丽莎进行训练。然后，每次丽莎动来动去，妨碍换尿布时，妈妈可以给她一个平和而温暖的微笑，用手扶住她，同时和她说话：“我的宝贝会学会保持不动的。宝贝都这么大了，瞧瞧她多么安静乖巧……”丽莎听不懂这些话也没关系，她会明白妈妈的意思！在微笑中表达赞赏是很容

1 九个月大的诺曼是一个正常的孩子，而他的父母是聋哑人。一天，他在地板上爬，头撞到了桌子。他坐起来，转身对着妈妈哭了起来。他的脸皱成一团，嘴巴张得很大，眼泪从他的眼睛里涌出——在一旁的观察者非常惊讶地发现，他并没有发出任何声音！观察者站在那儿看了一会儿。她看到妈妈冲到诺曼身边，抱起他，安慰了他。婴儿会判断情况。诺曼没有在意声音效果，因为他感觉到他的父母听不到声音。在父母是聋哑人的情况下，大孩子会用跺脚的方式来表现发脾气，而不是徒劳无功地尖叫。父母会感受到震动并做出反应。

易的。丽莎会感觉到这种赞赏，并做出回应。相反，她也能很清楚地感受到妈妈蹙眉的动作中蕴含的恼怒。婴儿也会感觉到这一点，并会做出反应，进一步展示她激怒别人的能力。如果妈妈没有怨恨，只有爱和坚定，她的女儿就会理解。一旦丽莎停止反抗，妈妈就可以放手了。只要她再次扭动，妈妈就可以再次抱着她。这样，丽莎就会接受合作的训练。

在我们日益民主的社会氛围中，我们经常发现，许多我们惯用的词语都必须被重新定义和重新评估。“合作”当然是其中一个词。在过去，当权力被赋予掌权者时，合作意味着按命令行事。下级被要求与上级“合作”，而“民主”的潮流给这个词带来了新的含义：如今“合作”意味着我们必须共同努力，以满足情境的要求。在民主的社会氛围中，我们拥有更大的平等和更大的自由，但我们也有更大的责任。在失去了优越地位所带来的权利之后，我们需要使用技巧来促成合作。我们不能再要求孩子“跟我合作”，也不能再说“要你怎么做，你就怎么做”。我们必须认识到赢得他们合作的必要性。

这个家庭里，四个孩子都要分担家务，除了让他们每天早上整理床铺外，妈妈还给他们每人分配了日常任务。斯图尔特要打扫浴室，吉纳维芙要擦盘子，罗伯塔要打扫客厅的灰尘，罗尼要倒垃圾。每天，妈妈先是提醒，然后责骂，最后大吼大叫，还经常为了督促他们完成家务而施加惩罚。她最喜欢对四个孩子说的话就是：“大家最好合作一点，不然你们四个就有大麻烦了。”

很明显，妈妈的意思是："做我让你们做的事，否则就会有麻烦！"她权威性地决定了每个孩子应该做什么，并试图"让"他们去做。这种压迫性让四个孩子都被激发出了反抗欲，他们在这种叛逆和反抗中取得成功。妈妈分配任务时的态度显示了她当老大的决心。孩子们的回应态度是"那你就试试看能不能支配我吧！"。这是一场权力的较量，而不是合作。在共同生活的问题上，妈妈试图把自己的意志强加给孩子们，而不是赢得他们的合作。妈妈怎样才能促使孩子真正合作呢？她可以抽出时间与所有家庭成员进行讨论。他们可以列出要做的工作：妈妈陈述她愿意做的工作，然后问剩下的工作该怎么做。然后，爸爸和孩子可以选择他们愿意从事的工作。这样妈妈就表示了她对孩子的尊重。她允许孩子做出选择和决定。如果一个或另一个人没有完成自己分内的家务，什么也不必说，当然也不用帮他完成。假设，没有完成家务的人是斯图尔特，而他选择的家务是打扫客厅。那么，这项家务被耽搁一个星期之后，妈妈可以再次召开一次会，并且对其他人说："斯图尔特这周选择的家务是保证各个房间都整洁。可惜他没有做到。我们现在该怎么办呢？""我们"这个说辞把责任推给了属于它的群体，把妈妈从权威的角色中拉了出来，让她变成引领者的角色。所有的建议都经过仔细考虑，最终达成群体解决方案。群体压力是有效的，而一个成年人施加的压力只会激起孩子的叛逆。这种处理问题的方法通常采取家庭会议的形式，后面会讨论。我们想在这里说明的一点是，今天的家庭是作为一个群体来运作的，这样的群体机制激励每个个体为了所有人的利益而与其他人合作。群体中每个成员的注意力都集中在整个家庭的需要上，合作意味着大家一起行动，去完成对他们所有人最有利的事情。

一个四口之家的合作可以比作一辆四轮马车。每个成员都是其中一个轮子，而四人组成的家庭就是马车。四个轮子必须一起滚动才能使马车顺利行驶。如果有一个轮子卡住了，马车就会颠簸，甚至偏离原本的方向。如果一个轮子掉了而没有重新调整，马车甚至可能无法继续前进。每个轮子都同样重要，没有一个的重要性超过另外三个。马车行驶的方向是由四个轮子一起工作决定的。如果每个轮子都决定放飞自我，马车就会四分五裂，变成一堆毫无用处的碎片。家庭的人数多寡并不重要，家庭这辆马车本身可以由任意数量的车轮支撑。

当我们说到训练孩子合作时，我们是以我们自己的合作为前提的。我们并不是说一个人应该向另一个人“让步”，而是家庭成员应该有一种共同意识，即大家一起和谐地朝着目标前进。当家庭生活的和谐氛围受到干扰时，我们可以确信，合作的机制中出现了某种阻碍。一定是其中哪个或哪几个轮子被卡住了，甚至可能这个被卡住的轮子就是我们自己！

家里的每个人都可以学会从集体的角度来思考，思考对整个群体最好的做法是什么。“眼下的情境要求我们做什么？”我们不能再按照“我希望别人做什么”这样的思维方式来思考。这样的思维方式是在把我们的意志强加给别人，这是对他人的不尊重。但与此同时，我们也不能为了一时的和平而屈服于别人过分的要求。这是不尊重我们自己。在帮助我们的孩子学会合作时，我们必须始终意识到合作的真正含义，这意味着接受共同的基本规则。

我们父母常玩的一个有害的把戏就是决定让孩子在什么年龄帮忙做家务。当蹒跚学步的孩子想要帮忙摆桌子时，我们说：“不，你太小了。”然后当她六岁时，我们要求她摆桌子。这个时候她会想，我们已经在没有她帮忙的情况下摆了这么多年的桌子，那她现在为什么要帮忙呢？为了让孩子做出贡献，我们浪费了无数的机会。相反，如果孩子是被允许的，从一开始就做出贡献，而不是被强制要求，他们会乐在其中，并对自己的成就感到自豪。

七岁的沃德患流感已经一个星期了。五岁半的唐娜和四岁的洛林独占了游戏室。星期六早上是打扫房间的时间，按道理每个人都应该帮忙，直到工作完成。今天是沃德病愈后第一次参加这项家务劳动。打扫游戏室的时间到了，沃德说：“我不明白我为什么要帮忙。我已经一个星期没来这里了。这里不是我弄脏的。”“的确不是你弄脏的，沃德，”妈妈说，“但我敢打赌，如果你去问问唐娜和洛林，她们会需要你的帮忙。”沃德想了一会儿，然后帮两个妹妹把玩具收了起来，又打扫了灰尘，妈妈则用吸尘器一起干。沃德注意到最上面的玩具架似乎很乱。“我们把它整理一下，让它看起来更整齐一点。”他建议道。三个孩子和妈妈一起愉快地工作。当他们完成工作后，唐娜惊呼道：“哇，这里看起来真干净！”“是啊，”沃德同意道，“而且我们也帮了忙！”他自豪地补充道。

沃德说得有道理，他最初的拒绝是可以理解的。然而，这个家庭已经有了很好的关系。妈妈的头脑风暴帮助她赢得了沃德的合作，因为她承认了他的观点，但巧妙地把他的注意力转移到了情境的需要和他可以给妹妹们提供的帮助上。她还暗示，能帮忙是一种荣誉，这对沃德很有吸引力，因为他是孩子们中的老大。沃德自己发现，他可以扮演引领者的角色，于是他建议把玩具架上的玩具摆整齐。大家在一起度过了一段愉快的时光，从中获得了重要的经验。

有时，为了赢得合作，父母有必要帮助一个孩子重新定位他在家庭中的位置。让我们回到第二章贝丝的案例上来。贝丝没有意识到她在家庭中的新地位，她需要父母的帮助。妈妈寻求专业的建议。儿童教育者向这位妈妈解释说，贝丝认为只有一个小小的、无助的婴儿才有价值。这对于贝丝的妈妈大有帮助，她开始认识到自己拒绝贝丝的帮助是错误的。为了让贝丝重拾价值感，他们制定了一个方案。

妈妈采取的第一步是在育婴室里寻求贝丝的帮助。她让贝丝从厨房的暖炉上把奶瓶拿过来，可是贝丝生气地冲出了房子。后来，贝丝湿着裤子回来了。意识到这个问题对贝丝来说有多严重，妈妈没有责骂她，也没有为她尿湿裤子大惊小怪。她把贝丝抱在怀里，问她愿不愿意再做妈妈的小女孩。贝丝突然抽泣起来，把妈妈搂得更紧了。妈妈深表理解，安慰她。然后她建议贝丝回到那张贝丝已经不再使用的小床上去。妈妈表示自己会给她换尿布，给她喂奶瓶，为她做一切事情，就像自己为小弟弟做的那样。第二天早上，妈妈在照顾孩子之前来给贝丝换尿布，贝丝很高兴。她在早上六点得到一只装着奶的奶瓶，她欣然接受。她只得到和婴儿一样的食物。日子一天天过去，贝丝又要求在床上玩玩具，妈妈给了她婴儿玩具。当她要蜡笔时，妈妈回答说：“你是我的小宝宝。小宝宝是不会画画的。”每次贝丝表达一个超越婴儿阶段的愿望时，她都会得到同样的回答，言语间充满温暖和理解。翌日中午，贝丝激昂地宣称，她已经是个大女孩了，不想再当婴儿。“很好。你觉得自己够大了，可以帮忙照顾小弟弟了是吗？毕竟小弟弟还什么都做不了。”

贝丝立刻做出肯定的回应。她的妈妈继续鼓励她做一个大孩子，于是婴儿的行为从贝丝身上消失了。在这种情况下，妈妈用行动向贝丝展示的东西比她用语言告诉贝丝的要多得多。她让贝丝自己发现，做一个婴儿并不像看上去那么好。贝丝自己发现，身材高大、能力强的优点比做婴儿的优点更令人满意。妈妈通过自己的行动，重新引导了贝丝的动机，帮助她重新确立了自己在家里的位置——作为一个能够提供帮助的大女孩的位置。

妈妈和五岁的埃迪一起开车去火车站接爸爸。这是一个寒冷的日子，但埃迪摇下了窗户。妈妈说：“等你把窗户摇上，我们就出发。”埃迪一动不动，妈妈面无表情地坐着。埃迪说：“你发动汽车，我就把车窗摇起来。”妈妈什么也没说，继续等待。埃迪说：“好吧，你把钥匙放进去，我就把车窗摇上。”妈妈还是一言不发地继续等着，但她的态度上表现出了退让。埃迪终于摇上了车窗。妈妈发动了车，对埃迪笑了笑，问道：“太阳照在雪地上多美啊！看，它像成千上万颗钻石一样闪闪发光。”

妈妈避免了直接命令“把车窗摇起来”，从而避免了一场权力斗争。她立即表达了在这种情况下她会怎么做，毫不怨恨地坚持下去。当埃迪仍然试图诱导她，让她屈从于自己的要求——至少在某种程度上，可她只是一动不动地等待。当埃迪顺从了情境的要求时，妈妈微笑着承认了这一点，并以友好的方式把他的注意力转移到别处。埃迪相当快地配合表明他已经学会了尊重妈妈的坚定。

九岁的帕特和她的朋友正在做通心粉项链。妈妈抱着十个月大的兰迪走进了房间。“帕特，帮我照顾一下弟弟，”她要求道，“我得去接爸爸了。”“噢，妈妈，弟弟会把这里弄得乱七八糟！为什么总要我照顾他？”“够了。照我说的去做吧。”妈妈离开时，帕特怒视着兰迪，而这个小婴儿已经朝那些有趣的东西爬过去了。帕特把他拉回来，递给他一只泰迪熊。兰迪把它扔到一边，迅速地向一盘盘通心粉爬去。妈妈回来时，兰迪正在尖叫，帕特在大喊。妈妈的反应则给这次争执火上浇油，她大喊：“我就让你照看他五分钟，别打起来，这你都做不到吗？”

妈妈急匆匆地下达命令，且语气强硬，这立刻激起了帕特的排斥和怨恨。如果她先想一下，就会意识到，如果是一个朋友向她提出这样的要求，她自己立即就会产生反感的情绪。

我们的语气和态度是赢得合作的重要因素。很多时候，我们都意识到孩子可能会拒绝我们的要求，要么是因为时机不对——就像帕特的情况那样，要么是因为必须做的事情本身令孩子反感。在这种情况下，我们会倾向于提高音量，加重语气，希望以此克服阻力。实际上，我们反而增加了阻力。

其实，只要做到谦逊有礼，这就已经向赢得孩子的合作这个目标迈出了一大步。我们措辞表达我们的请求时，应表明我们理解孩子的观点。“我很抱歉打断你”，或者“我知道你可能不想这样，但如果……”或者“如果你觉得你愿意……我会很感激的”，这样的态度往往会强化和谐的氛围，减少抗拒，赢得合作。

十岁的阿迪斯住在郊区，那里没有公共交通。她最好的朋友帕特住的地方离她家很远，步行前往肯定不行，大冬天的骑自行车去又太冷。可是两个女孩十分要好，时时刻刻都想待在一起。很快，两个妈妈中每天至少有一个要开车接送女儿。有时时间上的冲突让女孩们很失望，家庭氛围开始变得紧张。

这就是一个需要合作的问题。一天晚上，阿迪斯和妈妈一起洗碗，气氛很友好，妈妈和女儿讨论了这个问题。她解释了自己的立场，妈妈理解阿迪斯有权去看望朋友，但同时又觉得来回奔波太累了。“你能想到我们能做些什么吗？”妈妈问。“嗯，我想我和帕特可以减少约会的次数。”“你觉得我一周带你去帕特家几次比较合适？”阿迪斯想了一会儿：“嗯，我想一周两次吧。如果帕特一周来两次，那就差不多了。”“好吧，”妈妈回答说，“我很乐意每周带你去两次。”“哪几天，妈妈？”妈妈想了一会儿说：“嗯，星期二晚上和星期六下午我通常都有空。怎么样？”“我觉得这样很好，因为这样我就知道我什么时候可以去了。”

这种情况现在以合作的方式解决了，双方没有谁强加于谁，两人都在维护对方的权利。当然，可以理解的是，妈妈现在有义务履行自己对阿迪斯的承诺，不能用两人约定的时间做其他安排，除非再次提前与阿迪斯讨论商议一番。

十一岁的弗雷德最近失去了他的爸爸。他和妈妈住在郊区，星期六去城里上音乐课。弗雷德想把他的课改到周三下午——那是他除周末之外唯一的空闲时间，这样他就可以在周六参加球队训练了。然而，妈妈在周三原本要和朋友们聚会，她对弗雷德临时改换时间的要求很不满。结果是一个痛苦的僵局，双方都觉得受到了对方的虐待。妈妈征求我们的意见。

弗雷德提出了他的观点，我们理解但不同意。然而，与他抗争或强迫他屈服是没有意义的，那会让他更加感觉自己受到了伤害，导致他与妈妈的关系进一步恶化。我们向他建议，既然妈妈征求了我们的意见，我们就建议她让儿子在星期三上课。弗雷德不太确定。他觉得妈妈不会让步——她太固执了。（令人惊讶的是，很多孩子认为父母很固执，而父母却认为孩子才固执。）我们向他保证妈妈会接受我们的建议。弗雷德突然表示不情愿。他不确定是否应该要求妈妈让步。“为什么不呢？你星期六去球队，这比妈妈星期三的聚会更有价值。”“不，”男孩沉思着，“不是那样的。爸爸去世后，这些朋友对妈妈来说非常重要。错过他们的聚会对她没有好处。”“好吧，那该怎么办呢？”“我想我们还是顺其自然好。”

弗雷德为什么突然投降了？一旦他明白自己的理由和权利得到了理解和尊重，他就不再觉得自己被强迫，可以理智地审视整个情境的需要了。

任何人在感到自己受到强迫的时候都会变得不讲道理。我们不能通过把自己的意志强加给别人来赢得合作。

事实上，在任何人际关系中都有合作，但我们很少看到它的本质，有时父母需要重新安排合作关系。在第二章中，大卫和乔治实际上是相互合作来维持现状的。当“好”大卫激怒乔治，让对方成为“坏”人时，乔治通过回应来配合！而如果哥哥摘下“坏孩子”的面具，表现得像个“好孩子”，作为“好孩子”的大卫会非常难过。大卫会觉得自己的地位受到了威胁。两个男孩互相配合，让妈妈忙着表扬大卫，责骂乔治。这种既定的互动或相互关系中任何一方的变化都将改变整个局面。我们可以告诉乔治他也可以做个好孩子，但这是徒劳的，必须默默地激励他改变他的合作方式。乔治永远不会相信他能成为“好孩子”。而且，如果乔治应该“好”，他的哥哥会加倍努力让自己“坏”。一个可行的解决办法是，妈妈通过她的理解，通过改变她对男孩行为的反应来改变兄弟俩的这种互动。首先，知道乔治认为自己是“坏的那个”，妈妈可以拒绝接受他的自我评价，她可以停止所有关于“好”和“坏”的评论。每次大卫表现出自己有多好，妈妈都可以静静地接受，说：“好吧。我很高兴你喜欢这样做。”每次乔治捣蛋的时候，妈妈都抱着他说：“我理解你。你可能会说，这很难做到——你说的当然没错，可是谁说做父母就很容易呢？”

第十五章

避免给予过度关注

AVOID GIVING UNDUE ATTENTION

希尔达一家人住在一所避暑别墅里。爸爸出去钓鱼，妈妈在厨房干活。两岁的希尔达站在门口。“妈妈？”她喊道。“怎么啦？”“妈妈？”“我听到了，亲爱的。怎么啦？”“妈妈——”“亲爱的，你到底有什么事？”“妈妈！”在这最后一声呼唤中，妈妈走向希尔达，说：“什么事啊？”“去散步？”希尔达问。“等一会儿。”妈妈再次回到厨房。希尔达仍站在门口，鼻子紧贴着屏风。“妈妈？”“怎么啦？”同样的套路重复了三次。当孩子第四次开始喊妈妈的时候。妈妈又去找她：“噢，好吧，希尔达。我们去散个步。不过我得准备晚饭了。”妈妈拉着她的手，扶她走下台阶，她们一起去散步。

希尔达不去找妈妈，她让妈妈到她身边来。妈妈做出了回应，她屈服于希尔达的无理要求。

总是寻求关注的孩子必然是一个不快乐的孩子。他觉得除非得到关注，否则他毫无价值，没有立足之地。他不断寻求证据，让自己相信自己是重要的。既然他怀疑这一点，再多的保证也不会打动他。即便妈妈已经关注他，几分钟后，他潜意识里又会产生疑问：“妈妈还在关注我吗？我还是一个重要的人吗？”这是一个永无止境的怀疑循环。多么悲惨的处境啊！妈妈该怎么帮助孩子呢？

当希尔达成功地让妈妈对她的每一个突发奇想做出回应时，这种回应就变成了一堵限制她的墙。这堵墙恰恰阻断了她寻求另一套价值观的路径。希尔达的做法奏效了。假设妈妈退缩，拒绝回应不适当的要求，希尔达就不会找到她习惯的满足感。在最初的反抗之后，她会探索不同的方式来获得归属感。她可能需要帮助来找到建设性的方法，否则她的寻找可能会导致她做出更具有负面意义的行为。一旦孩子做出好的行为时，妈妈应该及时意识到，并对孩子的行为表达认可。从现在的情况来看，妈妈允许女儿奴役自己，这是对妈妈自身的不尊重。同时也是对希尔达的不尊重，通过她的回应表明，她怀疑孩子是否具有独处的能力，怀疑她能否自己照顾好自己。

妈妈应该不再回应希尔达的一再呼唤。希尔达第一次呼唤她时，她可以耐心地予以回应，说她现在很忙。然后，当希尔达再次发出呼唤时，她完全可以不予理会。二人可以试试一直玩这个游戏！孩子可能会尖叫，但妈妈不妨相信，如果希尔达真需要帮助的话，她会自己过来，毕竟妈妈手头正忙着现在必须做的事情。妈妈有权利继续她手头的事情，也有义务训练她的孩子尊重情境的需要。希尔达没有权利随心所欲地出去散步。为了以公平而负责的态度对待孩子，妈妈没有权利屈服于孩子的异想天开。希尔达必须发现接受秩序的好处和情境的需要，而散步的时间应该是遵照约定的。如果希尔达来找妈妈并请她带自己去散步，妈妈可以说："现在还不是出去的时候，希尔达。"然后就不再说什么。不管希尔达做什么，妈妈仍然坚定地继续她的工作。

妈妈的朋友下午来家里喝咖啡。朋友们拜访的时候，三个孩子中最小的玛丽跑了进来，说她的小玩伴对自己不够公正。妈妈说："嗯，我猜你的小玩伴可能今天下午不太舒服。""为什么，妈妈？"妈妈试图回答“为什么”。可每次妈妈回答完，孩子又问一个“为什么”。最后，妈妈让玛丽回到游戏中，这样她就可以跟朋友继续聊天了。玛丽出去了，但很快就带着更多的“为什么”回来了。许多拜访时间就这样被占用了。最后，妈妈向她的朋友承认：“这只是她在我有客人时想引起注意的一种方式。”

妈妈完全知道玛丽在做什么！玛丽是小孩，她觉得她需要妈妈把全部的注意力都集中在她身上。对她来说，让妈妈忙起来，防止妈妈沉迷于陪伴朋友，比培养自己与同龄人的友谊重要得多。然而，妈妈似乎并没有意识到女儿的行为不当，她原谅了玛丽。妈妈看到了女儿在做什么，但不知道玛丽的行为的意义。如果妈妈能够意识到孩子让她忙碌的真实意图，了解到玛丽一旦得不到自己的关注会感到失落，妈妈就可以通过拒绝过度的关注来帮助她，这样玛丽就可以成长，变得自立。

在有客人在场的情况下，妈妈对孩子的训练很难起到作用。不过，这种情况下妈妈也并非毫无办法。在第一次被孩子打断时，妈妈可以说：“家里现在有客人。你觉得你可以和你的朋友一起去玩，不打扰我们吗？还是你想回你的房间去？”这给了玛丽一个选择，她会更愿意跟妈妈合作。

当孩子不停地问“为什么”时，我们可以审视一下当时的情况——孩子到底有多少次是真正在寻找信息呢？我们低估了孩子。孩子无数次地问“为什么”，尽管他知道答案，但是为了吸引父母的注意，他们甚至可能一边听着父母的解答，一边就已经忙着找出下一个“为什么”了。想想看，当孩子不停地问“为什么”的时候，他的脸上露出了什么表情？是好奇吗？他提出的问题里可以体现他的思维过程吗？很可能大多数时候孩子们提出的“为什么”都不过是随口一问。孩子用“为什么”让父母忙个不停。他感知到了父母想要“教”的欲望，用它来获得关注，而不是获得新知！只要我们停下来看一看，就很容易分辨出其中的区别。如果我们发现孩子提出的问题中反复用同一个词，前后问题不合逻辑，形式和内容重复，而当我们回答完前一个问题之前孩子又提出一个新问题，那么我们就可以肯定，我们已经落入陷阱。这时我们可以报以理解的微笑，并且说：“我喜欢和你玩‘为什么’的游戏，但现在我必须继续做别的事情了。”或者一个会意的微笑和紧闭的嘴就足够了。孩子们不喜欢被当场抓住。如果孩子表现出明显的天真、怨恨，不要感到惊讶。有时孩子甚至会加倍努力重新获得关注，在这种情况之下，暂时离开现场会是明智的选择。

五岁的约翰，在家里四个孩子中排行老三，也是家里的“乖孩子”。然而，他有一件事让妈妈心烦意乱。每次妈妈打电话的时候，他都想办法打断她。他要给她看一个什么东西，要求妈妈带自己出门，请求妈妈允许朋友来家里玩，或者告诉妈妈他想吃点东西，想要够不着的东西，或者想知道某些玩具在哪里。有时妈妈会搁下电话回答约翰，有时则会责骂约翰：“让我一个人静一静，等我打完电话再说！”这时，约翰通常会开始捉弄他的小妹妹，把她弄哭！

约翰处于中间孩子的位置，他或多或少感到被冷落了，但他找到了一种奇妙的方式来证明自己的重要性。他可能会发现，当妈妈忙于照顾孩子时，想要引起妈妈的注意是不可能的。但是当妈妈在打电话的时候，他可以让妈妈远离另一个大人！

约翰是个野心勃勃的孩子，他总是想引人注意。而当他表现良好，这也只是为了赢得妈妈的认可，而不是为了表现良好本身的意义。妈妈需要引导他走出寻求不必要关注的旋涡。首先，她必须认识到，这个“好孩子”实际上并不确定自身的定位。她必须表现出对他的关注，但不是在他提出不适当要求的时候。当妈妈打电话被孩子打断时，妈妈应该继续说下去，就好像孩子根本不存在一样，即使她听不到电话那头说的一个字。她的朋友得知她的良苦用心之后，就会明白，这种听起来可能很疯狂的做法是有意义的！在谈话过程中，妈妈绝不能让步。这需要很大的毅力和决心，尤其是当约翰开始捉弄他妹妹的时候。别担心。妹妹能坚持住！训练约翰学会依赖自己，而不依赖于他人的关注和认可，这是非常值得的。

每当我们不再回应孩子对注意力的过分要求时，我们一定要注意到他什么时候愿意合作，这样可以帮助孩子重新评估自己。当希尔达独自快乐地玩耍时，妈妈说：“你知道如何照顾自己，真是太好了。”当玛丽和她的玩伴相处得很好时，妈妈说：“我很高兴你玩得很开心。”当约翰表现得很好，没有什么特别的目的时，妈妈可以高兴地说：“我很高兴你喜欢和我们在一起。”

孩子需要我们的关注，但是我们必须意识到应有的关注和不应有的关注之间的区别。如果我们发现自己过于忙着照顾孩子，而这样的做法实际上并不符合当时的生活情境，当我们感到烦恼或苦恼时，我们可以肯定，我们面临的是不适当的要求。停下来审视一下眼下的情境。在这样的情境下我们应该做出什么样的行为？如果我们不干预，孩子能处理好自己正在做的事情吗？我们的反应如何影响孩子的自我认知？我们的反应是在向他证明，没有我们他也能做到，还是让他继续维持自己的自我认知，认定自己是一个无助、软弱、渴望他人关注的孩子？我们应该纠正孩子通过即时满足来获得满足感的错误倾向，帮助他们学会分析情境，做出自己的贡献并以此获得内心满足。

第十六章

避免与孩子的权力之争

SIDESTEP THE STRUGGLE FOR POWER

“把狗食盘倒空。”妈妈严厉地要求苏琳。“噢，见鬼。我为什么要这么做？”“我说了，你去把狗盘子倒空，现在照我说的做吧。”“我不明白为什么我必须这么做。”“因为我叫你这么做的。”女孩耸了耸肩，巧妙地避开了妈妈的要求。几个小时后，妈妈发现狗盘子还是脏的，上面爬满了蚂蚁。她叫来苏琳：“我想我几个小时前就告诉过你把这个盘子倒空。你为什么不这么做呢？现在看看这个盘子！到处都是蚂蚁。你现在就把它弄干净。马上！”“好，好。”妈妈大步走开，苏琳假意安抚妈妈的情绪后仍然不理会那只食盘。过了一会儿，妈妈发现盘子还是脏的。这次她打了苏琳一巴掌，苏琳面无表情地挨了巴掌，她不肯哭。“如果你现在不把这件事处理好，你就给我早早上床睡觉，今晚不准看电视了。除此之外，你的小屁股还会挨打，不过挺好的。现在动手吧。”“好吧，我会的。”苏琳最后说。妈妈转过身去，苏琳俯下身去假装洗盘子，但实际上她根本没洗。当天晚上很晚了，妈妈发现盘子还是脏的，里面的狗食也没有倒干净。

苏琳和妈妈正在展开一场权力的角逐。妈妈想要迫使苏琳听从自己的要求，而苏琳却想要证明自己才是真正的老板！

这种权力斗争正在各个家庭里以惊人的速度增长。越来越多的孩子沉迷于权力，被绝望的父母带到指导中心和咨询办公室。为什么会这样？出什么事了？当今的孩子敢于对父母做的事，我们自己小时候绝对想不到。为什么会变成这样呢？

这个问题是由目前正在发生的大众文化变迁引起的。孩子们感受到了我们时代的民主气氛，对我们试图对他们施加权威感到不满。他们通过报复来表达他们的怨恨。他们抵制我们压制他们的企图，向我们展示他们的力量。这样就形成了一种恶性循环：父母试图维护自己的权力，而孩子则向他们宣战，宣誓绝对不会被支配，也绝不屈从于胁迫。一切征服他们的企图都是徒劳的。在权力竞争中，孩子们要聪明得多。他们根本不怕“在公共场合丢人”，也不会被自己行为的危险后果所束缚。家变成了战场，没有合作，没有和谐，取而代之的是愤怒和暴躁。

在妈妈的苦口婆心下，十二岁的帕蒂同意一放学回家就把饭盒清理干净，并且把保温瓶冲洗干净。一切都很顺利。过了几天，忽然有一天，帕蒂忘了清洗她的饭盒，妈妈发现盒子里有残羹剩饭，保温瓶里有酸牛奶，她很生气，对帕蒂又是责骂又是说教。帕蒂答应记住教训。几天后，她又没有履行自己的责任。这一次，妈妈记得她曾考虑过使用逻辑结果。于是，她假装无视当时的情况，但内心却很生气。她对自己说：“我要让她好看！”第二天早上，她把午饭装进一个纸袋，把买牛奶的钱放在桌子上。帕蒂看出妈妈是故意把午餐盒放在灶台后面。“我绝对不会清理它。”她叛逆地想。发霉的食物残渣和发酸的牛奶就一直留在那。帕蒂继续用纸袋装着她的午餐。日子一天天过去，妈妈越来越生气。最后，她冲女儿发火了。帕蒂垂下眼睛生着气，仍然没有动手去清理盒子。最后，无奈之下，妈妈把她推进厨房，站在她身边，不停地打她，直到她把盒子清理干净。“你能记住了吗？”妈妈尖叫起来。“是的，妈妈。”帕蒂答应道。但第二天，她又忘了清理盒子。在彻底的绝望中，妈妈决定放弃整个计划。“你可以继续把午餐装在袋子里。”“这对我来说没问题，反正几乎没有孩子还把午餐装在盒子里。”

帕蒂忽略了她的午餐盒，妈妈生气的那天是权力斗争的高潮。妈妈还是不由自主地想“强迫”帕蒂把饭盒清理干净。她居然用逻辑结果作为惩罚——“我要让她好看”，这是报复，和惩罚是一样的。帕蒂感受到了妈妈的愤怒，尽管妈妈极力掩饰这一点。妈妈并没有真正考虑到逻辑结果的本质。当她把午餐装在纸袋里，提供牛奶钱的时候，她回避了真正的后果：尽管女孩不愿意配合，她还是继续为女儿服务。如果她用正确的方法使用“逻辑”，她应该像往常一样准备好午餐，但由于没有干净的容器来放置午餐，她会把午餐留在灶台上。接下来的事就由帕蒂决定了。

帕蒂想让妈妈知道，她不接受强迫，因此拒绝去清理她的午餐盒。她什么都愿意做，但不愿屈从于这个要求。如果不展示一下自己的力量，妈妈如何处理这种局面呢？

妈妈必须真的不关心饭盒。它是帕蒂的。如果妈妈不把它清理干净，那帕蒂就只能将就了。妈妈只能决定自己的行为。首先，发霉的食物和酸牛奶不应该待在厨房里，把它们留在那里，是妈妈的报复。而妈妈站在帕蒂身边让她把盒子清理干净，这是在使用武力，并继续进行权力斗争；翌日帕蒂不顾自己的承诺，再次没有清理盒子，这就是明证。妈妈生气了，因为帕蒂违抗了她的命令。帕蒂当然明白妈妈的意思——妈妈觉得自己的权威地位受到了威胁，并且想让帕蒂知道，自己不会让帕蒂违抗命令。只要妈妈试着找出帕蒂固执的原因，改变她的策略，这样帕蒂就不需要反抗了，那该有多好！进一步说，为了找出帕蒂固执的原因，我们应该想到，孩子不喜欢带午餐盒，因为初中的孩子很少用盒子装午餐。可为什么她一开始不这么说呢？因为她想利用这种情况，把妈妈卷入一场权力斗争。而且她赢了，妈妈放弃了。帕蒂本可以友好地跟妈妈谈一谈，让妈妈知道自己对午餐盒的看法，那么她们就可以避免这场漫长而痛苦的斗争。“帕蒂，我发现你今天忘了带你的午餐盒。我只能猜测，你并不想把你的午餐放在盒子里，是吗？你希望我把它装在袋子里，然后给你买牛奶的钱吗？”这样就可以马上结束权力斗争。

任何时候，我们“命令”一个孩子去做某件事，或者试图“让”他去做，我们就会招来一场权力斗争。这并不意味着我们不能引导或影响孩子做出正确的行为，而是意味着我们必须找到一种不同的、有效的方法。我们必须抛弃过时的、无用的态度和方法，而采取有效的态度和方法。

五岁的吉米快把妈妈逼疯了，她对他本人这样说，也当着吉米的面对其他人这样说过。母子俩总会因为这样或那样的事情相互争吵。可是，不管两人吵到什么地步，吉米根本不在乎。妈妈忍无可忍打他屁股时，可能会起到短时间的作用，但也维持不了多久。就今天来说，吉米排便一直不规律，妈妈多年来一直试图训练他。今天早上她让他吃完早饭去洗手间，但他很快就回来了，说自己现在拉不出来。妈妈让他出去玩，自己继续工作。大约中午时分，她把洗干净的衣服放进壁橱时，闻到一股粪便味。她查看了一下，发现吉米把大便放进了他爸爸的帽子里！她冲出门找到了吉米，把他带了进来，拿着帽子质问他，狠狠地抽了他一顿。他马上尿了裤子，但她以为那是因为儿子挨了打。然而，吉米在当天又多次尿湿裤子，而且那天晚上他还尿床了。

妈妈从吉米还是个婴儿的时候就开始关注他的排便问题。她的行为在暗示："我让你什么时候拉，你就得什么时候拉。"吉米的动作是在说："我会在喜欢的时间和地点做这件事。"从很早的时候开始，这个男孩就已经在用这个方法来击败这个强势的妈妈。吉米和妈妈的日常生活就是一场持续不断的权力斗争。妈妈要想改变这种关系并不容易，除非她知道问题出在哪里，知道自己能做些什么。

所以很多家长在对如厕训练表现出过度关注的时候，也给自己制造了类似的困难。正常的关心和过度的关心是有区别的，这两者的区别就在于我们的态度。如果我们"坚持"让孩子学习正确的如厕习惯，我们就会招来反抗。如果我们期待并鼓励正确的如厕训练，我们是在表达邀请，孩子会应邀与我们合作。但是，假如在合理的训练时间之后，我们发现孩子利用我们的所作所为来获得我们的过度关注，或者抵制父母的压力，那么是时候退出并表现得漠不关心了，让它顺其自然。在所有这些情况下，我们都发现了一种普遍的权力斗争。我们可以先在其他方面化解这种冲突关系——选一个更有利于维持秩序而不发生冲突的情景。就排尿排便而言，妈妈可以让孩子躺在湿床上，孩子如果不舒服，可以自己换床单。如果他已经过了换尿布的年龄，妈妈可以给他穿上训练裤，但让他一直穿着湿裤子。当然，不能让他弄湿客厅的地毯或家具。所以，在他准备好保持自己的屁股干爽之前，他可以待在不怕尿湿的地方，并且这个位置不应该造成损害。这一切都可以以一种随意的方式完成，抱着“这是你的问题”的态度。让孩子知道，“当你准备好了，你就会解决它，但你还是必须遵守规则”。一旦缺乏额外关注和赢得比赛的满足感，孩子很可能会选择放弃这种不适。

在这一点上，许多读者可能会感到困惑。有些时候，比如迫在眉睫的生命危险之下，我们只能使用武力。事实上，我们可以一边保持坚定的态度一边施加压力，或者在需要用武力的情况下施加压力维持秩序。

五岁半的彼得因为患了重感冒，没上幼儿园。一天下午，天气转好，雪开始融化，彼得想出去玩。“不行，儿子。你还是咳得很厉害。”妈妈劝阻他。男孩闷闷不乐地噘着嘴。过了一会儿，妈妈听到门砰的一声关上了，彼得穿着雪地装和靴子出去玩了。妈妈也跟着他出去了，拉着他的手，告诉他必须赶紧回家去。彼得表示拒绝。妈妈抱起他，把他抱回了家。“对不起，彼得。你今天不能在外面玩。”男孩怒吼着哭了起来。妈妈用力脱下他的外套，她知道不能让他出汗。彼得怒气冲冲地冲到门口。妈妈静静地站着，牢牢地抵着门。她没有再说什么，也没有试图阻止彼得发怒。由于使劲尖叫，彼得开始剧烈地咳嗽起来。妈妈什么也没做，只是继续堵住他的出口。最后彼得脾气爆发了：“我恨你，我恨你，我恨你！”他冲进自己的房间，扑倒在床上。妈妈继续做她的工作，留下彼得继续发他的脾气。

在外行人看来，这像是一场权力斗争。彼得想出去玩，妈妈用武力阻止他。然而事实并非如此，这并不是一场权力之争。妈妈只是在维持情境所要求的秩序。那么，我们该如何分辨？其实区别在于妈妈的态度。妈妈有义务坚持自己的立场，维持秩序，她两样都做到了，而且她没有表现出任何愤怒、沮丧或权威的感觉。在这种情况下，秩序意味着遵守规则，而只有遵守这些规则才能保护孩子的健康。彼得和妈妈之间的斗争不是权力之争，因为妈妈与之没有利害关系。这是一个重要的判断标准。每当我们怀疑一种情况是不是权力斗争时，我们可以问：“这件事对我个人有什么好处？”

很多父母会欺骗自己，以为自己做事情是为了孩子。现在再想想，我们确定吗？当我们这样想的时候，眼下的冲突牵涉我们自己的面子吗？我们从中得到什么了吗？如果孩子听话了，我们会不会有个人的满足感？我们想让全世界看到一个听话的孩子吗？我们想被称为“好”父母、成功的父母吗？我们在寻求对孩子的主导权吗？

第二个判断我们是否卷入权力斗争的方法是看结果。不管我们怎么“训练”，孩子还是会继续做同样的事情吗？他是否表现出蔑视？我们生气了吗？我们会为此不满吗？

第三个判断方法是我们的语气，这是最能说明问题的。我们的语气听起来专横吗？我们在生气吗？是在一味坚持吗？是在提出要求吗？坚定的态度通常是无声地表达，而权力之争则会因为其中的口角和气话而愈演愈烈。

彼得发脾气是因为他没办法为自己做决定。妈妈无视他的“我恨你”，她知道这虽然是孩子的真心话，却只是暂时的，是他愤怒之下的一种反应。维持了秩序之后，她不再担心了。彼得自己解决了剩下的问题。如果妈妈卷入一场权力斗争，她就会深深卷入随后的反应拉锯之中。

妈妈把车停在了医生办公室的外面。两岁的吉恩拒绝下车。妈妈恳求他下车，吉恩拒绝了。“吉恩，我们预约的时间到了。来吧，做个好孩子。”吉恩索性躺倒在车里，拒绝下车。妈妈转向她的朋友：“我该怎么办？”

其实妈妈可以带他出去！她应该态度坚决、不动声色、实事求是地维护秩序，顺应情境的需要。妈妈不需要生气。如果妈妈保持冷静，就不会涉及权力斗争。

为了充分理解权力斗争并找到应对的方法，我们必须重新评估我们作为父母的地位。我们必须非常清楚地认识到我们作为引领者的新角色，并完全放弃我们的权威位置。我们对我们的孩子根本没有权威——即使我们自己不知道，孩子们也非常清楚这一点。我们不能再要求或强迫他们。我们必须学会如何引导和激励。下面的图表将表明促进家庭和谐与合作所需要的新态度。在左边，我们列出了专制的态度，在右边，我们列出了现在必须取代它们的态度。

一旦右栏列出的态度或多或少成为我们的第二天性，我们就不会那么容易卷入权力斗争。如果我们的注意力集中在情境的需要上，而不是“让他听我的话”，我们可能会找到激励孩子做出正确反应的方法。相反，如果每当我们接近孩子的时候，我们都决心“让”他做点什么，孩子一定会感觉到，并立即形成反抗心理——他可能采取相当被动的策略，就像苏琳不愿倒空和清洗狗食盘那样，也可能采取主动的报复方式，就像吉米用他父亲的帽子当马桶那样。

当我们的孩子违抗我们时，我们的威望会受到最大的打击。而现在，我们可以做出最大的改变。如果我们关注情境的需要，忘记我们的尊严受到侵犯这回事，我们就有机会。

前面讨论过的许多规则都适用于权力斗争，最重要的是要保持态度坚定——但我们这种态度所面向的应该是我必须做什么，而不是我要让孩子做什么。然后，父母作为一个引领者，决定情境的要求是什么，并努力满足这些要求，而不是满足自己的偏好。我们必须理解、鼓励、顺应逻辑结果、相互尊重、尊重秩序、作息规律、赢得合作，这些都是解决权力斗争的手段。当然，当一场权力斗争已

专制社会	民主社会
我是权威人物	我是掌握知识的引领者
权力	影响力
压力	激励
要求	赢得合作
惩罚	逻辑结果
奖励	鼓励
实施	允许自主决定
统治	引导
对孩子要观察，而不是听他们说的话	倾听！尊重孩子
你照我说的去做	我们这样做，因为这是必要的
我的面子最重要	以情境为中心
个体视域	客观抽离

经升级，通常我们不可能再使用逻辑结果这种方法。这时最好的逻辑结果已经退化为惩罚——此时的父母把它当作一种武器，并以此赢得比赛的胜利。

最重要的是，父母要采取的最重要的一步就是认识到自己在权力斗争中扮演的角色。这并不容易做到，需要我们时刻保持警惕，否则我们就会不知不觉地卷入其中。这需要不断地自我提醒。“我真的不能强迫我的孩子做任何事。我不能强迫他们做任何事，也不能阻止他们。我可以尝试书中所有的技巧，但我不能强迫我的孩子采取合作行为。不能强迫他合作，而必须是赢得合作。应该鼓励正确的行为，而不是要求。不过，我可以利用我的聪明才智、机智和幽默感来促进孩子的合作意愿。”比起直接使用武力，这实际上给父母增添了不少负担。这些技能的发展使我们所有人固有的创造力得以发挥。一旦我们知道了规则，各种各样随机应变的做法就会出现在我们脑海中。重要的是，我们开始意识到这样一个事实：尝试强行压制孩子是徒劳的，除此之外，我们可以做一些其他的事情。

第十七章

从冲突中退出

WITHDRAW FROM THE CONFLICT

任何亲子之间不愉快的事情总有两面性。一场争斗是两个人冲突的结果。如果一方退出，另一方就无法继续。如果父母退出，他就把孩子留在了没有对手的战场。不再有观众或对手——没有什么他可以打败的，也就没有人可以打败他，没有人可以统治他。“他的风帆已经被扯掉了。”[1]

每天晚上七点半，就寝之战开始了。四岁的哈利是拖延时间的高手。“来吧，哈利，该睡觉了。”妈妈轻声说。“我还不想睡，妈妈，我还不困。”“但该你睡觉了。”妈妈劝说道。“过一会儿，等我把这幅画涂完。”男孩争辩道。“你现在就来睡觉，”妈妈严厉地说，“你可以明天再画。”妈妈想把东西收起来，哈利尖叫着把蜡笔藏进胳膊肘里，以免被人拿走。妈妈犹豫着要不要动手。“好吧，那就把画画完吧。”哈利又把注意力集中到图画册上，他嘴角露出一丝微笑。妈妈坐在床上等着。孩子的蜡笔动得越来越慢。妈妈开始不耐烦了。“你只是在胡闹吧，赶紧画完。”“我希望这幅画很完美，我得小心点。”男孩得意地回答。妈妈又不耐烦地等了一会儿，然后说她会把蜡笔收起来。哈利抗议，但妈妈坚持自己的态度。哈利不情愿地妥协，允许妈妈把一些蜡笔收起来，但还有几支蜡笔他不肯松手，或假装丢了，他用这种方式挑衅。东西收好后，哈利又发现了更多的方法可以拖延睡觉时间。他在浴室里磨磨蹭蹭，在床上蹦蹦跳跳，想喝水。

1 这句话用在这个情境比传统的意义更准确。我们不能阻止孩子做出“吹”的动作——所以他鼓起的风是不可控的。可是我们可以把孩子本身跟他吹起来的风分开，这样一来，风就变得无用并且可笑了。

最后，妈妈给他盖好被子，回到客厅。几分钟后，她的儿子又起来去洗手间，然后又想要一个晚安吻。九点钟的时候，他还很活跃。妈妈大发雷霆，打了他一顿。哈利尖叫起来。爸爸走到门口训斥他们："我不明白你为什么每天晚上都要吵吵闹闹。哈利！闭嘴。躺在床上别动。"世界终于安静了。

哈利的直接目标是权力。他展示了自己做想做的事的能力，并与妈妈交战。妈妈试图让他服从自己的要求，然后却让步了，这使他更加坚信自己的力量。哈利该上床睡觉了。然而，妈妈不知道如何诱使他去睡觉。

有几种方法可以解决这个问题。一种是从冲突局势中抽身，也许妈妈和爸爸可以就该怎么做达成一致。让我们看看这是如何实现的。

在下午的游戏时间，妈妈对哈利说："八点钟是你的就寝时间。我会告诉你什么时候该洗澡，爸爸和我会在八点钟对你说晚安，之后我们就不再关心你做什么了。"晚上七点半，妈妈给哈利倒洗澡水，叫他。"我还想再玩一会儿。"男孩挑衅地回答。"你的洗澡水准备好了，亲爱的。"妈妈回答，然后回到客厅。八点钟，妈妈和爸爸去了哈利的房间。哈利还在玩。"晚安，我的大男孩。"爸爸把儿子抱起来，给了他一个拥抱。"明天早上见。晚安，亲爱的。祝你做个好梦。"妈妈吻了他。父母回到客厅，打开电视。"可我还没洗澡呢。"哈利大叫着，跑进了客厅。妈妈和爸爸表现得好像哈利已经睡着了。哈利爬到妈妈的腿上。“我想洗个澡，妈妈。”哈利把脸凑到妈妈的脸前，心血来潮地说。“乔治，我们来点爆米花吧。”妈妈站了起来，使哈利从她的腿上滑了下来（这个诡计可以让哈利没法坐在妈妈腿上）。哈利想尽一切办法来引起他们的注意。他尖叫、跺脚、倒立、拖着父母的腿，但都无济于事。最后，他回到自己的房间，脱了衣服。接着他出来要求把他的睡衣系好。妈妈和爸爸全神贯注地看着电视，假装他已经躺在床上睡得很熟。大约九点半，哈利独自爬上了床，他的睡衣扣子散开着，他哭着睡着了。

妈妈和爸爸必须一直很坚决。他们说了晚安，然后只对他们要做的事负责。他们撤退了，把哈利留在战场。他拼命地想让他们重新回到战场，好让他上床睡觉。他甚至想通过哭泣来引起他们的怜悯，但他们依然保持坚定。一种新的训练方式已经开始，从根本上改变了男孩与父母和秩序的关系。第二天晚上，哈利开始准备洗澡，妈妈和哈利可以一起享受半小时的时光。八点钟，爸爸妈妈会给哈利盖好被子，道晚安，然后离开他。几分钟后，如果男孩起身去洗手间，要求喝一杯水，或是要求再吻他一下，爸爸妈妈又会假装他睡着了。然后他可能又回去睡觉了。很可能在一个星期之内，哈利就会欣然接受八点钟作为一天的结束。

另一种在哄四岁孩子睡觉时避免权力斗争的方法是坚定而安静地在适当的时候牵着他的手，给他脱衣服，给他洗澡，然后在他脱掉衣服这一系列过程中不要说任何话，保持完全的冷漠——父母甚至可以回到自己的卧室，锁上门。

三岁半的萨拉跑进厨房，妈妈正在那里做晚饭。“妈妈，我想喝一杯水。”她呜咽着说。“别再发牢骚了，萨拉。除非你好好说话，否则你不会得到任何东西。”“可是我想喝一杯水。”孩子更大声地哭闹着。“我受不了你的哭闹！给我停下。”萨拉啜泣着，抱住妈妈的腿，把脸埋起来。“现在你打算好好说话了吗？”妈妈问。“请问我能喝一杯水吗？”萨拉嘟哝道。“噢，我的天。给你！”妈妈拿来了水杯。

我们被告知，所有的孩子都会经历一个哭闹的阶段。我们被建议要有耐心，并告诉他们长大后会摆脱这个阶段。然而，其实我们真的没有必要“忍受”孩子的哭哭啼啼。萨拉不顾妈妈的要求，展示了自己想做什么就做什么的能力。妈妈要求“住手”，但萨拉继续，妈妈就让步了。

我们可以做点什么，拒绝孩子哭哭啼啼的时候提出的任何需求。为了做到这一点，我们必须退出，而且是不动声色地退出！如果我们站在那里成为一个现成的目标，我们肯定会让步的。妈妈必须抽出时间进行训练。她不妨关掉煤气炉，去上一个洗手间。

我们把这叫作“洗手间技巧”。按照习惯，这是房子里唯一一个象征隐私的地方。这绝对是一个理想的静修场所。我们应该有一个杂志架，上面放着文学作品，还有一个收音机来隔绝噪声。每次萨拉开始哭哭啼啼，妈妈就消失在洗手间里，什么也不说——没有必要。萨拉可能很快就会改变她说话的语气。

妈妈听到厨房里有声音，她走过去察看，发现四岁的拉里正站在柜台上，伸手去拿架子顶层的糖果。“你现在不能吃糖果了，拉里。快到午餐时间了。”妈妈把儿子抱了下来。“我现在要糖果。”他尖叫道。“不行，拉里。我现在就做午饭。”“糖果！”男孩尖叫道。“拉里，请规矩点。”孩子扑倒在地，又叫又踢。“你要我打你屁股吗？”妈妈怒吼，“给我别吵了！”“我恨你，我恨你！”男孩大叫。“拉里！这是什么话！”妈妈质问，可是男孩的脾气更大了。“拉里，别说了。在这里，我给你一块，现在别尖叫了。”拉里渐渐平静下来，终于接过了妈妈递给他的糖果。

妈妈一开始拒绝了，但拉里逼着她让步了。拉里赢得了比赛，增强了他对自己所具有的权力的信心。其实，妈妈可以通过从现场撤退而使得孩子发脾气的行为毫无意义。在他第一次尖叫时，她就应该把糖果拿走，然后转身去洗手间，让拉里一个人发脾气。没有观众，任何发脾气都没有意义。

某天下午，妈妈和五岁的艾伦去拜访了一个朋友。看到这位朋友的儿子恰基通过大发脾气来为所欲为，这样的行为让艾伦着了迷。当天吃饭的时候，艾伦离开桌子去了洗手间——这家人有一个既定的习惯，如果有人在吃饭时离开桌子，他们就不能返回桌子继续吃饭。趁他不在的时候，妈妈急忙告诉爸爸这次拜访朋友的事，爸爸很快就明白了。妈妈拿走了艾伦的盘子。艾伦回来了。当他看到自己的盘子不见了的时候，他就像恰基一样，扑倒在地板上大发脾气。妈妈和爸爸继续吃饭，就好像艾伦不在那里似的。不一会儿，他们听到艾伦喃喃自语："噢，有什么用？他们根本不注意！"妈妈忍不住咯咯地笑了起来。

妈妈熨衣服的时候，十个月大的艾利森一直在地板上爬来爬去。熨完衣服后，妈妈把孩子放进了她的围栏里。艾利森表示抗议并哭了起来。妈妈试图转移她的注意力，但艾利森向后一倒，背过身怒吼起来。妈妈去了洗手间。十分钟后，她回来发现艾莉森正一个人开心地玩她的球。

即使是十个月大的婴儿也会想要随心所欲。妈妈正在训练艾利森接受命令。她尊重艾利森尝试发脾气的决定，把场地让给了她，但没有给予她期望的关注和服务。

从冲突中抽身是效果最显著的方法，但这绝不意味着离开孩子，爱、感情和友好的亲子氛围会持续下去。发生冲突时的退缩实际上有助于维持亲子间友好的关系。当一个孩子特别具有挑衅性的时候，我们通常会觉得他很不友好——我们更倾向于痛打他一顿。双方的敌意会对关系造成很大的伤害。当我们熟练掌握即时退缩时，我们会惊喜地发现孩子做出了回应。因为他们有强烈的归属欲望，所以他们会觉得一个空荡荡的战场最令人不安。没过多久，他们就改变了自己的行为，放弃这种毫无意义的展示坏脾气的行为。一旦这种做法在家里建立起来，孩子很快就会感觉到自己的界限。如果他们超越了界限，父母退出当下的情境，孩子很快就会放弃冲突，并重新表现出跟父母配合的意愿。既然训练孩子合作是我们的目标，我们在这里有一个很好的程序来赢得合作。

也许有人很难认同这套程序。乍一看，我们似乎是在放纵一个孩子“自己胡闹”。然而，如果我们仔细观察孩子的动机，我们会发现，在大多数冲突下，他想要吸引我们的注意，或者希望我们参与一场权力斗争。如果我们允许自己参与其中，我们就屈服于孩子的计划，并加强了他的错误目标。因此，我们的训练必须瞄准问题的根源而不是表面。口头上“纠正”孩子的不良行为是徒劳的。如果我们希望训练一个孩子，让他有更好的行为，我们必须采取行动来引导他改变态度。如果过去能让他达到目的的方法现在已经行不通了，他很快就会转向一个新的方向，最终发现通过合作他能获得更多。如果他不能随心所欲，他就会从容地接受情境的要求。因此，他培养了对现实和父母的尊重，而现实情境和父母则代表着现有的社会秩序。

一旦在家里确立了“从冲突中退出”的应急方法，在公共场合处理冲突就更容易了。我们可以培养一种精神上的“洗手间技巧”，这也很有效。孩子是极其敏感的。他们能感到父母的疏离，感知到他们没有参与的意愿。我们在第七章莎伦的故事中能看到这种态度的影响。当莎伦发脾气时，妈妈静静地走在前面，她退出了这场冲突。

莎伦意识到了这一点，也放弃了，重新回到妈妈身边，妈妈立即接受了她，并没有责备她，接下来的散步很愉快。当孩子在公共场合调皮捣蛋时，我们会遇到严峻的考验。我们感到羞耻和屈辱，因为孩子的行为会让我们置身尴尬的处境，让我们看上去像是很不称职的父母。孩子在公共场合的表现和他们在家里被训练时的表现是相似的。如果他们在家里“失控”，在公共场合也会表现不佳，这意味着，如果在家里的训练没有完成，那在公共场合我们也就“罪有应得”了。问题是，孩子在公共场合的行为可能更加恶劣，因为他们感觉到了我们的脆弱。然而，我们可以利用我们的精神，在精神上抽离，不理会孩子，也包括所有的旁观者。同样，一旦我们的注意力集中在情境的需要上，而不是我们个人的名声上，我们就拥有了解决问题的办法。

第十八章

诉诸行动！而不是通过语言

ACTION！NOT WORDS

“我跟你们说过多少次了，吃饭前要洗手！现在给我滚开，你们三个都滚开。在你们把手洗干净之前，不要回到这张桌子上！”三把椅子被推开，三个孩子离开了餐桌，只剩下一岁的宝宝，妈妈继续喂这个宝宝。

“我要告诉你多少次……？”这句话成千上万的父母说了成千上万遍，语气里全是恼怒。这句话正是为了达到这个目的：表达我们的愤怒。但作为一种训练手段，它毫无用处。事实上，我们的用词——“多少次……？”恰恰表明这句话并没有达到教训孩子的目的。孩子们学得很快。一次“告诉”通常会向孩子表明，他的某种行为遭到了反对。从这个时候起，他就知道他重复这种行为是越界的。

那么，为什么三个孩子还会继续脏着手来吃饭呢？他们背后的目的是什么？要明白这一点，我们可以看看事情的结果，结果会如何呢？妈妈会怎么做？她为此怒不可遏。这是婴儿引起妈妈注意的方式。妈妈注意到了那双脏手。现在这三个孩子引起了她的注意，他们违背了规则，获得了妈妈的回应。妈妈所做的于他们来说正中下怀——她为他们服务了。此时，孩子们会觉得，按照他们被告知的那样洗手是愚蠢的！如果他们洗了，就不能让妈妈为他们忙碌了。

如果妈妈真想改变孩子的行为，她就必须采取行动。语言是徒劳的。出于对孩子的尊重，她不能为他们决定他们要做什么，但她可以决定自己要做什么。“我不会在你手脏的时候和你坐在一起吃饭。”妈妈把盘子拿走，不给手脏的人提供食物。当妈妈第二次在餐桌上发现三双脏手时，她甚至都不用说为什么不上菜。现在情况变了，孩子们不再有妈妈忙于照顾他们。那展示脏手又有什么用呢？

妈妈从厨房的窗户往外瞥了一眼，看到布莱恩正拿着玩具气枪瞄准邻居的窗户。这个男孩八岁，是四个孩子中的老大。“布莱恩，到这儿来，亲爱的。我想和你谈谈。”妈妈说。男孩放下枪，慢慢地向妈妈走去，妈妈为他拉开了纱门，把他领到书房，让他坐在脚凳上，她自己坐在椅子上。“亲爱的，当我们给你玩具气枪的时候，我们告诉过你它很危险。我们在娱乐室里建了一条特殊的射击道，在那里玩玩具气枪不会伤害任何人，也不会打碎任何东西。对不对？”布莱恩睁大眼睛天真地看着妈妈，似乎对这次小小的谈话很感兴趣，但他没有作答。“你知道玩具气枪可以打破沃德太太家的窗户吗？”妈妈又问。男孩的眉毛一扬。“你看，亲爱的，那些弹丸背后有相当大的力量。只要角度合适，窗户就会被打破。你不会想这么做的，对吧？”布莱恩垂下眼睛。“毕竟，亲爱的，你知道，如果你真的打破了窗户，我们就得赔钱。你不希望发生这种事，对吧？”布莱恩又抬头认真地看了妈妈一眼，但仍然什么也没说。“你现在想不想把你的枪拿到楼下，在我们为你安排的射击道里射击呢？我想那里会很好玩的。”男孩低下头晃了晃脚，说：“我还是想到外面去玩。”“好吧，儿子。但是把枪留在里面。这总可以吧？”“好吧。”男孩耸耸肩。

几天后，妈妈发现儿子在近距离射击瓶子和罐头。她又叫他来谈话。妈妈又重复了一遍拿枪时要注意的事项，她再次提醒他玩具气枪的危险。布莱恩又一次表现出认真倾听的样子。在“交谈”之后，他又把枪留在了家里，回到外面玩其他游戏。

在“和孩子讲道理”的理念指导下，妈妈不认为自己应该惩罚或“压制”布莱恩。于是，除了语言，她没给自己留下任何教育孩子的工具。很多父母喜欢长篇大论，没完没了。孩子的行为背后是有目的的，因此根本不会因为父母的语言而做出改变，他觉得所有这些话都很无聊，很快就对这些话产生了免疫力。他变成了“聋子”。这种对语言的屏蔽机制最终针对任何提供语言作为指导手段的人。父母和老师都知道有很多孩子“我说的话一个字也听不进去”。然而，他们继续这种徒劳的方法，尽管语言是徒劳的，但他们仍倍加努力！

语言本应是一种交流的手段。然而，在冲突的情况下，孩子不愿意倾听，语言就变成了武器。在发生冲突的时候，没有什么可以通过语言的方式传达给孩子。在这一点上，他的“失聪”是针对妈妈说出的任何话语的。无论别人对他说什么，都将成为他口头反驳的弹药。一场口水战正在打响。即使孩子没有说什么反驳的话，他也仍然是叛逆的，并且会用行动来实现他的叛逆。故意挑衅或调皮捣蛋是孩子最常用的表达叛逆的行动。

布莱恩装出一副在听的样子，因为他这样做就可以达到他的目的。他其实一个字也没听进去。他无意执行他接到的指示，表现出听话是为了继续做自己想做的事，心甘情愿付出的小小代价。而如果妈妈真的观察并解读他的面部表情，就会发现布莱恩是在嘲笑她。

如果讲道理不起作用，妈妈又不相信惩罚，那还能怎么办呢？妈妈可以采取这样的行动，比如她可以把玩具气枪从布莱恩手里拿走。“我很遗憾，你不想遵守规则，那我只能拿走你的枪了。等你准备好了，你可以把它拿回去。”这样的做法可以重复一两次，之后如果布莱恩仍然我行我素，就直接把枪拿走，绝对不要再多说了。

布莱恩的故事有一个悲剧性的续集。他继续随心所欲地使用他的枪。一天，他近距离瞄准了一个瓶子，一颗子弹反弹过来射进了他的眼睛，他的眼睛被毁了。

“珍妮特，穿好你的睡衣。你会摔倒的，要是你这样走路！上楼去睡觉吧。”妈妈回过头来对客人解释说：“我昨天在大减价时买的睡衣。这对她来说太大了，但你知道孩子们是多么喜欢新鲜的东西。我要她明年穿，可她非要现在就穿。”这时，每个人都在看着那个仍然站在楼梯上，对大家开心地微笑着的女孩。她低头瞥了一眼自己藏在很长的睡衣裤腿里的脚，试探性地伸了一下脚，长长的裤脚随之摇曳。她又抬起头来，带着调皮的微笑打量着大家。妈妈再次命令道：“珍妮特，在你摔倒之前，把裤腿提起来！现在上楼去吧。”孩子慢慢地转了个身，两条裤腿相互交叠，然后她又转过身来，站在那里看着那群人。妈妈背对着她站了一会儿，听着大人们的谈话。这时珍妮特坐了下来，伸出双腿，让裤腿来回晃荡。妈妈看到客人们笑眯眯的目光，又转过身。“珍妮特！你想掉下去吗？把裤腿提起来，上楼去吧。卡尔，把珍妮特带走。”珍妮特转身迅速爬上楼梯，没有理会两条相互交错的裤腿。当爸爸出现的时候，她已经跑到了楼梯顶。

有多少次，我们一看到孩子周围有潜在的危险，就警告他们要小心！如果他们认真地听了我们的话，他们就会相当害怕，不敢朝任何方向移动！可妈妈的话太多了。她用语言作为威胁，用恐惧作为威胁。

珍妮特很清楚如何控制睡衣的裤脚。她的动作经过精心研究，并不是对危险无知。睡衣在她的控制之下，妈妈也在她的控制之下。妈妈对她如此关心，她觉得很惬意。她知道她应该躺在床上，但她利用这个机会把妈妈的注意力从朋友那转移到自己身上。对珍妮特来说，这证明了她让妈妈一直关心她的能力。越是难以吸引妈妈注意的情境，她获得的胜利喜悦就越大。妈妈的反应果然不出她所料。

很多时候，父母所做的不过是让孩子咬紧牙关。第一次这样做的父母可能会发现这个方法需要自己付出极大的努力。他们感到非常焦灼，非常想要对眼下的情况做些什么。没过多久你就会发现，正是沉默缓解了亲子间紧张的气氛，而且更有助于恢复家庭的和谐。可惜，有些妈妈可以闭着嘴大喊大叫！

妈妈本应该对珍妮特睡衣的事一个字也不评论，她应该采取行动，让孩子选择自己上床睡觉还是被抱起来送进卧室。

一个星期天，五岁的特里站在主日学校教室的角落里哭。妈妈又哄又求，让他别哭了。“如果你再哭，我就要离开你了。”男孩哭得更大声了。“现在我真的要走了。”特里尖叫着跟着妈妈慢慢向门口走去。她溜出了门，特里发出了一声刺耳的哀号，妈妈不得不又返回来。“特里，你给我待在这儿，马上停止哭泣。”老师走了进来。“× 太太，您为什么不去处理您自己的事情。特里会没事的。”“我担心他会离开教堂。我们离家前发生了一点小麻烦。”“我相信特里准备好后会加入我们的。我们很高兴你能参与我们，特里。记住，我们是朋友。”妈妈走了，特里停止了哭泣，但在角落里待了一会儿。老师回到了教室。不久，男孩加入了老师所在的队伍。

面对一个尖叫、叛逆的孩子，妈妈感到无助，她试图用语言，更多的语言，最后威胁儿子屈服，虽然她并不打算付诸实践。她只想“让”他停止哭泣，而不是从他的压力中解脱出来。“哭泣”通常是孩子的“压力武器”，不必太过在意。

五岁的乔治在超市里从购物车上翻了过去，然后跨过栏杆，坐在旋转门上。“乔治，下来。你会受伤的。”男孩不理睬妈妈，两腿挂在栏杆上。“快点，乔治，在你受伤之前下来。”妈妈从队伍里拉了一辆手推车。她的儿子自己爬起来，顽皮地坐在了转门上，阻止另一个女人通过。妈妈叫道：“乔治，下来，让那位女士过去。”乔治爬了下来，然后又爬上了购物车。“乔治，快点！”妈妈独自走过过道。乔治在栏杆和十字转门上玩耍，直到他妈妈买完东西，跟在他后面说她准备离开了，男孩才跟上去。

很多时候，父母会觉得自己说出的话本身就会产生惩罚的效果。当孩子仍然没有回应时，父母通常会采取策略退却，让孩子成为不受约束、粗蛮无礼、不讲规则的胜利者。在培养孩子的合作能力方面，父母没有取得任何成就。父母隐约地意识到这一点，并在下一次加倍努力，通过“跟他讲道理”来“教”孩子，结果还是一样。

为了让自己摆脱这种困境，我们必须学会用行动代替语言。我们必须采纳这样的座右铭：“在冲突的时候，闭上嘴，行动起来。”

乔治屏蔽了妈妈的话。妈妈应该闭上嘴，采取行动。而实际情况却恰恰相反——她一直希望用有关危险的威胁来赢得合作。乔治对此比妈妈本人更清楚。他完全知道自己的身体能做什么，也知道这几乎没有什么危险。很少有孩子在超市翻越栏杆和十字转门时受伤。

当妈妈发现自己的话不起作用时，就撤退了，留下乔治成为无拘无束的胜利者。但最后她还是去告诉他，她准备离开，这样他就不会陷入困境。显然，不是妈妈在教他如何正确行事，反而是乔治已经成功地训练了妈妈。

孩子在超市里的不当行为已经变得如此普遍，以至于这样的现象被人们习以为常。实际上，超市并不是游乐场。孩子们可以通过训练来理解这种区别，并据此做出相应的行为。

在他们进入超市之前，妈妈可以说：“乔治，超市不是游乐场。你可以和我一起走过过道，帮我拿东西。”当乔治跳上购物车时，妈妈可以立即牵着他的手走出超市，走向汽车。“很抱歉，你在超市里不守规矩。现在你可以在车里等我。”

有了这样坚定的行为，妈妈便可以向乔治表明她是认真的。她应坚持到底，下次不带他去购物，但在接下来的一次购物中，如果他认为自己能守规矩，就允许他选择和她一起去。她必须抵制用语言威胁的诱惑："如果你不守规矩，你就得待在车里。你不希望这种事发生，是吗？所以你会乖乖的，是吗？"很显然，他不会。

只有两种形式的行动不会表达敌意，因此也不会增加敌意，一种是使用自然结果，另一种是如果不能使用自然结果的话，那就从现场离开。

四岁的约翰尼在花园里跑过，正好踩中了妈妈刚种下的一排排植物。"约翰尼，滚出我的花园！"孩子继续在新播种的花床上跑来跑去，好像没有听到妈妈的声音。"约翰尼！滚出我的花园。你毁了它！"他继续不顾一切地跑来跑去。妈妈又朝他吼了四次。他继续跑，直到跑累了，然后笑着跑到灌木丛里，在阴凉处坐了下来。妈妈看了他一眼，又继续干她的活。

几天后，约翰尼跑到邻居家院子里新种的苗床上，他故意在一排排的细土上踏了几步。邻居紧紧地拉着他的手，把他领到自己用篱笆围起来的院子门口。"听着，年轻人。这个院子里不欢迎你。走远点儿。"她抬头一看，约翰尼的妈妈正朝他走来，这才意识到自己刚才的话被人听到了。"他弄坏什么了吗？"妈妈问。"当然了！"邻居生气地回答，"他太小了，不懂得远离花园，我不想让他出现在这个院子里，不管是现在还是将来。""噢，我很抱歉。"妈妈生气地回答。邻居接着说："他不肯听我的，就像他不听你的一样。他最好别再到这个院子里来了。"约翰尼突然抽泣起来。"我可怜的宝贝。"妈妈安慰着把他抱起来。她走回自己的院子，孩子靠在她的肩膀上啜泣着，她安慰他，要他不要去招惹"那个刻薄的老太婆"。

约翰尼是一个误入歧途的男孩，在他的观念里，除非可以我行我素，否则他就没有立足之地。他是一个"暴君"。他为所欲为，没有人能阻止他——至少用语言阻止不了！在他还小的时候，就应该让他学会不再践踏妈妈的花园，而现在，他在彻底惹恼妈妈之后，还可以对妈妈的告诫充耳不闻。因为妈妈除了说话什么也不做，约翰尼就继续为所欲为。

另一方面，邻居采取了行动。她把他带出了她的花园。当然，她在评论约翰尼"太小"和"不听话"的时候，既表达了对约翰尼的愤怒，也表达了对他妈妈的愤怒。作为回应，约翰尼的妈妈觉得他受到了攻击，并立即表示了同情，这当然是毫无根据的。如果她儿子的行为引起了愤怒和敌意，就应该让他杜绝这样的行为，而不是用不明智的同情来保护他。妈妈为约翰尼感到难过，于是进一步鼓励他扮演暴君的角色。他现在知道，不仅在家里可以随心所欲，在家以外的地方，妈妈也会保护他，使他不会因为随心所欲而招致任何不愉快的后果。但是约翰尼的暴虐行为在社会上是不会被接受的。暴君是无法正常履行自己的社会职能的。实际上，约翰尼想要的只是归属感。他独自生活在一个成年人的世界里，他是父母中年得子，他的父母纵容他的每一个念头，让自己成为他可怜的仆人。他们这样做，破坏了他获得归属感的正确路径，助长了他的错误认知，即只有当他能压倒所有高大的成年人时，他才能获得归属感。

为了帮助约翰尼摆脱这种错误的做法，他的父母首先必须认识到他们自己的错误观念，纠正自己表达爱的错误方式。然后，他们必须行动起来，而不是空谈。

如果妈妈牵着约翰尼的手把他领进屋里，并且告诉他："我很遗憾，可惜你不想守规矩。你准备好了可以再出来。"这样他会更清楚地意识到自己不应该踩踏花园。妈妈不需要对他的行为或原因作任何进一步的解释。由于约翰尼已经是一个暴君，这种新的治疗方法将遇到激烈的抵制。当他又开始在花园里乱逛的时候，妈妈可以再次把他带回家，再次对他说："你想守规矩的时候再出来吧。"一定要给约翰尼再试一次的机会，但当他表现出不愿意听话的时候，就应该把他送回家里。只要妈妈保持冷静，悄悄地确立了自己维持秩序的权力，就不存在权力竞争。她的坚定会被理解，最终她的行动会带来尊重。约翰尼非常需要学会尊重。要做到这一点，需要行动，而不是语言。

第十九章

不能只是“赶苍蝇”

DON’ T SHOO FLIES

妈妈推着婴儿车，车里的宝宝康妮快两岁了。孩子伸出一只脚，脚尖从人行道上划过。“不，不。康妮。”康妮把脚放回婴儿车内，但几分钟后又伸了出来。每次发生这种事，妈妈都说：“不，不，康妮。”最后，妈妈大发雷霆，伸手拍了拍孩子的腿。“我说了别这样！”于是，在剩下的散步过程中，康妮一直把脚放在婴儿车里一动不动。

“哈利，快点。你要迟到了。”妈妈叫来七岁的孩子，继续准备早餐。“哈利！来吧！”几分钟后她重复了一遍，几分钟后，她又重复了一遍。最后，她走到他的门口，提高了嗓门：“你马上给我出来！”哈利从床上跳了起来，飞速走到桌子旁边吃起了早餐。

“别再吸鼻子了，斯科特。”爸爸对他八岁的孩子说，斯科特患了花粉热。全家人都在看电视，斯科特全神贯注地听着故事，不一会儿又开始了。爸爸生气了，再次让他停下来。而斯科特依旧断断续续地吸着鼻子，直到爸爸把全部注意力转向他，问道：“你能不能拿张纸巾来，别再吸鼻子了？”斯科特愤愤地照爸爸说的做了。

在前面的每一个案例中，孩子都激怒了他的父母，而父母的反应可以被描述为“赶苍蝇”。被令人不安的行为激怒了，我们倾向于用“不要”“停止那个”“不不”“快点”“安静”等话把这种行为驱赶到一边，就像我们挥手把一只讨厌的苍蝇赶走一样。在每一个这样的例子中，父母最终都变得强硬或暴力。虽然这是一种完全“自然”的反应，但作为一种训练方法，它是无效的，或者更确切地说它让孩子相信，在我们变得暴力之前，他不必介意我们！既然这不是我们真正想要的，那么当我们开始关注孩子的行为时，我们就应该注意自己在做什么。“驱赶”是我们在孩子需要关注时给出的反应。我们不分青红皂白地使用警告，这对孩子来说没有什么意义，对我们也没有任何价值，因为我们希望做的不仅仅是对这种越轨行为给予关注。如果我们希望阻止一个孩子做某件事，或者要求他服从命令，我们需要从一开始就把我们的全部注意力放在这件事上，然后袖手旁观，直到孩子当真予以服从。

有时候，我们要准备花很长的时间来训练孩子。只要孩子伸出她的脚，康妮的妈妈就不应该推婴儿车了。不需要言语，康妮很快就会明白，如果她想坐婴儿车散步，就应把脚放在车内。作为一种训练方法，妈妈的安静坚持会比她不断地“不、不”和最后的一巴掌有效得多。

在其他时候，使用逻辑结果的方法可能会更有效。哈利的妈妈可以向他明确，她不会再管他能不能准时吃到早餐，让他自己看着办。一旦妈妈的唠叨和暴力都停止了，哈利很可能能明白妈妈的真正意思——当妈妈说，是否按时吃早餐取决于他，他可以选择吃，也可以不吃早餐就去上学。她不能通过唠叨来影响哈利，让他改变行为；相反，唠叨只会让他屏蔽妈妈的声音。

斯科特的花粉热确实是个问题。但与此同时，他知道如果他打喷嚏，他的家人就会关注他和他的问题。再说，谁愿意在一个引人入胜的故事进行到一半的时候跑去拿纸巾呢？然而，爸爸意识到，吸鼻子很容易成为一种令人讨厌的习惯，他不希望斯科特养成这种习惯。于是，他把“苍蝇”赶走了。斯科特继续吸着鼻子。其实爸爸可以把全部注意力从电视上转移到儿子身上，用一种安静的呼唤来吸引孩子的注意力，然后就看着他。斯科特很可能会去拿纸巾。这样，父亲就可以通过平静而坚定的态度来建立自己的影响力。语言并不是我们唯一的交流方式，而且它们往往是最无效的。如果我们想影响孩子的行为变化，我们需要注意自己的行为。请思考一下，我们所做的行为带来了预期的结果，还是仅仅让烦恼暂时消失了？

第二十章

慎用取悦的语气，要有勇气说“不”

USE CARE IN PLEASING: HAVE THE COURAGE TO SAY “NO”

“妈妈，给我买个新的塑胶游泳池。”史蒂夫向妈妈要求道。“为什么又要买一个？”妈妈问。“我不喜欢现在这一个了，现在就带我去买个新的。”“史蒂夫，我太累了，明天再去吧。”“现在就去！”史蒂夫跺着脚发起了脾气。“史蒂夫，拜托了。我们今天出了好几次门。先是去游泳，之后又是你的骑马课，等明天再去买新游泳池不行吗？”“我现在就要去买个新的。”妈妈继续恳求孩子，因为她实在太疲惫了。她的儿子大喊大叫，尖叫，咒骂，最后用脚踢妈妈。最终，妈妈妥协了，开车去商店买了一个新的、更大的塑胶游泳池。

这位妈妈内心有一种观念，认为自己和丈夫的婚姻破碎，让孩子受到了伤害。为了弥补孩子遭受的苦难，她愿意为史蒂夫提供一切最美好的东西。史蒂夫感知到了妈妈的态度，利用这一点来得到自己想要的一切。有时史蒂夫的要求完全是毫无道理的，可是，如果妈妈说“不行”，他就会感到无比挫败。而妈妈始终认为，孩子受的罪已经够多了，她不应该继续“夺走”他本应享受的东西。

妈妈实在想不出任何理由，为什么她不应该满足史蒂夫的一切需求，只要她确信自己能做到，她会永远这么做下去。史蒂夫根本就不需要学习如何应对挫折，因为妈妈做出了承诺，她会永远在他身前，为他防止一切挫折。在这种情况下，妈妈永远在扮演卑贱奴隶的角色，接受暴君的虐待和踢打，允许他不尊重自己，也不尊重规则。而在史蒂夫眼中，他是一个发号施令、接受服务的强者，在妈妈的纵容之下，他利用愤怒来控制别人的手段只会随着时间的推移而更加炉火纯青。

“妈妈，求你了，今晚我能和琳达一起去看那场演出吗？”卡拉在电话里问，“她妈妈会带我们去的。”“不行，卡拉。你应该知道，明天还要上学，所以你今晚不能出门。”“可是，妈妈，这场演出真的特别好，等到星期五就没有了。”“它有什么特别的？”“噢妈妈，你应该看过预告了，这个故事是根据一本书改编的。求你了，就这一次。我保证明天我不会累。”妈妈被说服了，既然是对女儿如此重要的事情，她不希望拦着女儿。她知道女儿非常喜欢动物的故事！而且这是一个好故事，去看演出不会有什么坏处。再说，如果自己不让她走，她整个晚上都会闹别扭，这可让人受不了。“好吧。但是演出结束后马上回家。”卡拉的声音从电话那头传来：“她说我可以去！”她高兴地叫道。

卡拉把妈妈训练得很好。她的要求既有说服力又合乎逻辑，她懂得如何取悦妈妈并以此打动她。假使妈妈真的拒绝了，卡拉就会闹别扭，让妈妈心里难受，以此来惩罚妈妈。卡拉得到了她想要的。妈妈允许卡拉不尊重秩序，打破规则。妈妈已经无法对女儿说“不行”，她没有尊重自己，也没有尊重卡拉，没有考虑到孩子的健康可能出现的状况，也枉顾了日常作息的规则要求。如果妈妈做过记录，她会惊讶地发现，孩子说过多少次“就这一次”，而这些要求全都被满足了。每一个请求本身听起来都很合理，可孩子得到了太多次“胜利”，这些“胜利”背后的规律性应该引起妈妈的反思。这些请求中隐含威胁，使其成为独裁者的强制要求。

我们有时会觉得自己有义务尽可能地取悦孩子，可事实上这是一种错误的观念，因为这是一种奴隶式的态度，会让孩子越来越以自我为中心。卡拉认为生活就是要让一切都服从于她的意志——如果做不到，那就让其他人好看。她的注意力集中在自己和自己的欲望上，而不是情境的需要。她发展合作精神的能力被削弱了。当她不能随心所欲时，她会让每个人都很痛苦。卡拉被宠坏了。她不知道如何处理挫折，如何妥善地接受拒绝，并且发挥逆境的最大作用。可悲的是，生活中并不总是有人一心想要取悦我们，一旦卡拉落入这样的状况，她将陷入极端无助的处境之中。

迁就孩子的每一次心血来潮，这会带来长远的严重结果，可惜我们的短浅目光使得我们很难看到这一点。取悦孩子通常会给家庭带来暂时的和谐。因此，谨慎地利用“取悦”这个手段是明智的。孩子们需要学会如何处理挫折，毕竟成年人的生活充满了挫折。认为孩子长大后自然就能学会应对挫折，完全是无稽之谈。我们不能希冀于某种神奇的魔力能赋予孩子这种本应该在早期发展的技能。在讨人喜欢和不讨人喜欢之间取得平衡需要仔细考虑。如果家里的例行公事和秩序需要妈妈表达拒绝，妈妈就应该有勇气说“不”，只有这样卡拉才可能获得她迫切需要的忍受挫折的技能。

四岁的保罗陪妈妈去杂货店，他手里拿着一把装满水的水枪。

妈妈转过身，正好看见他朝一个女人脸上喷了一枪。“保罗！你真不害臊！现在把那东西收起来。”孩子放下枪，噘着嘴、盯着地板，假装要把水枪放进枪套。几分钟后，他又看到了那个女人，又朝她脸上喷了一枪。妈妈吓坏了，一把抓住了保罗并向女子道歉。保罗尖叫着，跺着脚。人们转过头来盯着他们看。妈妈赶紧把枪还给保罗说：“好了，我们现在走吧。”

妈妈没有勇气说“不”。她无法忍受别人听到她的孩子尖叫。妈妈已经让保罗形成了这种观念，让他觉得自己的要求是合理的，不管事情多么离谱，他都要按照自己的方式去做。反过来说，保罗把妈妈训练得如此之好，以至于她已经准备好并愿意屈服于他的暴政。

很多孩子在得不到他们想要的东西时，会用暴力表达他们的怨恨。然而，妈妈有义务维持秩序：她不能纵容保罗向人喷水。既然他不愿意约束自己，妈妈就不能让他拥有水枪。“把水枪放在枪套里，我们回家的时候，你可以再拿到它。”妈妈必须尊重他表达不满的权利，但也要尊重她自己说“不”的权利——而且不是说说而已，而是说到做到！被人盯着看热闹的确会让人感到窘迫，但相比之下，对孩子的培养和发展更重要。我们要学会关心情境的要求，不要在意“别人怎么想”。在这里，妈妈必须在她受到伤害的虚荣心和她作为妈妈的义务之间做出选择。

三岁的威利站在一角钱商店的玩具柜台前呜咽。“你想要什么，威利？”“那个。”威利指着他一直想要的玩具手风琴。“不行，威利。那个太吵了，我们不能买那个，我给你买辆小车。”孩子哭哭啼啼地说：“我不要车，我就要那个。”妈妈不理他，继续看对面柜台上的商品。威利抓着妈妈的腿，哭着说：“我要那个，要那个。”“天啊，来，我给你拿下来。”店员把玩具递给妈妈时，小男孩伸手去拿。“等我们回家了再玩，在商店里玩太吵了。”威利狂怒地叫道：“快！现在就给我！”“好吧，你可以拿着这个盒子，但不要把琴从包装盒里拿出来。”但威利立刻就撕开了玩具的包装盒。妈妈无助地看着孩子把玩具翻来覆去，发出可怕的噪音。“好了，威利。这听起来太糟糕了。等我们回家再玩，不然我就把它拿走。”他又拉又推。妈妈一把抓住玩具。他尖叫起来。妈妈又把玩具还给了他。孩子继续又拉又推。妈妈大发雷霆：“你就不能等我们出了商店再玩吗？”威利不为所动。最后，妈妈把儿子推出了商店。“我可真生气了。你为什么就不能等等，至少等我们到了外面再说呢？”

妈妈没有勇气说“不”，也没有勇气面对威利的不悦。无论如何她都要让儿子高兴，满足他的一切要求。威利已经非常擅长控制妈妈了。

我们没有理由要给孩子买下所有他想要的玩具，也没有理由必须在他每次和我们一起去购物时都给他买东西。这样的行为纵容了孩子的任性，让他觉得买这些东西是他的权利。“如果妈妈不给我买东西，她就不再爱我了。”比起对玩具，能证明妈妈必须不断满足自己，这件事显然更有趣。玩具本身没有什么价值，可能很快就会被丢弃。让妈妈付出却是至关重要的。

玩具应该有一个有用的目的或满足特定的需要。我们应该在孩子期待礼物的时候送给他玩具，或者按季节送，比如春天送跳绳，夏天送棒球手套和玩水的玩具，冬天送室内游戏，等等。购物应该是有目的的。当孩子和我们在一起的时候，应该让孩子形成关于金钱和购物的观念。如果他的需求没有限制，他就会认为钱的供给是无限的，他对物质的价值观念就会扭曲。

如果威利的妈妈能更谨慎地考虑是否要满足孩子的需求，能对孩子随口提出的购物要求说“不”，那才是对孩子更好的爱，也是对孩子利弊更好的权衡。然而事实上，她完全无法建立规则，因为她缺乏勇气，她害怕孩子的愤怒和报复，因此无法说“不”，也无法保持坚定的态度。

“我们今天需要买一些麦片，劳拉。你愿意选一选吗？”六岁的劳拉高兴地看着货架上一个个包装盒，挑了一个放进购物车。妈妈接受了她的选择，于是小女孩跑到糖果柜台，挑了糖果，拿给妈妈。“不，劳拉。今天我们不买糖果，我们家里的糖果已经够多了。”“但我今天想要买糖果。”“下次我们购物的时候你可以买这个，”妈妈笑着说，“来帮我挑一些橙子。”劳拉把糖果放回货架，然后和妈妈一起到水果柜台买水果。

妈妈正在用一种十分理性的方式取悦劳拉。她让劳拉选择一种麦片——孩子也要分担一些责任。然而，当劳拉提出一个不合理的要求时，妈妈友好地说“不”，并建议将来某个时间再来满足这个要求。更重要的是，劳拉现在可以在另一个领域提供帮助，以此来表示合作。劳拉正在学习如何带着目的购物。

我们想要取悦孩子是很自然的。满足他们的欲望会给人强烈的满足感。然而，如果我们到了以牺牲秩序为代价来取悦孩子的地步，或者出于恐惧而过度满足他们的要求，那么我们就需要警惕这些行为中的危险。我们不需要武断地拒绝给孩子想要的东西。但每当孩子的愿望或要求与秩序或情境的要求相悖时，我们必须有勇气坚持表达我们自己的最佳判断，坚定地说“不”。

第二十一章

不要冲动行事：采取意想不到的行动

AVOID THAT FIRST IMPULSE: DO THE UNEXPECTED

唐娜是个刚刚三周大的小婴儿，每次唐娜一哭，妈妈就冲过去看她是否还好。把孩子抱起来，给她做全身检查，抱着她直到她再次入睡。然后，轻轻地把她放回婴儿床。

唐娜哭了，妈妈把她抱起来。这个仪式在每次她哭的时候都会重复。结果，每当宝宝想要被抱起来的时候，她就哭。这不正是一种成功的技巧吗？即使是婴儿也能感知周围的环境，知道自己能做些什么。每次唐娜哭的时候妈妈就把她抱起来，这是在鼓励她索要别人的关注和服务，以此获得一种“被需要”的感觉。小婴儿非常可爱，抱着他们会有一种愉快的感觉，这种愉快的感觉让妈妈很容易服从自己的冲动，第一时间把孩子抱起来。然而，如果我们意识到我们剥夺了宝宝休息的权利，给了她一个错误的想法，我们就不应该这样做。相反，让她知道如何在这个世界上找到自己的位置，为了孩子的利益而采取不同的行动，这才是父母之爱驱使下我们该做的事情。给孩子提供休息和拥抱的时间，可以帮助孩子发现生活的规律，既定的秩序会让孩子获得安全感。因此，有必要避免第一个冲动。相反，停下来想一想，眼下的情境需要什么？

爸爸、八岁的贝文、六岁的玛丽和三岁的萨拉在堆雪人。贝文对这个游戏失去了兴趣，开始自己玩自己的，在厚厚的雪地上奔跑、滑行。就在爸爸伸手给雪人的身体盖上脑袋的时候，小男孩滑到了他身上，把他手里的雪球撞飞了。“哎呀，爸爸，我很抱歉。我不是故意的！”“好吧，小心点。”爸爸生气地说。几分钟后，贝文又滑到玛丽身上，把她撞倒了。她的脚卡住了雪人的底部，把雪人弄坏了。她大哭起来。“贝文，进屋去。我们不希望你在外面。”

爸爸一时冲动，做了贝文希望他做的事。贝文两次从“王位”上被驱逐下去，而且还是被两个女孩，这让他认为自己在这个家里没有立足之地。这就是他对共同活动“失去兴趣”的原因。他的行为方式使他能够向自己证明他的假设是正确的，尽管他并不知道自己行为的原因。他设法使自己遭到拒绝。事实上，他真的表现得很令人讨厌。难怪爸爸和他的姐妹们不喜欢他在身边。

贝文需要有人理解和帮助他。如果爸爸能理解贝文对自己的家庭地位感到疑惑不安，知道他为什么会诱导别人拒绝自己，就能克制自己赶走贝文的冲动，就不会那么容易掉进贝文的陷阱了。（当然，抵抗孩子的挑衅往往是最困难的！）

如果爸爸做了意想不到的事，整个情况就会完全不同了。既然贝文想在雪地里滑行，他可以建议三人暂时停止堆雪人，和贝文一起玩滑橇游戏。爸爸可以不理睬玛丽的号叫，然后满怀热情地建议：“贝文，你带我们走，我们在雪地上走出一条宽阔的小路，这样我们就都能滑了。”既然贝文对这个游戏兴趣盎然，他很可能会合作，这样的行为将让男孩打消诱导别人拒绝自己的念头。将他的角色转变为引领者，还能由此增添家庭的乐趣。因此，令人反感的行为是可以转化为建设性的、有用的活动的。

诊室里，护士问："罗伯特，你喉咙疼多久了？"四岁的孩子不吭声。妈妈替他回答道："他昨天早上就抱怨过喉咙痛。""他经常喉咙痛。"八岁的贝基插嘴说。护士又问罗伯特："你觉得身上发热吗？"妈妈又回答说："他今天早上好像不发烧。""你吃早饭了吗？""他喝了一点牛奶。""妈妈总是替你回答吗？"妈妈笑了。"不，只是偶尔。我尽量不这么做。他姐姐总是这么做，这让我很抓狂。"

罗伯特在很有技巧地让别人替他说话。他是一个没有机会为自己说话的小宝宝。开始时他曾一度灰心丧气，他会坐着，保持沉默，不回应，甚至面无表情，而能干又健谈的女士会接管一切。他可能会怨恨这一点；但如果仔细观察我们就会发现，事实上他在一次又一次地让她们为他服务。表面上的主人实际上是他的仆人！

如果妈妈想让罗伯特长大，她就得闭嘴。她为他说话的冲动让她和这个男孩陷入了麻烦。为了罗伯特，她也必须忽略贝基的回答。贝基可能认为她比罗伯特这个"小宝宝"优越，但实际上，她已经为他服务了。

"罗伯特，你想要哪种麦片？"妈妈可以提出这样的问题。而他可能会选择回答，但更大的可能是，他等着让别人替他回答。果然，贝基大声说："他想要玉米片。""罗伯特可以自己说话。我们为什么不等他说出他想说的话呢？"在男孩说出他的喜好之前，没有麦片供应给他。

每当我们对孩子的行为做出冲动的反应时，我们可以很肯定，我们只是在做他想让我们做的事，尽管孩子自己可能没有意识到这一点。如果孩子在我们打电话时又吵又闹，就是希望我们回应他的愿望——他想要我们把所有关注点都集中到他那。如果孩子把泥弄到刚擦过的地板上，我们被激怒并因此责备他，他很可能已经成功地把我们卷入了一场权力斗争。如果我们帮孩子系好外套，仅仅因为他还不会穿衣服，那我们就确认了他“无能”的自我认知。

六岁的查尔斯从学校回来，发现妈妈把晚餐甜点布丁放在了窗台上等着放凉。他把手指伸进去，然后舔了好几下。妈妈抓住了他：“查尔斯！你晚餐不能吃布丁了。”在餐桌上，妈妈先给爸爸端上了他的布丁，然后端上了其他人的，唯独没有查尔斯的。爸爸问为什么。妈妈解释了情况，而查尔斯低下头坐着，脸上带着悲伤的表情。最后爸爸说：“你不打算给他吃布丁了吗？”“不。我说了他不能吃，作为惩罚。”“别这么严厉。毕竟，他就只是尝了尝布丁。”在爸爸的坚持下，妈妈妥协了，让查尔斯吃到了甜点。

爸爸为查尔斯感到难过，觉得他看起来很伤心，所以和他一起联合起来对抗刻薄的、不讲道理的老妈妈。聪明的查尔斯！他诱导爸爸和他一起让妈妈感到痛苦，因为她惩罚了他。多么微妙的报复！在他那令人动情的悲伤表情促使下，爸爸遵循了自己最初的冲动，推动了查尔斯的复仇计划。冲突发生在妈妈和查尔斯之间，爸爸事实上并没有参与其中。爸爸应该避免自己的冲动，在这种情况下，只要管好自己的事。

“弥尔顿，回来拿你的衣服。我得告诉你多少次，上学前要把房间收拾得整整齐齐！把你的脏衣服放进洗衣篮里，鞋子放进鞋橱，夹克挂在衣架上，噢上帝！ 你已经九岁了，应该知道如何保持房间整洁了！我真搞不懂你为什么非得弄得这么乱！这些乱七八糟的东西怎么会在你桌上？”

妈妈试图用语言控制孩子，这完全是徒劳的。弥尔顿喜欢到处乱糟糟的，因为它打败了希望他整洁的妈妈。他让妈妈卷入了权力之争，在竞争中，他赢得了一千场胜利，而妈妈只有一场胜利。她做了弥尔顿想要的——继续跟他较量下去，这样他就可以继续打败她。他可能最终会把东西收起来，但他会表现出极大的怨恨（这又激怒了妈妈），而明天，同样的戏码再次上演。

妈妈其实有几件意想不到的事可以做。弥尔顿肯定不会想到妈妈会退出竞争。找一个气氛友好的时刻，妈妈可以说：“弥尔顿，我不再关心你的房间看起来怎么样了，你可以随心所欲。毕竟这是你的房间，真的不关我的事。”当然，在弥尔顿要去学校的时候说这些话是不合适的。弥尔顿会认为这是一种迫使他投降的新策略，会故意把房间弄得更乱，等着妈妈对混乱的局面感到愤怒，但他会发现妈妈确实一点也不担心。这种情况下，妈妈的态度应该是：“这是他的问题。让他自己解决吧。”她只洗篮子里的脏衣服，让合乎逻辑的结果随之而来。不用多说！ 在大扫除的那天，她可以问弥尔顿是否愿意让她帮他打扫房间，然后遵从他的任何决定。在任何时候，她都不应该提及他房间里的混乱，并进行指责，或者为此生气。要做到这一点并不容易，但如果妈妈想从权力斗争中解脱出来，激励儿子做出正确的行为，这是必不可少的。如果妈妈觉得无论如何她都要让弥尔顿保持房间整洁，她就会继续陷入与孩子的权力竞争，让儿子打败自己，无法赢得合作。

从婴儿期开始，孩子就致力于探索并试图找到自己的位置，探索让自己成为有意义的、重要的人的方法和途径。一旦他们发现了一种能达到这个目标的方法，他们就会坚持下去，不管被骂或被罚多少次。父母表现出的恼怒并不会减少他们“感觉自己很重要”的满足感。只要他们选择的方法能带来结果，他们就会坚持下去，继续争取关注或权力。

孩子很少意识到他的行为是不可取的，他的目标是错误的。通常，他和他的父母都没有意识到，这是孩子试图在群体中找到一席之地和归属的一种方式。如果孩子的行为违反了秩序，破坏了合作，他就是在用错误的方法来达到他的基本目标，而我们的冲动反应通常会强化他的错误假设。他不仅会变得更加灰心丧气，而且会更加确信他没有其他的行为方式来达成自己的基本目标。

如果我们观察自己的反应，就会发现孩子从中真正得到的是什么。如果我们不再像以前那样回应，让孩子明白他这样的努力是徒劳的，他可能会寻求更好、更有用的方法去实现自己的基本目标。尤其是，如果我们努力地提供正面关注，让孩子能找到有益的方式来获得自己的地位的话。

第二十二章

避免过度保护

REFRAIN FROM OVERPROTECTION

“约翰尼！约翰尼！”妈妈站在门口，呼喊她七岁的孩子。而约翰尼正在半个街区外玩耍，对妈妈的呼喊置之不理。妈妈走到孩子那：“约翰尼，今天早上有点冷。你不觉得你应该穿件毛衣吗？”“不，妈妈。我够暖和了。”“你应该穿上。我把它拿来给你。”妈妈回到屋里拿了毛衣，走到约翰尼身边，给他穿上。

一位过度保护的妈妈扮演了身居高位的权威者的角色——她能决定约翰尼什么时候感到暖和。约翰尼接受妈妈的决定，因为这样做，他就能让妈妈一直忙着照顾他，尽管妈妈提供了一些不必要的服务。既然妈妈决定让他穿件毛衣，他就待在原地；他的被动，强迫妈妈走回家，再回到他身边。妈妈完全没有意识到这种互动，她认为自己把情况控制得很好。

“嗨，妈妈。我能去商店买些东西吗？我们想摆一个柠檬水摊。”“不，吉米，我不能让你一个人去商店。”“噢，妈妈。只有四个街区远。求你了。”七岁的吉米恳求道。“求求你了，妈妈。请让我们去吧。现在天气很热，我们可以卖出很多柠檬水。”五岁半的马文补充道。“我现在不能带你们去，但你们还太小了，也不能自己去。而且，你们还得准备很多东西！纸杯、柠檬等。对了，你们的摊子要摆在哪里呢？”“就在前面，很多人都会来买的。”“不，我不这么认为。”妈妈劝她的儿子们打消这个念头。当他们走出房子时，吉米轻蔑地说：“啊！她只会害怕！”马文点点头。

妈妈“只会害怕”。她害怕什么事情——如果孩子离开她的视线，可能会遇到危险。她只是想保护他们，这是一种自然且正常的欲望。但是妈妈做得太过头了，在她眼里，到处都有潜在的危险。她属于过度保护了。

我们无法保证让我们的孩子免受生活的伤害，我们也不应该这样做。我们有义务培养孩子面对生活的勇气和力量。妈妈想保护儿子不受伤害的愿望可能会产生令人沮丧的效果。这种愿望可能会使他们变得无助，变得依赖妈妈。

妈妈错误态度的症结之一：在“关心孩子福祉”的借口下，我们让孩子处于无助和依赖大人的状态，这样在孩子和我们自己的眼中，我们就会显得高大、强大，能够保护弱者。这使我们处于优越的支配地位，使我们的孩子顺从。然而，今天的孩子不会容忍这样的行为，他们会奋起反抗。

我们之所以会过度保护孩子，第二个原因是我们自己怀疑自己是否有能力解决问题。对小孩子是否能照顾自己这一点，我们更没有信心。

现在，吉米和马文已经接受了妈妈的建议——但他们的态度是轻蔑的，而不是尊重的。他们对妈妈的胆怯不以为然。

对待习惯过度保护的父母，孩子的应对方式各有不同，这取决于孩子的目标。最危险的反应形式是上文提到的第四个错误目标——认为自己是无能的。陷入灰心丧气的泥沼，孩子可能会自暴自弃，并期待永远受到保护，永远免受生活中任何困难的折磨。

两个月前，六岁的乔被确诊糖尿病。他每天都要口服胰岛素，妈妈称之为“维生素”。乔没有被告知任何有关他的情况。妈妈为自己的行为辩解，理由是她不想让乔变得“古怪”。所有关于病情的讨论都是在乔不在场的情况下进行的。妈妈每天都提醒他，他只能吃她给的东西，这样“维生素”才会起作用。

妈妈的担心是可以理解的。当孩子患有器质性疾病时，我们会努力想让他尽可能保持正常。然而，逃避和谎言很少能达到这个目的。妈妈的保护过度了。她想控制局面，承担为他准备日常食物的责任。然而乔终究不得不了解自己的情况，因为他必须学会靠自己处理这个问题。如果乔得了麻疹，妈妈会告诉他是怎么回事，并照顾他渡过难关。麻疹是可以康复的，所以它看起来不像糖尿病那么可怕，而糖尿病很可能是一辈子的问题。面对后者，父母要向孩子做出解释就困难得多。不过，六岁的乔肯定已经足够大了，他知道自己需要药物来帮助身体运转。一开始就以坦然的心态面对，这会帮助男孩养成看待自己病情的积极态度。“你身体里有一个腺体不能正常工作，我们必须用一种叫作胰岛素的药物来帮助它。如果你让胰岛素做太多的事情，它就不会起作用，所以我们必须小心。”乔可能会逐渐意识到，他有一种独特的疾病，他可以控制它，仍然能过正常的生活。这是乔必须面对的问题。他需要帮助和鼓励来面对它，最好的鼓励就是承认他能自己应付。随着年龄的增长，对身体功能的了解越来越多，他对自己疾病的认识也会增加。尿检频繁是可以解释的。“这样我们就能判断腺体是否得到了足够的帮助。”如果妈妈没有被这个问题压垮，她可以给乔提供一些必要的方法来解决他的问题。可是，如果她不让乔面对问题，她就剥夺了他学习如何处理问题的权利。

没有什么比被别人强迫去做一件不可能的事情更让人沮丧的了。我们都无法掌控生活，无论是为了孩子还是为了自己。但我们不顾一切地想要掌控生活，这是生活中如此多的人感到痛苦的主要原因。我们的孩子从我们身上学会了与不可避免的事情对抗，尤其是当我们努力保护他们免受一切伤害和痛苦的时候。孩子在父母的保护之下可能短暂地幸免于痛苦，孩子期待这种侥幸的状况一直持续，由此产生的幻灭感会让孩子陷入愤怒和怨恨——不仅对父母，而且对生活本身，因为只有这个时候他们才会发现，自己不可能按照自己的喜好来安排生活。“被宠坏的顽童”正是指因为生活不能满足他的愿望而不断发怒的孩子。这是多么徒劳而可悲的要求啊！不幸的是，孩子长大成人后不一定会失去“被宠坏的孩子气”，它可能会成为一种基本的生活态度。当我们娇惯、宠溺孩子，试图保护他们远离生活时，这就是我们送给他们的最可怕的礼物：对这个残酷世界的无可奈何和毫无意义的愤怒。

为了避免这个严重的错误，我们必须认识到我们不是万能的，也不是无所不知的。我们有义务教导我们的孩子应该以怎样的方式、手段和态度来面对生活。方法如下：让我们先弄清楚我们面对的是什么。然后我们寻求这个问题的答案：“我能做些什么？”即使是一个非常小的孩子，也能在引导之下，通过一连串小问题对令人不安的情况进行分析。孩子们的大脑非常活跃，我们必须训练他们使用自己的大脑。

“妈妈！乔治撕坏了我的书！”布鲁斯气急败坏地尖叫着控诉小弟弟的行径。

布鲁斯说出了他的问题，并展示了他对此的反应。他想让妈妈为他解决这个问题，并为此做点什么。最好是惩罚乔治。

“噢，亲爱的，我很抱歉你的书被撕破了。可是书已经被撕破了，我们现在做什么都无能为力。但可以想想看，要怎么做才能让乔治不再撕书呢？”“我不知道。”布鲁斯愤怒地说。“你得做点什么让他停下来。”面对布鲁斯的愤怒，妈妈保持了冷静。“你先想想你能做些什么，布鲁斯，我们以后再谈。”“我现在就想做点什么！”布鲁斯不依不饶。妈妈去洗手间了。后来，布鲁斯恢复了平静，妈妈又提起了这个话题。想起妈妈的“不公正”，布鲁斯一开始的反应是产生新的敌意，但妈妈绕开了他的敌意。“我们没法让乔治不去撕东西，你知道的，布鲁斯。还能做什么呢？”通过巧妙地提出一连串问题，妈妈终于使布鲁斯明白，他可以把书放在婴儿够不着的地方。

在身为大人的优越感作用下，我们常觉得孩子太小，无法解决问题，也无法从容应对挫折。我们必须承认这种印象是错误的，我们应该对孩子的能力有信心，并提供指导。当然，我们不会让孩子听任命运摆布，也不会任由他一时间体验到生活的全部冲击。我们要多动脑筋！我们不是一扇门，可以让孩子躲在我们身后沐浴在纯真无害的真空里，反而是一个筛子，过滤出了孩子足以面对的生活体验。我们要时刻机警，时刻思考是否有机会退后一步，让孩子感受自己具有的力量。我们也要随时准备着，一旦问题变得太过棘手，就介入并予以援手。这样的训练程序在孩子出生之际就应该开始。怀着关注和指引，一点一点，把生活本身交还给孩子，把生活带来的问题、挑战和乐趣都展现在他面前。

第二十三章

激励孩子独立

STIMULATE INDEPENDENCE

永远不要为孩子做他已经可以自己办到的事情。

这条原则非常重要，值得被一遍一遍地重申。

五岁的玛丽是妈妈心中的小宝贝。她特别可爱，妈妈总是把她打扮得漂漂亮亮的。妈妈每天给她洗澡，给她穿衣服，给她系鞋带，给她梳头发，把她打扮得像一个洋娃娃那样惹人喜爱。玛丽自己扣不上扣子，穿不上袜子，分不清衣服的前后，也分不清鞋子的左右。

一天晚上，在家长学习小组的会议上，我们提出了一个观点：我们永远不应该为孩子做他自己能做的事。玛丽的妈妈被激怒了。"但我就想为玛丽做一切。我就是喜欢照顾她。她是我的一切！"

如果玛丽的妈妈意识到了她在对孩子做什么，她会被吓坏的。其实，她对女儿的爱是爱自己。她认为自己是一个充满爱心的妈妈，一生都在为她的孩子服务。另一方面，玛丽接受的却是扭曲的观念，她会认为自己低人一等、无助、依赖别人、不称职、无用。玛丽可能觉得只有当妈妈为她做好了一切，只有妈妈为她服务的时候，她才有地位。她几乎没有做过什么有贡献作用的行为，她能提供的只有她的魅力，但这些魅力也只在他人指示下被展现出来。

明年玛丽要上学了。那样的话，妈妈就不能在她身边事事为她操心了，玛丽可能会不知所措。她的勇气可能会被削弱，导致她的无助感更加强烈。她可能会面临一场她完全没有准备的危机。

每当我们为孩子做一些他自己能做的事情时，我们就是在向他表明我们比他更伟大、更优秀、更有能力、更灵巧、更有经验、更重要。我们不断地证明我们自以为的优越和孩子的低人一等。而最后，我们反而纳闷为什么孩子会感到无能而且变得有缺陷！

替孩子做他自己能做的事是极其令人沮丧的，因为这剥夺了他体验自己力量的机会。这表明我们对他的能力、勇气和本事完全缺乏信心，剥夺了他的安全感——这种安全感是建立在他认识到自己有能力应对和解决问题的基础上的。我们也剥夺了孩子发展自给自足的权利。这一切都是为了保持我们自己不可缺少的形象。因此，我们表现出对孩子作为一个人极度缺乏尊重。

妈妈、四岁的珍和快三岁的温迪整装待发，打算去雪地里玩了。这对女孩们来说总是一大乐事，因为妈妈真的很喜欢嬉闹，喜欢和她们一起堆雪人。珍毫不费力地穿上了所有的衣服，包括她的靴子。温迪磨磨蹭蹭，噘着嘴。她只是站在那里看着自己的防雪衣，没有打算穿上它。“来吧，温迪，穿上你的衣服。”妈妈一边系靴子一边告诫她。温迪把大拇指含进嘴里，无助地站在那里。“噢，上帝啊。温迪！你怎么了？坐下，照我教过你的去做。”“不行，”孩子呜咽着说，“你来吧。”“好吧。来这里。”妈妈不耐烦地给温迪穿上衣服。珍非常满意地看着这一切。

温迪在还是个小婴儿时，知道了无能和无助会带来妈妈的关注和服务。姐姐的能力更给她增添了沮丧的感觉。珍对温迪的无助感到非常满意，因为这样可以保证她自己优越的地位。妈妈一旦情绪急躁，就恰好落入两个女儿的小诡计。妈妈屈服于温迪的无能，为她做了她自己能做的事。只要妈妈没有耐心、手忙脚乱、走捷径，温迪就没有发展自己独立性的机会。

温迪需要鼓励；她需要对自己有新的认识，需要用新的方式找到自己的位置。她不需要的是妈妈的服务。鼓励她可能需要时间和耐心。既然妈妈已经教过温迪怎么穿防雪衣，她就可以假设温迪知道怎么穿。现在她必须后退一步，给温迪留出行动的空间。明智的做法是给温迪更多的时间穿衣服，耐心地鼓励她——不要着急。"你能行的，温迪。你是个大女孩了。"当温迪说她做不到的时候，妈妈可以拒绝接受温迪的自我评价："你当然可以。再试一试。等你穿好了，再和我们一起出去吧。"说完就离开。温迪可能会把自己的无能展示到极致。她可能会哭并不再做进一步的尝试。这一次，她可能不能和妈妈和珍一起去玩雪了。妈妈必须克制怜悯的冲动，不能向温迪的难过屈服，最终回去给她穿好衣服，带她出去加入游戏。当温迪发现她错过了游戏，而且没有人对她可怜的处境产生同情时，她可能会改变主意，正视自己所面临的挑战并决定自己解决问题。

三岁的贝丝·安在妈妈脚边玩耍，妈妈正在熨衣服。"妈妈，我希望你现在不要熨衣服了。""亲爱的，还有两件衬衫，我就熨完了。""可是我想上厕所。"贝丝·安呜咽着说。"你可以自己去。"妈妈温柔地回答。"不，我不能自己去，妈妈。我想让你和我一起去。”“对不起。我正在熨衣服。”“但是我一个人去不了。”妈妈对女儿笑了笑，没再说什么。孩子扑倒在地开始发脾气，闹了一会儿，似乎考虑了一下，起身自己去了洗手间。

这位妈妈曾在辅导中心接受过辅导。贝丝·安是家里的独生女，曾经妈妈完全听命于她。而现在妈妈正在将自己从女儿的过分要求中解脱出来，让女儿变得独立。以前的经历告诉贝丝·安，她再也不能通过发脾气得到她想要的，这就是她开始发脾气，然后又重新考虑自己处境的原因。当妈妈拒绝女孩的要求继续熨烫衣服时，贝丝·安试图用无助的样子诱使妈妈重新为她服务。妈妈平静而温柔地拒绝为贝丝·安做她自己能做的事，也拒绝参与口头争论。由此，贝丝·安越来越独立，越来越能够自己照顾自己了。

妈妈和三岁半的基蒂走进公寓楼的电梯。基蒂尽量伸手按了标有数字 5 的按钮。另一位乘客冷笑道：“看来我们每层楼都要停一下啦。”“噢，不。她按对了。”妈妈辩解道。“是吗？”男人惊奇地问。“是的，我知道。”基蒂露出大大的微笑。

基蒂还很小，所以妈妈必须和她一起去公寓大楼的游乐区，尽管如此，妈妈还是会通过让基蒂尽可能多地做事情来教会她独立。基蒂非常自豪自己长大了许多，可以按到正确的按钮。她知道她可以自己做很多事情。当她意识到她可以让那部大电梯运行和停止时，她一定很兴奋！

从婴儿期开始，我们的孩子就向我们表明，他们想为自己做某些事情。宝宝伸手去拿勺子是因为他想试着自己吃东西。为了避免麻烦，我们常常劝阻孩子这些早期的尝试，殊不知这会让孩子灰心丧气并陷入错误的自我认知。多可惜啊！让宝宝挥舞勺子，弄得脏兮兮的，再为他清理，这可比恢复他失去的勇气要容易得多。一旦孩子表现出了为自己做事的欲望，我们就必须利用这种欲望，让他去做——孩子帮助自己或他人的机会比我们通常想象的要多得多。他可能需要帮助、监督、鼓励和训练，我们必须提供这些。我们没有权利为他做所有的事情，也没有权利阻止他做出他渴望做出的有益贡献。

孩子们的弱小总是惹人怜爱的。当我们看到孩子在努力做的事情上遇到了一点小麻烦，伸出手去帮助他总是第一冲动的反应。但我们必须注意这种第一冲动。在没有弄清楚发生了什么的情况下，我们已经养成了这种习惯，习惯性提供毫不必要的帮助。孩子们喜欢别人为他们做事，因为能够指挥别人做事会有一种权力感。但如果孩子有机会提供帮助，他们也会享受自己的能力。随着孩子长大，他的自然倾向会引导他尝试为自己和他人做更多的事情。然而，这种倾向可能会被父母的担忧、保护和服务所扼杀。在这种情况下，孩子会气馁，但很快就会发现自己的无能带来的好处。他会认为自己什么也不会，认为自己能力不足，对自己的能力评价不高；然后在别人的服务中找到安慰，他已经被削弱的自立和自信进一步受到损害。警惕的父母可以通过遵循本章开头的规则来防止这种发展。这听起来很简单，然而，当我们急于完成任务或习惯于自己完成任务时，这种做法就变得困难了。我们甚至可能没有意识到孩子已经有能力接管手头的事情。或者，正如经常发生的那样，我们低估了孩子的能力。我们倾向于贬低孩子的能力，放大他的无能。对孩子期望过高，是把我们的要求强加给他，而对他的能力有信心，是一种尊重，这两者之间有微妙的区别，我们必须警惕地加以区分。

作为女童子军项目的一部分，琼被要求采访当地一位兽医。“妈妈，求求你了。你替我打电话给他。”“我为什么要打电话，亲爱的？”“我不知道该说什么。”琼回答。“那么，你想从他那里得到什么？”“我想和他谈谈马的健康问题，我的项目里会提到这个话题。”“好啊，就这么跟他说。”“可我不知道该怎么说。”琼痛苦地叫道。“亲爱的，我想你自己会明白的。”“妈妈，帮我打电话嘛！”女孩恳求道。“但是我不想知道马的健康，琼。这不是我的课题。你可以的。试一试。”琼沮丧地转过身去，仍拒绝打电话。妈妈没有再做什么。在下一次女童子军会议上，琼的组长问她采访的结果如何。她不好意思地承认她还没打那个电话。“琼，下周把采访完成吧，这是你完成项目需要做的最后一件事了。”那天晚上，琼再次让妈妈帮她打电话。妈妈又一次拒绝了。“但是我不知道电话号码。”妈妈带着慈爱的微笑把电话簿递给女儿。“去吧，亲爱的，你能行的。”琼花了很长时间才找到号码，然后看着电话站了很久。当她鼓起勇气开始拨号时，妈妈离开了房间。过了一会儿，琼喜笑颜开地跑了过来。“哇，他真不错，妈妈。他告诉了我很多。现在我可以完成我的项目了！”妈妈脸上的微笑表达了她的满意。“我很高兴你愿意自己做这件事。”说着，她给了琼一个拥抱。

妈妈意识到了琼的恐慌。她要面对陌生人，还要向陌生人提出要求，这是她从没有经历过的。妈妈的第一冲动是为琼铺平道路，但她很快意识到女儿需要成长，并利用了这个机会让琼自己解决问题。她知道，完成项目并获得童子军奖的激励会促使琼坚持到底。她对琼的能力很有信心，尽量避免强迫琼采取行动，而且退一步，给了琼发展的空间。琼自己能做的事她都不干涉。琼的收获是越来越独立，妈妈的收获则是对自己的有效激励感到满足。

有一种微妙的情况需要妈妈足够敏感。一方面，我们必须保持警惕，不要要求太多；另一方面，我们还必须能够认识到孩子的能力。妈妈坚定地相信琼能做到，为琼的勇气提供了支持。当女孩终于开始拨电话时，妈妈离开了房间，这样琼就不必在意妈妈会如何评判她的做法，可以自由自在地进行对话。

很少有父母会有意识地削弱孩子的自立能力。所以，我们必须意识到过度保护的危险，并善于发现激励孩子独立的机会。

每个妈妈都记得宝宝迈出第一步时那种兴奋和快乐。很多家庭录像或照片都记录下了这个激动人心的时刻。如果父母对孩子成长的各个阶段都保持机敏，那么在孩子的一生中，同样激动自豪的感觉会出现无数次。我们引导孩子迈出第一步的做法值得在孩子成长的每个环节中重复，妈妈退后，远离婴儿，伸出手，就在他够不着的地方。这样就鼓励了孩子，给了孩子行动的空间，无须帮助，让他自己去尝试。当孩子成功地找到妈妈时，他得意得满脸通红，妈妈也为他的成就激动不已。在其他领域也是如此，我们必须退后一步，给孩子空间，克制想要帮忙的冲动，给予充分鼓励就行。

第二十四章

不要介入孩子打架

STAY OUT OF FIGHTS

一家的兄弟姐妹之间总有吵不完的架，这让他们的父母深感担忧。父母们爱自己的每一个孩子，看到自己爱的孩子互相仇恨、互相伤害，他们心里实在难受。为此，父母们养育孩子的大部分精力都花在了解决争吵上，他们试图“教”孩子们和睦相处。许多孩子最终“长大了”，不再打架，并在成长过程中开始欣赏和关心彼此。但也有一些孩子在成年后继续这种敌意，从未与兄弟姐妹和睦相处。冲突不断涌现，似乎再多的说教也无法缓和他们之间的矛盾。大多数父母已经尝试了所有已知的阻止争吵的办法，但争吵仍在继续。兄弟姐妹之间的打架是如此普遍，以至于它已经被认为是一种“正常”的儿童行为。事实上，兄弟姐妹之间的争执经常发生，但并不代表这就是常态。孩子们并不是非打架不可。孩子们相互间不打架的家庭也是存在的。他们打架，是因为相互间的关系出了问题。没有人会认为吵架的时候感觉很好。所以，如果孩子继续打架，他们一定是能够获得满足，与其说在打架，不如说是在争抢某种结果。

这种判断的前提我们都知道：一切行为都是目的导向的。从这个角度来看，我们不能满足于通常对打架的“解释”——它是由好斗的天性或冲动或遗传等“引起”的。从我们的角度来看，我们需要从冲突发生的场合和冲突双方的目的来理解孩子的行为。

妈妈准备晚饭时，八岁的露西娅和五岁的卡尔文正在看电视。卡尔文向露西娅挤了过去，露西娅让到了一旁，卡尔文又把腿放在露西娅的腿上，她把他推到一边。卡尔文整个身子都靠在露西娅身上。“别闹了！”露西娅轻声说。她有点恼火，但仍然沉浸在电视的剧情里。卡尔文虽然也在看节目，但不像露西娅那么专心，他开始用手指描画露西娅衬衫上的图案。露西娅在他手上打了一下。卡尔文咯咯地笑着，又伸出手指绕露西娅的耳朵玩。露西娅抓住他的手，一口咬在他的手臂上。“哇——哇——哇——”卡尔文尖叫着哭了起来。妈妈冲进了房间。“发生什么事了？”她狂怒地问道。很快她听到了卡尔文痛苦的哭声，看到他端着胳膊身体发抖的可怜样子。她冲过去，抱起他，把他拉到自己身边。卡尔文伸出手臂，上面的牙印非常明显。“露西娅！”“嗯，是他一直在烦我。”“我不管他刚才干了什么，你没有权利对你弟弟做这种事！”

这场争斗的目的是什么？结果如何？

卡尔文是家里的小弟弟，他希望得到妈妈的保护。因此，他以这样一种方式促成了一个他能得到保护的局面。露西娅觉得自己受了委屈，因为妈妈确实保护了卡尔文，她想利用妈妈的干预来展示自己的委屈。所以，她做了妈妈最讨厌的事，她知道妈妈一定会支持卡尔文，并责怪她。既然卡尔文是挑衅者，她自然觉得遭受了虐待，先是来自卡尔文，然后是来自妈妈，当她忍受了弟弟那么多的捉弄时，妈妈仍站在弟弟那边指责她。但如果露西娅没有用这种形式报复，妈妈可能不会站在弟弟那边，甚至可能会意识到是弟弟打扰了她。

妈妈该怎么做呢？首先，她应该克制自己听到尖叫声就跑进屋察看的最初冲动。这对任何一个妈妈来说都是一个挺高的要求。但请停下来想一想，一开始是尖叫声引起了妈妈的注意，它表明出了严重的问题。然而，这是目前唯一昭示可能出现危险的声音，随之而来的是哭声，然后再没有其他。房子没有塌下来，电视机没有爆炸，除了哭泣声什么声音也没有。这时妈妈应该想：嗯，肯定是孩子们打架了，卡尔文受伤了。这是他们的斗争，我还是置身事外吧。

对于一个妈妈来说，要想采取这种行动，她一定有过去的经验，知道自己该如何从孩子们的争执中置身事外。现在，她确实服从了她最初的冲动——冲过去看到了姐弟俩的情况。现在，她必须再次控制自己，看到儿子胳膊上的牙印时不要屈服于自己的第一冲动。在发现是打斗引起了尖叫之后，她可以一言不发地退回厨房。毕竟，如果卡尔文不喜欢被咬，他就得停止挑衅。妈妈的这一举动，把卡尔文和露西娅之间的问题，直接推到了他们自己的肩上，其实这本来就是他们自己的事。我们没有“权力”去安排孩子之间的关系，但我们可以通过自己的行为引导他们如何互动。如果我们以这样一种方式行事，让孩子们无法通过打架来达到他们各自的目的，我们就会在他们的关系中促成一种新的模式。但为了做到这一点，妈妈必须学会看清他们行为背后的目的。

“天啊，别打了。你们快把我逼疯了。”妈妈在另一个房间喊道。“可是，盖尔不让我看我的节目。”基思喊道。“我有权看我想看的节目。”盖尔愤怒地回答。妈妈叹了口气，疲惫地走进客厅，想平息这场争吵。

妈妈在这种打斗中的行为让我们得以窥见孩子真正的目的。孩子们在为看电视而争吵。妈妈很生气。“你们快把我逼疯了。”她说。这可能让人很难相信，但这就是吵架的目的——把妈妈“逼疯”。事实证明，这是吸引妈妈注意力的有效方法。争吵惹恼了她，让她心神不宁，让她停下手头的工作以仲裁者的身份介入并解决问题。其实，妈妈所谓的“解决问题”只是在提供不应有的关注和服务。

一旦妈妈意识到她其实不必为此做些什么，她就不会再为争吵而生气了。我们的愤怒很大程度上是因为我们觉得自己对孩子是否幸福负有责任；因此，我们无法做到对他们的问题视而不见。关于电视机的争论发生在盖尔和基思之间，妈妈无权干涉此事。一旦她意识到这个简单的原则，她就不再觉得有必要生气，因此，她只需要继续做她正在做的事情，让盖尔和基思自己解决问题。很有可能，当妈妈不跑过去察看情况的时候，其中一个孩子会跑到妈妈这儿来。妈妈回答说：“我很抱歉你遇到了麻烦，但我相信你们能解决。”她把责任交给了孩子，这是他们应该自己处理的事情，她拒绝参与与她无关的事情。她没有给出孩子们期望的结果，争吵变得毫无意义。

不管孩子吵架背后的原因是什么，父母一旦干预，只会把事情搞得更糟，无论父母的做法是试图解决吵架，还是分开孩子。每当父母干涉争执时，就剥夺了孩子学习如何自己解决冲突的机会。我们都经历过存在利益冲突的情况，我们所有人都必须培养处理冲突情况的技能。我们必须在生活中学会取舍。

每次妈妈决定谁可以看哪个节目时，她就是把自己树立为权威，而孩子仍然对合作、调整或公平竞争一无所知。只要我们替孩子做事，孩子就无法学会自己管理自己的事情。这同样适用于打架和培养孩子的独立性。当一切争端都被父母解决时，孩子可能永远都不知道如何解决纷争，每次遇到麻烦或不能随心所欲时，他还是会打架。

父母会很难理解，为什么孩子之间的争吵与他们无关。他们认为“教育”孩子不要打架是他们的责任。这点他们是对的，关键是如何做到这一点。遗憾的是，干涉和仲裁并不可靠。虽然它可能会暂时阻止孩子打架，但它无法教会他们如何避免下一次打架或如何以另一种方式解决冲突。如果我们对打架的干预让孩子满意了，他们为什么要停止打架呢？与此相反，如果一场打斗除了一点小伤甚至流鼻血（很快会好起来）之外没有给孩子带来任何他想要的结果，孩子难道不会更倾向于用另一种方式来解决冲突吗？如果打架的伤害不能通过激励的作用来减轻，孩子可能会更加小心地避免另一次伤害。通过这种方式，每个孩子甚至可以养成对兄弟姐妹的责任感。（当然，妈妈可能会帮忙处理流鼻血的问题，但不会偏袒任何一方，也不会介入其中评判谁对谁错，“很抱歉你在争执中受伤了”这句话就足够了。）

以下是一位妈妈在我们的一个学习小组中所做的报告。

“我和丈夫开始忽视两个孩子之间的争吵了。在此之前，往往一个孩子会跑过来说另一个的坏话，我们就会介入争吵，选出一个罪魁祸首。这是一场折磨，非常伤脑筋。我不得不一边大喊大叫，一边打他们的屁股。这一系列事情让我感到焦虑，在这一天剩下的时间里，焦虑的感觉都会一直持续。后来，我开始对他们说：‘我认为你们可以自己解决问题。’不管谁再说什么，我都保持绝对的安静。很快，我就能忽略发生的任何事情，而且，我发现，孩子们不再来寻求我们的帮助。一天，我听到小儿子说：‘我要告诉妈妈你做了什么。’大女儿说：‘告诉她也没用。她只会说你可以自己解决。’这是我最后一次听到她这么说。我无法告诉你这给我带来了多大的改变——我不用再发愁该站在哪一边了，当一个孩子欺负另一个孩子时，我也不用满腔怒火了。我当然明白，他们大多数的争吵都是为了引起我的注意，一个幼小的孩子可以比你想象的更好地照顾自己。我现在非常坚定地认为，父母应该完全置身于孩子的战斗之外；这不仅是为了孩子好，还因为这样可以消除带孩子所带来的不少压力。”

妈妈坐在院子里和邻居聊天。四岁的玛吉走进屋子，后面跟着她的弟弟鲍比。他花了很长的时间才爬上台阶，所以当他到达那里时，玛吉已经穿过了前门。鲍比准备进来时，玛吉脸上带着一种严肃、紧张的表情砰地一下把门关上了，鲍比被阻隔在门外，他开始尖叫。妈妈冲上台阶，猛地推开门，抓住玛吉，打了她一巴掌。“你这样对待你弟弟是什么意思？你差点夹到他的手指。现在你给我回房间去，直到你能够好好表现为止。”妈妈把鲍比抱起来，回到椅子上继续聊天，把鲍比抱在腿上。不久，鲍比从妈妈腿上爬了下来，继续玩他的游戏。与此同时，从房间里传来微弱的啜泣声。几分钟过去了。妈妈去找玛吉：“你现在准备好做一个乖女孩了吗？”玛吉没有回答，还是抽泣。妈妈抱起玛吉。玛吉把头靠在妈妈的肩上。

妈妈把她抱到外面，让她坐在自己的腿上。“好了好了，还是妈妈的好女儿。妈妈知道你不会再做坏事了。”妈妈安慰她道。

并不是所有孩子之间的争吵都是语言层面的。小宝宝鲍比得到了很多保护性的关注。能干的玛吉知道自己被忽视了，为此她产生了怨恨。每次妈妈“保护”鲍比，这种怨恨就会增强。每隔一段时间，玛吉的情绪就会溢出来。玛吉渴望妈妈的关注，这是她认为的爱的象征。她发现，妈妈在惩罚过后就会表达爱。如果妈妈真的看到了事情的经过，就会注意到，玛吉关门时非常小心，并没有夹到鲍比的手指。这表明她只是渴望得到关注，而不是报复。如果她想要报复，就会故意夹伤弟弟的手指。但事实并非如此，她的本意并不是要伤害弟弟，而是要把妈妈牵扯进来——先惹妈妈生气，再在她“做出坏的表现”之后体验妈妈的爱。这个计划的效果非常好！

大多数情况下，当争吵导致最小的孩子受到欺负时，父母基本可以断定的是，事情的本质只是大孩子夸大其事，而不是想真正造成伤害。一位妈妈在指导中心做了以下报告：

妈妈经过游戏室门口时，正好看到四岁的凯瑞拿着一辆玩具卡车停在不到一岁的林迪头上，似乎正准备要打林迪的头。林迪尖叫起来。想起在指导中心反复听到的“不要介入打架”的警告，妈妈鼓起勇气又走到门口。不过，还是从门缝里偷看了一眼，看到的景象让她大吃一惊。凯瑞正盯着她刚刚经过的那扇门，同时，他轻轻地把卡车从林迪的头上放下来，又把它举起来，但并没有碰林迪。

现在妈妈真的相信指导中心告知她的话了。凯瑞和林迪竟正在合作，让妈妈也参与进来。即使还不到一岁，林迪却已经知道，如果她尖叫，妈妈就会跑过来，凯瑞就会被收拾。而凯瑞也知道，如果他让林迪尖叫，妈妈就会跑过来。孩子们合起伙，让妈妈出现在他们面前！

一般来说，当一个孩子用危险物品威胁另一个孩子时，妈妈可以悄悄地走过来把它拿走。关键是悄悄地移走，不要激动，也不必开口。不要大惊小怪，孩子们太知道如何让妈妈做出如上反应了。

在饭桌上，父母几乎没有机会交谈，因为孩子们不断地打断他们。这个家里有四岁的罗丝和六岁的比利，他们是母亲与前夫所生的孩子；还有五岁的卡尔和七岁的玛丽莲，他们是父亲与已故的前妻所生的孩子。罗丝甩了甩脚，踢到卡尔的腿。“爸爸，罗丝在踢我。”卡尔抱怨道。妈妈立即干预：“罗丝，给我安静点，注意你的举止。”罗丝低下头来吃东西。“爸爸，比利不让我拿盐。”玛丽莲呜咽着说。“把盐递给我，比利。”妈妈要求道。比利把盐递给了她。“妈妈，卡尔老是撞我的胳膊肘。”比利抱怨道。这次爸爸帮了忙。“把胳膊肘放在该放的地方，卡尔。”男孩把胳膊肘缩了回去。“妈妈，玛丽莲拿走了我的餐巾。”罗丝抱怨道。“把罗丝的餐巾还给她，玛丽莲。”爸爸命令道。孩子们一个接一个地互相招惹，受害者立即要求伸张正义。最后，爸爸勃然大怒。“你们这些孩子不停地闹，什么时候才能停止？！我们就不能安安静静地吃顿饭吗？我烦透了你们的吵吵嚷嚷。现在，谁再敢惹事，我就把谁痛揍一顿。”孩子们乖乖吃完了饭，没有再出什么事，但每个人都很不高兴，关系很紧张。

孩子们的争吵让父母忙得不可开交——这并非无心之过。为此，他们彼此都闹得不开心。我们应该注意到，每个被欺负的孩子都向他的亲生父母抱怨，而始作俑者的父母则试图伸张正义。每个孩子惹恼的都是继父或继母的孩子，因为这是引起关注最可靠的方式。父母太容易认为孩子“没有安全感”，觉得有必要维护他们之间的公平。因此，每个孩子都在试图激怒非亲生家长的孩子，让自己的亲生父母关注自己。这种方法的效果很明显。

在一些重组家庭中，父母大多保护他们的继子女，但也有相反的情况，有的父母是保护他们的亲生子女。不管哪种情况，孩子都会激怒反应最激烈的那一方。

孩子们在将被“揍一顿”的威胁下停止了争吵，这一事实表明，他们这样做是为了吸引父母的注意力；否则这样的威胁只会导致孩子之间产生更大的冲突。他们已经尽可能地逼近了自己的目的，愿意暂时罢手。而且，每个孩子在成功地引起父母的注意后，都表现得很顺从。这也表明，他们打架只是为了得到父母的关注。

父母双方只有停止这种过度关注，让孩子自己解决问题，才能帮助孩子。如果孩子们在餐桌上的行为扰乱了家庭的安宁，父母可以拒绝和他们一起吃饭，直到他们愿意在晚餐时间好好表现，维持愉快的氛围为止。一旦出现不和睦，父母不妨将四个孩子视为一个整体，并要求他们离开餐桌。这样，孩子们就可以学会在餐桌上和睦相处了。但要记住，在要求孩子们离开餐桌的同时，父母不要介入争执，不要参与争执，要表现出坚定的态度。

六岁的苏珊坐在九岁的哥哥哈利旁边，哥哥正在用他的建筑工具玩具建造房子。七岁半的艾伦在一旁帮忙，安静且安详，直到苏珊偷偷地用脚后跟踢了哈利一脚。“别这样，苏珊。”苏珊第二次行动时，哈利对她喊道。“你在说什么？”苏珊假装天真地问。毕竟，她只是在挪动她的脚。既然哈利妨碍了她，她还得忍住吗？她这样想着又踢了他一脚。哈利用拳头打了苏珊一下。她呜咽着跳起来，跑到窗前往外看，然后跑到房子侧面的一扇窗户往外看，又从那里跑到后面的卧室。从窗口她看到妈妈正在玫瑰花圃里干活。于是她发出一声刺耳的尖叫，哭了起来。“妈妈，”她向窗外尖叫道，“哈利狠狠地打了我一下。”妈妈停下手头的活，走进屋里。她看着苏珊手臂上的红印子，安慰她，然后去了男孩的房间。“哈利，你为什么打苏珊？”“是她先动手的。”男孩辩解道。“我没有！明明是你刚刚打了我！”苏珊尖叫道。“我什么都没做。”哈利继续为自己辩解。“你就是打我了！”苏珊不依不饶。哈利喊道：“你用脚踢我。好几次了！”“妈妈，我没有踢他。我只是动了一下，脚碰到了他。我没有踢他。”苏珊转向妈妈。“你这个告状精！”哈利脾气爆发，“我打你可没有下狠劲。”妈妈打断他说：“你应该为自己感到羞耻。苏珊是家里最小的，而你是最大的。你应该树立一个好榜样。当你打比你小的人时，你就是个大恶霸。现在跟你妹妹道歉，别再打她了。”妈妈在责骂哈利的时候，艾伦坐在那里，把整个情况都看在眼里。“我是个好孩子，我没有打她，妈妈。”他提醒妈妈道。“我知道，亲爱的。你是个好孩子。哈利，你真让人恼火！你怎么就不能规矩点？现在给妹妹道歉！”苏珊擦干眼泪，站在那里饶有兴趣地看着哈利。她的下巴几乎缩到了胸前，眼睛向上斜睨着哈利，嘴角挂着狡黠的笑。“对不起。”哈利嘟囔道，眼睛望着地板。“你们好好地在一起玩。”妈妈告诫道。“你们应该彼此相爱。你们是兄妹，不应该互相争斗。”妈妈离开了房间，哈利继续拼他的玩具。“告状精。”他咬紧牙关小声说，苏珊嗤之以鼻。“妈妈说你应该对我好，因为我是最小的。”“离这些东西远点。这是我的东西，我不想你在旁观晃来晃去。”苏珊转身走出了房间。“去告密吧，小告状精。”哈利在她身后嘲笑道。苏珊在厨房里找到了妈妈。“妈妈，哈利不让我和他玩。他在欺负我。”她抱怨道。妈妈回到男孩的房间。“上帝啊，哈利。你到底是怎么了？你为什么不让苏珊和你一起玩呢？”“她老是把我的东西弄乱。”哈利怒目而视。“哈利，你太调皮了。你来，坐在厨房的椅子上，直到你愿意和你妹妹玩为止。”妈妈抓住哈利的胳膊，而苏珊一脸正义凛然地看着妈妈的举动。妈妈把哈利领到厨房，把他推到椅子上。他垂下眼睛，皱起眉头，紧抿的嘴唇彰显他内心的反抗欲。苏珊心满意足地转向艾伦。“我们出去玩吧，艾伦，好吗？”“好吧，我们去帐篷里玩。”两人冲出屋子，离开时砰的一声关上了纱门。

很多时候，我们觉得自己后脑勺需要长眼睛。比如案例中，如果妈妈真的仔细看孩子们脸上的表情，她是可以获益的。作为老大，哈利肩负着沉重的责任，他正艰难地适应自己的“好”弟弟和“小妹妹”的存在。孩子们之间竞争激烈，一触即燃。妈妈竭力解决孩子之间的矛盾，她通过把打架的人分开来解决争吵，并宣扬反对打架，鼓励孩子们相亲相爱，可这只会让事情变得更糟。她站在做出挑衅的一方，保护她不受更年长的孩子的伤害。她的过度保护强化了苏珊的自我认知——她认为自己是可以要求特别照顾的“宝宝”。事实上，六岁的孩子完全有能力照顾自己，根本不需要妈妈的保护了。即使哥哥真的要欺负她，她也有足够的能力保护自己。妈妈把哈利说成罪魁祸首，正好落入了苏珊的圈套，她想贬低哈利，抬高自己。如果父母在孩子发生争吵时站在其中一边，就会形成一种“跷跷板”似的一高一低的情形，而这个跷跷板会不停地摆动。被打败的孩子会向侥幸赢得成功的兄弟姐妹报复。因此，这场争斗刚一结束，另一场争斗就在酝酿之中。每当父母选边站队时，一个孩子就会成为胜利者，而另一个则会被压制。可以肯定的是，成功说服父母相信自己无辜的那个胜利者，通常正是一开始主动挑衅的那一个——公开或隐蔽地挑衅对手而挑起这场战争。为了赢得父母的好感，让父母站在自己这边，即使挑起兄弟痛打自己一顿也不算什么，这种做法对他们而言是非常有利的。争斗的背后隐藏着兄弟之争。考虑到这一点，任何关于兄弟之爱的语言或道德说教又怎么可能有效果呢？尤其是如果这些话支持了那个伪装成受害者的罪魁祸首。道德说教只会使解决争端更加困难，因为它提出的“应该”是孩子们根本无法做到的，这只会让局势更加紧张。

如果妈妈仔细看苏珊一眼，也许就会对孩子们之间的关系有新的认识。没有挨骂的孩子，脸上总是带着一种满足的表情。被骂的那个又失去了父母的欢心，而且不是第一次失宠！苏珊故意挑起这场争吵（虽然她在意识层面并不知道自己为什么要这么做！），让哈利陷入麻烦，还推波助澜，再次强化她的自我角色认知。苏珊在哭之前先跑着去找妈妈，这一事实完全暴露了她的企图。艾伦也趁机提醒大家他有多“好”，以此来巩固自己的地位。哈利发现自己再次扮演了“淘气”的角色。因为他已经认定自己无法摆脱这个角色位置，他甚至没有试图让自己远离苏珊，他知道麻烦会自己找来。当妈妈干涉他们的争吵时，强化了每个孩子的自我认知，即对自己价值的错误看法，而且，她不是教孩子们停止打架，而是向他们展示打架是多么有利可图。

如果妈妈选择无视这场争执，对苏珊照顾自己的能力表示有信心，让孩子们自己解决问题，那么争吵很快就会失去魅力。苏珊那声刺耳的尖叫是一种技巧，而不是挨打后的自然反应。如果妈妈不再对苏珊的尖叫做出夸张的反应，苏珊可能会放弃这项无用的技术。

如果妈妈和爸爸打架，孩子们可能会模仿他们。在这种情况下，在这家人的家庭价值观中，用打架解决问题成了理所应当的事情。不过，也可能孩子会朝着相反的方向发展，形成与父母相反的价值观。

争吵中总会涉及权力的较量。势均力敌的人不需要把冲突当作获得优势的契机，他们无须靠胜负解决分歧。但是，当一个人感受到另一个人危及自己的地位时，冲突就变成了一种竞争。敌意被激起，其中一方顾不上礼貌和体谅，在敌意的驱使下打击对方，试图通过制服对手来恢复他所谓的“失去的地位”。当我们站在“小宝宝”一边，保护最小的孩子不受他的伤害，为看似“被虐待”的人挺身而出时，我们就强化了大孩子的自卑感，并教育受害者利用缺陷和弱点来获得特别的关注。我们本想解决冲突，但我们的做法却只会加剧冲突。相反，如果我们让孩子自己解决，孩子们建立的关系远比我们能提供给他们的要平等、公正得多。他们在现实中学会社交、平等、公平竞争、公正、体贴、互相尊重。这些也都是我们希望孩子学会的。我们能提供的最好的帮助就是从争执中抽离，给他们空间。

我们还可以就打架问题和孩子一起进行友好的讨论，不要表露出丝毫的指责意味或说教，和孩子一起找出解决困难的方法。然而，这在冲突正发生的时候是不可能实现的；因为在这个时候，语言并不能起到“教导”或“帮助”的作用，这时候语言反而成为战斗中孩子们用以相互打击的新武器。

第二十五章

不为“恐惧”所动

BE UNIMPRESSED BY “FEARS”

“噢，我得在五点前到家。”妈妈告诉她的朋友。“怎么呢？”朋友问。“因为我告诉过贝蒂，她会在窗口等着。如果我没有按时回家，她会非常害怕，会哭得很厉害，甚至歇斯底里。”

贝蒂已经把妈妈训练得很好了。她拿着马戏团的圆环，妈妈就会跳过去。她用恐惧来控制妈妈。贝蒂的恐惧是真实的，而且是毁灭性的。她的生活因此痛苦不堪，妈妈自然不愿给贝蒂雪上加霜。这样的局面到底是怎么发展起来的？

我们都有情绪。如果我们的行动是一座火炉，情绪就是火炉燃烧所需的燃料。没有它们，我们就会优柔寡断，没有方向。在没有意识到这一点的情况下，我们创造了那些强化我们意图的情感。我们可以选择燃料，用以提供我们行动所必需的动力。贝蒂并没有被恐惧“附身”——如果说恐惧是某种幽灵，会伸出手抓住她！贝蒂的恐惧是用来控制她的妈妈的。她为自己创造了恐惧，但这丝毫不影响它的真实性。这不是矫揉造作，而是非常真实的情绪。

可以利用恐惧作为一种训练妈妈的技巧，这或许是贝蒂偶然间发现的。当她意识到她可以通过这种方式获得好处时，她顺理成章地利用了它。她陷入自己编织的网中。妈妈也有责任，因为正是她对贝蒂的恐惧做出回应，让贝蒂体验到了利用恐惧的收获。

我们所有人都经历过恐惧，我们所有人都认识到，当我们受到惊吓时，我们无法正常工作。因此，恐惧似乎是我们负担不起的奢侈品。事实上，有证据表明，一个人不会在遭受致命危险的关头感到恐惧，而只会在危险发生之前或之后，当我们的感知和想象力被“将会发生什么”或“本来会发生什么”控制时才会感到恐惧。如果一个人卷入了交通危险，他就会一心忙于摆脱危险而没有时间去体验恐惧。只有在危机结束后，他才会浑身颤抖，恐慌心悸。因此，这表明，我们并不需要依靠恐惧来避免危险。相反，恐惧通常会增加危险。恐惧暗示着我们无法控制局面的假设。当我们害怕不能做某事时，我们麻痹了自己，这样我们就当真做不成这件事了。

我们必须把惊吓和恐惧区分开来。一声巨响或猛地跌倒可能会“吓到”年幼的孩子，但这只是一个短暂的、暂时的反应。而恐惧情绪作为“可怕”经历的延续，只有当父母也被“吓到”时才会产生，不仅如此，父母还会持续不断受到孩子的恐惧的影响。

当一个年幼的孩子，突然面对一个陌生、令人惊讶、看起来很有威胁性的环境时，他可以有几个选择。他可以停下来等着看大人怎么做，也可以退出逃跑，甚至尝试利用恐惧。

一岁四个月大的马克第一次见到狗是在妈妈带他去朋友家做客的时候。面对这个奇怪的移动物体，他紧紧抓住妈妈不放。他周围的大人都大惊小怪，他们告诉马克：“它不会伤害你的，马克。”“看到了吗？来吧，拍拍它。”“它喜欢你。不要害怕。”……

马克迅速评估了环境，他不确定自己该怎么做。但他注意到，当自己表现出恐惧时人们都开始关注自己，考虑到这一点，他选择利用恐惧来掩盖自己的困惑，让这场闹剧继续下去。而这可能也开启了他对恐惧的利用。大多数成年人在这类事件中的语气和行为，会催化孩子的恐惧继续发展。他们往往过度焦虑，语气尖锐刺耳，慌乱之下围着孩子忙个不停。仅仅因为害怕就能在成年人中引起所有这些活动，这对孩子来说简直太有成就感了。这通常只是一个开始。当孩子表现出更强烈的恐惧，就会带来大人更加夸张的反应，甚至是特别的关注，比如大人可能把孩子抱起来安慰。最开始孩子内心产生的只是一种自然的困惑，而现在这已经演变成为恐惧，恐惧已经成为一种有用的激起成年人行为的手段。

孩子是天生的演员，他们总是哗众取宠，他们毫无顾忌，因为他们还不知道自己行为的后果。孩子对某些行为后果的体验逐渐累积，从而发展出一种模式，由此孩子最终成为成熟的成人。我们都有不敢承认的意图，甚至不敢对自己承认，因为这些意图不被社会所接受。年幼的孩子不太关心什么是社会可接受的，所以可以自由地做出任何反应。他们会直接表现出自己的感受。而当他们遇到意想不到的、陌生的情况时，他们会克制自己，掂量一下情况，寻找成年人会如何反应的线索。他看到，大人都表示，他们预计他会害怕。他见到了他们为他服务，于是马克满足了他们的期望。

妈妈可以试着相信马克应对陌生事物的能力。她可以后退，给他空间去适应。最重要的是，她不必先入为主地假设马克会如何反应，也不必试图引导孩子的反应。让马克自己去面对，解决问题。如果他表现出恐惧，妈妈可以完全无动于衷。事实上，是妈妈害怕马克会害怕，所以反而助长了她想要避免的事情。反过来说，如果马克不能用他的恐惧打动妈妈，这种情绪就不再有用了。

有时候，孩子会利用恐惧制造戏剧性的震撼效果。

五岁时，玛莎本来一点也不怕蚱蜢。然而，有一天，一只很大的蚱蜢跳到她身上，吓了她一跳。她发出一声惊呼，拍了拍蚱蜢，蚱蜢钻进了她的衣服里。这种感觉很不舒服，与此同时，她的惊呼声引来了她九岁哥哥的嘲笑。在他看来，她试图摆脱蚱蜢的行为越来越滑稽。玛莎尖叫起来——这主要由于哥哥的嘲笑。她的叫声越来越大，因为她太生气了。妈妈立即冲上前来，被尖叫声吓得脸色煞白，浑身发抖。

那天晚上，哥哥双手合拢走到她跟前，说："有个东西送给你。""你要给我什么？"玛莎问。哥哥张开双手，一只蚱蜢跳了出来。玛莎发出一声令人毛骨悚然的尖叫，父母俩都立即赶了过来。他们严厉地训斥了哥哥，也骂玛莎犯傻。从此，玛莎一看到蚱蜢就会惊恐地尖叫。但她内心深处知道，她并不是真的那么害怕它们！可是，她的恐惧多么令人震撼。

玛莎的父母告诉她她很傻——这是父母所能做的事情中最没有意义的事情。这是一种挑战，玛莎作为"恐惧受害者"的地位更巩固了。只有当妈妈和爸爸能对她的尖叫无动于衷时，他们才能消除玛莎利用恐惧巩固自己地位的动机。

四岁的本尼在圣诞树下玩电动火车。突然，一个松动的连接处导致他被电了一下。他猛地往后一跳，尖叫起来。坐在旁边的妈妈意识到发生了什么，赶紧把他抱起来安抚他。“没事了，亲爱的。你只是受了惊吓，仅此而已。这列火车有点问题。爸爸回来后，会把它修好的。”

那天晚上，爸爸修好了它，但本尼拒绝再玩火车。他退缩了，表现得很害怕。每次爸爸想叫他过来操作遥控器的时候，他都把头埋在妈妈腿上。最后，趁着本尼埋着脑袋的时候，妈妈和爸爸交换了一下眼神。妈妈轻轻地摇了摇头，爸爸点头表示同意，放下火车，坐下来看晚报，什么也没说。本尼仍然没有向火车走去。两天后，爸爸把它和其他圣诞装饰品一起拆了下来，小心翼翼地放进了盒子里。本尼严肃地看着这个过程，没有发表任何评论。然而，到了睡觉的时候，他噘着嘴说：“爸爸，我想玩我的火车！”“好吧，明天我们就把它拿出来，本尼。今晚你想让我读什么故事？”

经历了这么不愉快的经历，本尼不愿意玩火车是很自然的。他的父母也理解这一点。但当本尼继续反抗，哪怕爸爸已经修好了火车，而且他想让他们也参与到他的恐惧情绪中时，妈妈和爸爸选择将这整件事抛诸脑后，“让他的风无帆可吹”。他们意识到，本尼还太小，还不能理解电的原理。他们没有试图通过解释一些超出本尼理解能力的东西来让他克服恐惧。因此本尼没能获得更多的优势。火车被收起来了，然后他发现他想再玩一次：他没有机会让恐惧成为有用的工具。爸爸避免了任何说教，也没有责备儿子。他接受儿子的反应，把火车收走了。本尼要火车的时候，爸爸答应很快再把它拿出来，然后换了个话题。

妈妈试图帮助三岁的玛西娅克服对黑暗的恐惧。她把孩子塞到床上，打开门厅的灯，然后关掉卧室的灯。“妈妈，妈妈！”玛西娅惊恐地尖叫着。“没关系，亲爱的，”妈妈安慰道，“我不会离开你的。真的没什么好怕的。看到了吗？妈妈就在这里。”“但是我想开着灯。我害怕待在黑暗中。”“门厅的灯是亮着的，宝贝。妈妈就在这里。”“你不走吗？”“不，我就坐在这儿，直到你睡着。”玛西娅过了很长时间才睡着，她常常醒过来看看妈妈是否还在。

妈妈认为她可以用门厅的灯代替卧室的灯，让玛西娅逐渐适应黑暗。她没有看到玛西娅是如何利用自己的恐惧让她靠近，并让她继续服务的。

表现出恐惧的孩子很有说服力。在我们看来，他们是如此渺小和无助，生活对他们来说可能确实是可怕的。然而，如果我们能理解孩子行为背后的含义，我们就能意识到，当孩子陷入恐惧时，我们的反应往往并没有帮助到孩子，反而进一步训练他把恐惧作为控制大人的手段。

妈妈可以关掉卧室的灯，让门厅的灯开着，给玛西娅掖好被子，对她的恐惧不予回应，只留下一句鼓励的话：“你会学着不害怕的。”当玛西娅尖叫时，妈妈可以表现得好像女儿睡着了。

要做到这一点几乎是不可能的，除非妈妈能够摒弃人们的普遍看法，即如果一个妈妈无视孩子的痛苦，那她就是残忍的。我们总感到有必要去安慰一个受苦的孩子。然而，我们的安慰只会让孩子想要利用自己的痛苦，以此获得我们全部的关注和同情，这样一来，孩子感受到的痛苦只会有增无减。意识到这一点，我们才会选择停止这种做法。

如果我们的孩子充满恐惧，他们就无法解决生活中的困难。恐惧并不能提高我们处理问题的能力；反而会削弱这种能力。一个人越害怕，他就越容易陷入危险。但恐惧是获得关注，让他人为自己服务的一种很好的手段。

我们有必要教育孩子在潜在的危险情况下保持警惕，但谨慎和恐惧是截然不同的。前者是合理而勇敢地认识到可能存在的危险，后者则是灰心丧气、麻痹退缩。当然，我们必须教育我们的孩子在过马路时要小心谨慎，永远不要接受陌生人的示好，枪支是致命武器而不是玩具，游泳只能在与技能相当的深度进行，所有这些都可以在不灌输恐惧的情况下教授。这是在教会孩子遵守规则，教导孩子如何处理看似困难或危险的情况，而恐惧会削弱勇气。恐惧是危险的。对孩子来说，恐惧是有目的的。如果父母不回应恐惧，他们的孩子就不会发展恐惧，父母和孩子都将免于由此带来的折磨和痛苦。

早在曼弗雷德开始记事的时候，他就听妈妈讲过分娩时的痛苦，还有她做手术所受的痛苦和折磨。三个月前，曼弗雷德被发现腿上长了一个骨瘤，需要做手术。但当他被告知必须做手术时，他发出惊恐的尖叫，大哭了起来。整整三个月，他不停地恳求、乞求，闹得歇斯底里。他宁愿死于肿瘤，也不愿做手术。妈妈试图安慰他，但无济于事。手术的日子到了，不得不采取强制措施来控制男孩。他的恐惧是如此之大，以至于术前通常使用的镇静剂也无法让他平静下来。

痛苦是生活的一部分，谁都没有办法逃避它的存在。妈妈讲给孩子和朋友听的故事，可能是她想表现出她是一个怎样的女英雄，她经历了那么多苦难。但曼弗雷德几乎没有经历过真正的痛苦，在他的想象中恐惧被放大，他对手术的想象远远超出了现实。而且，与他妈妈相反的是，他没有成为英雄的欲望！面对痛苦的实际威胁，他没有接受过勇敢接受的训练。妈妈对他的恐惧非常同情，因为她自己也知道手术的“恐怖”。她非但没有帮助儿子面对困难和不可避免的情况，反而在试图安慰他的过程中无意识地助长了他的恐惧。

没有父母愿意看到自己的孩子受苦。然而，有些时候痛苦是不可避免的。勇敢的孩子其实受的苦更少，害怕痛苦反而会把痛苦放大。它使患者竭力反抗，绷紧自己，实际上增加了疼痛。我们一定要帮助孩子接受痛苦和苦恼。只有当我们对孩子的恐惧做出夸张的反应时，他才会变得胆怯和害怕。

有个牛仔爸爸，以自己独特的方式巩固三个孩子与生俱来的勇气，三个孩子都成了“硬汉骑手”。每当三个孩子中有人把肿块、瘀伤或皮肤上的小伤口展示给他检查时，他都会说：“好吧，小事儿。我想这确实有点疼，不过别担心，它会好的。”一天，他六岁的儿子从一匹正在训练的绿马驹背上摔了下来。小男孩愣了一下，坐在那里摇着头。爸爸跨过围栏，漫不经心地大步走过去查看孩子的情况。男孩想站起来，但痛得缩了一下，伸出手臂看了看。显然他的胳膊断了。“看来你的胳膊断了，孩子。”爸爸说。“别担心，爸爸，我的胳膊会好的，不过它确实很疼。”孩子哭了起来。从马背上摔下来那一瞬间的惊愣逐渐消失，疼痛迅速加剧。“我想是的，儿子。我想你肯定特别疼，值得你哭一场的。我们先把胳膊吊起来，到医生那里去看看吧。”爸爸用围脖做了一个吊腕带，轻轻地把儿子受伤的手臂放进去。爸爸轻轻动了动儿子的胳膊，男孩尖叫起来。“我知道，这胳膊一定很疼。”他扶男孩站起来，但走了几步，孩子就趔趄起来，爸爸扶起险些晕倒的他。几分钟后，男孩头不晕了，呜咽着说：“疼，爸爸。但是我会好起来的，是吗？”“当然了，儿子。而且你不会一直这么疼下去，疼痛只会持续一会儿。你现在真是个‘硬汉骑手’了，对吧？”

第二十六章

管好自己的事

MIND YOUR OWN BUSINESS

阿瑟一边号啕大哭一边跑进厨房。“妈妈，爸爸打了我一巴掌。”他抽泣着说。妈妈放下手中的工作，双臂搂住儿子，试图安慰他。“他为什么打你呢？”“他说我太没礼貌了，然后就扇了我一巴掌。”“好吧，亲爱的，我来处理。别再哭了。”阿瑟终于安静下来，妈妈去了车库，爸爸正在那里干活。父母之间发生了一场争吵，妈妈明确表示她不赞成体罚（她已经说过一百次了），而爸爸同样明确表示阿瑟也是他儿子，当他要求阿瑟把自行车收起来时，他没想到会受到辱骂。阿瑟站在一旁，听着这一切。

两个人之间的关系应该只属于这两个人。阿瑟与爸爸的关系属于他们父子，妈妈无权试图控制这种关系。顶多，当男孩来找她“打爸爸的小报告”时，妈妈可以说：“对不起，阿瑟。如果你不喜欢爸爸打你，也许你可以想个办法让他别这么做。”过一段时间，当眼前的冲突平息后，妈妈可以和阿瑟讨论一下，帮助他了解一个人如何才能避免被打耳光。如果妈妈希望教好儿子，就不应该一直站在儿子这边。然而，就目前的情况来看，阿瑟对他和爸爸的关系相当满意。这个家庭的三个成员实际上合作得很好。让我们来审视一下这一行为，看看它如何证明这样的说法是正确的。

阿瑟很善于挑起他父母之间的矛盾。妈妈显然是这个家庭中占主导地位的成员，她和儿子团结一致，试图制服爸爸。阿瑟很聪明地利用了他们之间的分歧来达到自己的目的。他确保妈妈仍然是他的捍卫者，会保护他，会帮助他一起反抗他爸爸的要求。虽然阿瑟熟练地操纵父母达到这些目的，但他的成长模式是错误的。他在逆境中寻求保护，而不是用技巧解决问题。妈妈没有意识到阿瑟的把戏，也没有意识到他的自我认知被扭曲，她落入了他的陷阱。爸爸决心要纠正妈妈纵容儿子的做法，每当男孩挑衅他时，他就会扇阿瑟耳光。妈妈决心控制儿子的整个环境，强迫爸爸遵守她的制度，严厉斥责爸爸。阿瑟在各方面都取得了胜利。儿子和妈妈合作将爸爸置于边缘位置，而爸爸和阿瑟合作让妈妈也卷入两人的争执之中，妈妈和爸爸合作，试图让对方知道谁才是老大。

但这样的家庭生活是不和谐的，阿瑟也没有学会尊重别人，尤其是尊重他的爸爸。他自然不喜欢被人扇耳光，但为了让爸爸妥协，赢得妈妈的支持，他愿意承受这一切。妈妈和儿子一样不愿意让儿子挨耳光，所以她利用这样的事由来对丈夫施加控制。妈妈应该管好自己的事，不要再试图控制一切。她有权坚持自己的信念，不去打她的儿子，但她没有权利吩咐丈夫该如何对待儿子。阿瑟和他爸爸的关系不关她的事：那是他们父子的事。

这是我们大多数人难以理解的一点。难道我们不应该从旁督促，确保孩子得到恰当的对待吗？是的，在某种程度上，我们应该这样做。但是，究竟什么是“恰当的”对待孩子的方式呢？谁能给这个问题一个“权威”的答案呢？在一个民主的家庭里，我们没有这样的权威。此外，既然我们承认孩子的创造力和做决定的权利，我们就可以看到，每个孩子被对待的方式，都是孩子以自己的方式激发他人而产生的结果。因此，了解家庭整体情况、了解孩子的目的、协调家庭内部各种关系，就成了我们的责任。有了这些认知，我们就有能力也有义务训练孩子接受秩序，并激励他配合特定情境的需要。这是我们促进孩子做出正确行为的唯一途径。

父母双方作为不同的个体，对许多事情自然会有不同的看法。如果他们能就抚养孩子的方式达成一致就太好了。但是这样的协议其实是没有必要的。孩子会接受或拒绝父母的教养方式，至于接受什么、拒绝什么，那就是他自己的决定了。由于孩子在任何关系中都是积极的，即使父母在一般原则上是一致的，他们对待每个孩子的方式也可能是不同的。这就是为什么孩子不会因为母亲、父亲、祖父母或其他亲戚对他的不同对待而感到困惑。他通常非常清楚如何从每一段关系中为自己获得最大的利益。

此外，我们还发现，妈妈对自己处理孩子问题能力的自信与她对孩子受到别人对待的怨恨之间存在一种特殊的关联。她越是觉得自己没有能力处理孩子的问题，就越倾向于评判其他人教育孩子的方式。当她能有效地激励孩子做出正确的行为时，她就不那么关心别人做什么了。他们只是她必须处理的整个现实情况的一部分。

七岁的埃丝特是家中唯一的孙女。奶奶对她宠爱有加，一有机会就给她送很多礼物。而爸爸妈妈对礼物这件事却相当克制，只会在合理的时机送出他们认为合适的礼物。埃丝特在复活节收到了奶奶的六份礼物，生日时收到了五份，圣诞节收到了十份。她打开爸爸妈妈送的礼物，向他们道谢，然后很自然地欣赏着礼物。但当她打开奶奶送的最后一份礼物后，她抱怨道："就这些吗？"几天后，妈妈发现埃丝特在日历上用深红蜡笔标出了所有可能收到礼物的日子。这种拜金的态度让妈妈很不安，她和爸爸商量了一下，请爸爸问问奶奶，能不能在送孩子礼物这件事上有所节制，但爸爸拒绝了，他认为妈妈的要求不合理。一场激烈的争吵随之而来。妈妈确信奶奶已经把埃丝特宠坏了。

可怜的妈妈。她对自己在孩子身上的影响力完全没有信心，她眼中的危险与事实并不相符。因为妈妈和爸爸在送礼物上都有所节制，埃丝特对他们并没有表现出贪婪的态度——只有对奶奶她才表现出这种态度。妈妈无法控制奶奶的行为，这不关她的事。奶奶和埃丝特的关系是属于她们两人的。在这种情况下，妈妈可以自信地认为，这三口之家中正常的互赠礼物的行为已经形成一种模式，可以抵消奶奶过度慷慨对孩子造成的影响。不过，孩子不仅要学会收礼物，还要学会送礼物，这一点很重要。她必须记住奶奶的生日，而且在圣诞节和情人节时也给奶奶礼物，最好是送自己亲手做的礼物。至于其他人和孩子的关系，妈妈应该放手不去理会，让埃丝特和奶奶建立自己的关系。

每个孩子都有自己的生活环境，这个环境之中也包括父母之外的其他成年人。祖父母和其他亲戚通常是父母之外他们最亲密的接触者，其次是邻居、父母的朋友、老师，然后是不断扩大的社区圈子。父母几乎不可能控制这些人对孩子的影响。

然而，当孩子遇到不利的影响时，我们倾向于反对有关的成年人，希望减少或完全消除他们对孩子的影响，这是徒劳的。孩子不需要别人保护他不受环境的影响，也不需要别人为他重新安排环境。他真正需要的，是父母引导他如何应对这些影响。孩子所受到的外界影响远没有他对外界影响的应对方式重要。

孩子是一个个体，正因为如此，他与每一个和他有密切接触的人都建立了自己的个体关系。我们的孩子需要接触各种各样的人，这样他们才能学会理解和评价人。我们有义务寻找机会来支持孩子进行正确的评价。

当今，孩子与祖父母的关系是我们许多家庭中冲突的根源。仅这一事实就表明我们的文化正在发生变化，我们正在与传统决裂。年轻的父母对如何抚养自己的孩子有着完全不同的看法，他们对老一辈的干涉感到不满。如果他们犯了试图强迫父母接受自己的育儿方式的错误，那他们只会破坏所有的关系。年轻的父母可以从自己和老一辈的冲突中抽身，只需要说："可能您是对的，我需要考虑一下。"然后继续做自己认为正确的事情。祖父母喜欢他们的孙子孙女。在养育孙子孙女这件事上他们享有特权，他们可以享受养育带来的一切权利，却不必承担养育的责任和后果。如果祖父母的"溺爱"让年轻的父母感到不安，这恰好暴露了父母的悲观心态——他们对自己影响孩子的能力感到悲观和怀疑。不必枉费精力企图"纠正"祖父母的做法，这是徒劳的，只会增加家庭成员间的冲突。孩子和爷爷奶奶的关系，是孩子和爷爷奶奶的事，但是，我们一定要帮助孩子学会如何回应。溺爱孩子的祖父母可能会给孩子留下这样的印象：他有权得到他想要的任何东西，谁反对他的愿望谁就是敌人。在这种情况下，我们必须帮助孩子改变他的想法。通过帮助孩子做出反应，妈妈能够防止孩子在祖父母的影响下产生关于生活和自己权利的错误观念。

六岁的鲍比经常去探望爸爸——他与妈妈离婚后已经再婚了。可当他回到妈妈这边的家时，他的鼻子上都是血。妈妈很担心，问发生了什么事。“她打了我一巴掌，打得我鼻血直流。”“她为什么要打你呢？你做了什么？”“给她读我的书。”“那她为什么打你？”“因为书上有一个字很难，我不认识。”妈妈气坏了。那个女人有什么权利打她的孩子！那天晚上，她一怒之下给前夫打了电话，第二天又给律师打了电话。这件事闹得沸沸扬扬，但并没有什么具体的结果。

在当今错综复杂的家庭关系中，这样的事情并不罕见。离婚和再婚让孩子处于错综复杂的关系情境之中，成年人同样如此。导致离婚的旧的敌意被强化了，孩子们很多时候不仅仅是无辜的旁观者。他们在混乱中表明了自己的立场，经常与一方一道对抗另一方。我们完全可以想象，一个孩子为了得到同情和特别的“安慰”，会挑起更多的骚乱。最重要的是，妈妈不要落入事件背后孩子设下的圈套，她的应对方式不应太过夸张。如果鲍比在这种复杂的情况下不能再制造麻烦，如果他在爸爸那边发生的事情在妈妈这里激不起什么水花，鲍比可能会和他爸爸的第二任妻子建立更好的关系。妈妈可以向鲍比提供建议——也许他可以这样做，这样他就不会被打耳光了。“这是你的选择，鲍比。我相信你会找到与她和平相处的办法。”

埃迪和帕特这两个男孩都是九岁，他们是邻居。一天帕特一家迎来邻居的拜访，邻居抱怨帕特的自行车撞上了自家埃迪的自行车，导致埃迪摔倒受伤。这位邻居显然很生气，想让帕特的爸爸惩罚帕特，并要求帕特“不要再这样无休无止地跟埃迪打架，总是帕特挑起两人间的战争”！“我很抱歉你为这件事这么苦恼，但你不认为这两个男孩之间怎么打架是他们的问题吗？”帕特的爸爸说。邻居闻言吃了一惊，恶狠狠地瞪着帕特的爸爸，然后问道：“你这话是什么意思？”“我的意思是说，我无权操控帕特和他朋友的关系。我确信，如果我们不去管那两个男孩，他们的问题也会解决的。”“但是埃迪总是受到伤害。帕特总是做伤害他的事情，我已经受够了。”其实埃迪比帕特长得更高，体重也更重，想到这个，爸爸不得不强忍住笑意。“帕特也有好几次是带着伤回家的。我只是觉得，如果你和我少管闲事，孩子们可能会厌倦相互伤害，可能自己就不打了。”“我想你是时候管管你家的男孩了。”“我不知道怎样才能让帕特停止做任何事，除非我亲自约束他，每时每刻都陪在他身边。我不觉得这样的行为会帮助他与其他孩子相处，或者解决他们之间出现的问题。当然，我会和帕特谈谈，看看能不能帮助他了解目前的情况，但我能做的也就这些了。”

邻居走后，帕特走了进来，他从另一个房间听到了他们的谈话，他的态度像是趾高气扬，又像是迟疑犹豫。父子两人互相打量了一会儿。爸爸沉默着。“嗯，他骑在路边，然后……”帕特试图解释。

“我不想听细节，帕特。我只是想知道你和埃迪是否真的这么喜欢打架，这似乎使他的家人非常生气。”帕特勉强笑了一下。“也许你和埃迪可以找到其他的相处方式。这是你的选择。让我们看看你会怎么做吧。”

与他人的接触是现实生活的一部分。我们的任务是帮助孩子培养正确的态度，用有效的方法来面对现实。埃迪的爸爸试图控制或改变现实，他不是在帮助埃迪，而是给他一种错误的印象，认为爸爸会一直在他前面为他“解决问题”，而他自己不须付出任何努力。另一方面，帕特则被赋予了自己处理人际关系的责任。在没有说教的情况下，爸爸建议帕特重新评估他与朋友相处的方式，然后在最后一句话中暗示了他对孩子的期待。

玛达伦向妈妈抱怨道:“我讨厌凯斯小姐。她真是一个笨蛋老师！而且她太不公平了。”“发生了什么事，玛达伦？”“噢，她总是在全班同学面前取笑我。她总是批评我不会拼写，我举手想回答问题的时候她从来不叫我。今天她拿着我的拼写试卷，把所有错误的拼写读给全班同学听。我恨不得杀了她！”玛达伦被愤怒和屈辱吞没了，她突然哭了起来。妈妈被激怒了：“我要和你的老师谈谈，玛达伦。这样对待孩子是不对的。”

妈妈是对的。孩子不会从被羞辱的处境中学到任何东西。然而，妈妈也不可能成功“教训”老师。如果妈妈一股脑向老师宣泄自己的愤怒，那只会火上浇油。如果妈妈能了解孩子和老师之间冲突的全部真相，她就会发现，老师之所以这样对待玛达伦，与玛达伦也有一定的关系。玛达伦扭过胳膊不看老师或她斜着眼睛的样子，都表明了她对这样一个“笨蛋老师”的蔑视。

毫无疑问，玛达伦和老师的关系很差。但妈妈不可能改变老师。妈妈的职责是帮助女儿认识到她是如何造成这种糟糕的关系的，并建议玛达伦采取一些行动，以使她更好地适应学校的环境。必须让玛达伦看到她的那份责任，但必须用间接的方式来完成，直接的做法只会使事情变得更糟。妈妈可以说：“当学生不喜欢老师时，你觉得身为老师会感到高兴吗？”或者：“如果你是老师，你的一个学生讨厌你，你会怎么做？”然后再进一步：“凯斯小姐可能确实像你说的那样是个笨蛋，这我不知道。不幸的是，没有人能一直拥有最好的一切。我们必须充分利用我们所拥有的。我知道现在的情况一定使你很不舒服。所以让我们好好想想，为了能让你更舒服，我们试着找出你能做些什么吧。”

妈妈不会质疑玛达伦对老师的评价，因为这会增加孩子对老师的故意，导致她一味地为自己的态度辩护。如果妈妈站在老师一边，就会招致女儿的对抗；而如果妈妈站在玛达伦一边，就会支持她在学校的挑衅行为。指出玛达伦的不适并坦率地讨论这个问题，这样做可以帮助玛达伦寻求更能促成合作的行为方式，这样一来，她在学校的负面感受也可以得到缓解。

哈里是独生子，他在学校表现很差，每天回家也必须家长盯着写家庭作业。每天晚饭后，爸爸都坐下来看着他把作业做完。爸爸每天都要问他每门课学了什么。许多次，都以哈里痛哭流涕和爸爸气急败坏而告终。哈里的功课仍然没有进步。

事实上，爸爸正在接受教育，哈里每天晚上都在证明，没有人能够强迫他学习。只要爸爸一心让儿子在学校表现好并继续“帮助”他做作业，哈里就会继续做得很差。

尽管听上去很奇怪，但爸爸只需要管好自己的事。学习是哈里的事，不是爸爸的事。

根据传统习惯，许多老师仍然要求家长监督孩子完成家庭作业。然而，如果我们正面处理这个问题，我们就会引发一场权力之争。与之相反，如果我们与孩子们协商，并与他们一起确定学习的时间，然后协助他遵照这个时间表学习，我们可能反而会提供孩子所需的激励。

如果孩子在学习上感到特别困难，我们可以为孩子请一位家庭教师。父母试图扮演家庭教师的角色是一种值得怀疑的做法，即使他们恰巧本身是教师也是如此。孩子不愿意学习，不愿意承担责任，或者不愿意完成他觉得不愉快的任务，这通常从一开始就表明他与父母的关系不好。这背后的症结很有可能是这样的：父母亲身上阵辅导孩子学习，并且不允许孩子偷懒，而孩子则竭力反抗父母施加的重压。父母之所以对孩子的学习如此上心，要么是出于对孩子未来的忧虑，要么是想要教会孩子一个人必须履行职责。可是在这种情况下，父母进一步施压只会加剧权力之争。对于这样的孩子，我们最好的帮助就是把自己从权力之争中解脱出来，提供家教，让孩子明白，如果他不想学习，没有人能强迫他学习。"你可以自己选择是否要读书学习。"

有一种问题跟上述问题类似——有些孩子总忘记练习乐器。那么多的孩子想要演奏乐器，但希望不用做必要的练习就能熟练操控乐器。孩子原本期待着通过音乐获得享受，可是在父母的干涉和压力之下，期待变成了令人厌恶的苦差事。对此，我们还是少管闲事吧。应该由音乐老师激励孩子去学习。

管好我们自己的事并不意味着我们把孩子丢给他的乐器或老师。我们可以给予鼓励而不是施加压力或提出批评，给他创造当众表演的机会，让他在一小群成年人或同龄人面前演奏。我们甚至可以安排机会让他和其他人一起演奏音乐。如此一来，音乐就具有了社交功能，而不仅仅是令人厌恶的练习。

在上述情境之中，我们需要确切地意识到这究竟是谁的事情，然后把处理这件事的责任交还给孩子。

妈妈和南希一起制定了一份南希的零花钱协议。妈妈是个寡妇，必须独自养活她们两个人。南希的需要得到了考虑，她得到了足够的零花钱来支付午餐、车费、学习用品、偶尔看电影和课后的零食。一天，南希和她最亲密的朋友回家，妈妈注意到两个女孩都戴着一个新手镯，她问南希是在哪里买的。“这是我用自己攒的零花钱买的。”南希回答道。妈妈没再多说什么，直到南希的朋友走了，妈妈开始痛斥南希，说她辛辛苦苦养活自己和女儿，舍不得吃舍不得穿，才让南希有充足的零用钱，而南希却把钱花在了协议里没有规定的东西上，这让她受到了伤害。

妈妈意图控制南希做的每件事，甚至是她花零用钱的方式。当父母给孩子零花钱时，钱就属于他们了，他们怎么用这些钱本应该不关父母的事。手镯的确是协议里没有明确规定的东西，但毫无疑问，南希为了得到自己想要的东西，一定是做出了牺牲。妈妈可以换位思考一下，如果有朋友试图强迫她按照朋友认为合适的方式花钱，肯定会非常愤怒，会觉得朋友在多管闲事。同理，妈妈应该以尊重的态度，只管好自己的事，南希想怎么花她的钱就怎么花。妈妈唯一的责任就是严格控制零用钱的数额，如果南希花零用钱不慎重，绝不替她填补亏空。

当然，如果我们看到我们的孩子发展出错误的价值观，我们是可以与孩子一道进行友好的讨论的。当然，我们所说的讨论绝不是不提出批评，因为这只会使孩子更执着于自己的错误观念。一场友好的讨论可以这样开场——“你想过吗？”“我想知道你是否考虑过……”“如果每个人都这么想，你觉得会怎么样？”这样的开场话术不会让孩子立即产生叛逆情绪并予以拒绝。重要的是要将一件事可能具有的方方面面都呈现在孩子面前，即使许多方面我们可能无法接受，然而客观的分析是做出中肯评价的必要条件。因此，我们可以和孩子一起发现那些对现在和将来都大有裨益的价值观。

第二十七章

不要过于怜悯

DON' T

FEEL

SORRY

“怜悯”对于孩子是具有破坏性的，即便出于正当的理由，情有可原，它依旧是破坏性的。

七岁的克劳德对他的生日派对计划非常兴奋，他打算举行一场郊区农场野餐，还要乘坐干草车出游。这样的乡村之旅并不常见。妈妈和他详细讨论了所有的计划。客人名单上有十八人，其中还有两位妈妈帮忙安排交通。随着那一天的临近，克劳德和他的朋友们的期待与日俱增。可是，当他在生日那天醒来时，他发现天空乌云密布，他惊慌失措地跑向妈妈。“不会下雨吧？我们还能去农场，是不是？是不是？嗯？”妈妈也心存忧虑，恶劣的天气下野餐和出游困难重重，即便办了，孩子们也很可能感到失望。的确，她曾和农场商量过调整时间，但孩子的生日不能改天——这样的事情对孩子们来说太重要了。她试着安抚这个男孩。“噢，我想天会放晴的，孩子。让我们等一会儿再看。”克劳德早餐吃得很少，整个上午都待在窗边。这伙人按计划应在两点钟出城。中午开始下起了小雨——十二点三十分下起了倾盆大雨。很明显，当天的安排不得不取消了。克劳德泣不成声，伤心欲绝。可怜的孩子——妈妈想——他真是太失望了。她温柔地把克劳德抱在怀里：“亲爱的，我知道你的感受。我很抱歉。这对你来说真是失望透顶。只要能让雨停止，我愿意付出任何代价。但我做不到。我们还可以明天去，农场的人说我们可以明天去。”“但是明天不是我的生日！今天才是我的生日。我今天要开派对！”“我知道，亲爱的。可今天已经下雨了，真是太遗憾了。”“这不公平，这不公平。所有的事情都跟我对着干！”“亲爱的，请不要哭得那么伤心。我实在没办法让雨停。”克劳德伤心欲绝。妈妈自己也几乎要哭了，看到克劳德如此失望，她也非常难过。

克劳德大可不必这么痛苦。

孩子对成人的态度极其敏感，即使他们没有公开表达出来。因此，如果我们怜悯一个孩子，他会认为他有权利怜悯自己。如果他为自己感到难过，他的痛苦就会变得更加强烈。他不会去面对自己的困境，去做自己能做的事，而是越来越依赖别人的怜悯，等待别人来安慰自己，在这个过程中，他心中接受现实的勇气和意愿也会消失殆尽。这样的态度，可以在他的一生中占上风。他会相信，世界对他有所亏欠，而为了补偿他错过的东西，他总是指望别人为他做点什么，而他自己不必为自己做任何事。

当事情没有如他所愿时，克劳德感到被伤害了。他可能养成收藏受伤害经历的癖好。妈妈认为，因为他太小，失望对他来说是极其痛苦的，这更印证了男孩对自己“受虐”的认知。他非但没有因为第二天可以开派对而得到安慰，反而觉得他的整个人生都被这场暴雨毁了。

当妈妈认为失望对克劳德来说太难承受时，她表现出对儿子的不尊重。她认为他软弱无助，无法面对生活。是她的做法促使克劳德做出了错误的认知。

如果我们不去怜悯，孩子就能学会接纳失望。

如果妈妈一开始没有抱有期待，她本可以防止这场计划变成苦涩的泡影。在和克劳德讨论计划时，她可以提出下雨可能会妨碍计划的可能性。在这种情况下，他们只能转移到第二天。在她自己的头脑中，接受了需要适应天气条件，这可以很快传达给克劳德，这将缓冲他可能感受到的失望情绪。生日那天下雨，他感到苦恼是很自然的。妈妈可以通过保持随意来帮助儿子面对这一切。可如果妈妈一味产生怜悯，她就对儿子的苦恼无能为力。

九岁的露丝因为小儿麻痹症在医院住了几个月才回家。她不得不戴着牙套，拄着拐杖走路。在物理治疗部，理疗师花了很多时间和精力来教她如何照顾自己，如何借助器械走路。医院的工作人员给了妈妈如何照顾露丝的指示，并坚决要求妈妈帮助露丝认真复健。然而，妈妈的心被她的孩子所遭受的这场悲剧深深折磨着，她觉得自己身为妈妈做得不够。露丝很快回应了妈妈的深切关怀，她呜咽着说：“这太难了，我做不到。”妈妈立刻伸出援手。因为走路太困难了，妈妈对露丝的照顾越来越体贴入微。露丝坐在轮椅上，走路的机会越来越少。她的手很笨拙。妈妈想让她过得轻松些，就给她喂饭。妈妈把全部的时间都奉献给了孩子，为她做所有事情。妈妈觉得自己想要补偿露丝，弥补生活带给她的残酷打击。妈妈恳求露丝试着走一走，但当女孩呜咽着说“疼”的时候，妈妈让步了。“可怜的孩子，太可惜了。”爸爸试图鼓励露丝，但被妈妈的态度吓到了——妈妈责骂他对孩子“要求太多”。爸爸和妈妈在露丝面前为此大吵了一架。她跟爸爸疏远了，越来越依赖妈妈。在一个月的时间里，露丝从刚刚出院时的那个爱笑、勇敢、愿意帮助自己的孩子变成了一个任性、蛮横、无助的病人。当妈妈按照预定的时间带着露丝去诊所时，发现她的病情反而恶化了。医生建议她再次住院。妈妈伤心欲绝，而当理疗师觉察到露丝拒绝合作的态度时，妈妈为理疗师的“冷酷”而感到愤怒，于是她拒绝让孩子再次住院。这时，爸爸介入了。在咨询了医生之后，他不顾妈妈的反对重新安排露丝住院。医护人员齐心协力，相互理解，坚定信念，克服了妈妈的怜悯导致的负面作用，使露丝重新开始向好的方向发展。直到妈妈去看了心理医生之后，她才明白自己怜悯的态度实际上是在伤害露丝，并导致了她的退化。妈妈和露丝都取得了令人钦佩的进步，学会了如何化不幸为积极的动力。

身体有残疾很容易成为被怜悯的对象，比如失明、失聪、跛足，或由于出生时受伤而导致身体残疾的孩子。这几乎是人之常情，但这样做只会让他们面对的阻碍更多。为残疾儿童服务的护士和治疗师常常为这些孩子表现出的勇气和克服障碍的聪明才智而感到惊叹。治疗师也非常清楚怜悯的危险。他们曾见过取得进步的孩子忽然崩溃，就是因为父母、亲戚误入歧途并向孩子给予了过多的同情。护士、医生和治疗师经常听到父母的长篇大论，这些父母错误地认为他们这些工作者的态度太过强硬、严厉、残忍、缺乏同情心。诚然，对于治疗师来说，避免同情要容易得多，因为他们没有那么多的情感投入。然而，只要他们长期照顾一个孩子，他们也会疼爱孩子，但同样，不能表现出怜悯。取而代之的是，他们激励孩子克服困难，并为自己取得的每个成就感到骄傲。

五岁的佩吉出现高烧和没有人能立即识别的症状，如今她病情严重，被安置在医院观察。除了担心之外，妈妈有些怨恨命运不公，这样的事情竟然发生在自己的孩子身上。医生们必须通过注射给佩吉供药，并从她的静脉抽取血液样本。佩吉虽然处于半神志不清的状态，但每次针头刺入皮肤，她就会大叫。妈妈提出了抗议，因为她觉得这样对待一个生病的孩子太残忍了。她对佩吉的怜悯之情与日俱增。在病因确诊并得到适当的治疗后，佩吉慢慢地恢复了健康，终于获准回家。康复的过程很慢。妈妈无微不至地照顾着佩吉，她认为她所做的一切都不足以弥补这场漫长而严重的疾病带给孩子的伤害。随着病情的好转，佩吉的要求也越来越高。妈妈长时间被佩吉缠住，睡眠断断续续，这让她疲惫不堪。终于有一天，她忍不住发脾气了。佩吉既震惊又困惑，突然哭了起来。“我病得这么厉害，你怎么能对我这么刻薄？”妈妈后悔了，再次竭力对孩子保持耐心。

佩吉沉溺于妈妈的怜悯，现在开始自怜。妈妈为自己发脾气而感到内疚，再次屈服于佩吉不当的要求。这样就形成了一个恶性循环。

当孩子生病时，我们常常为他感到难过。当然，生病的孩子需要我们的关注和理解。他不能照顾自己，而我们必须帮助他。但是我们必须以谨慎的态度来做这件事。对可怜的小东西过于同情，这对我们是一种诱惑，我们必须提高警惕。不幸的是，我们无法保护孩子永远不受病痛的折磨。这是生活的一部分。我们最多只能在他生病的时候满足他的需要，帮助他忍受痛苦，教他如何在困难下生存。生病的孩子比健康的孩子更需要我们的关爱，需要精神上的支持，需要我们对他的勇气的信任和我们的理解与同情。疾病常常使人灰心丧气——它使孩子感到自己的渺小和无助。在这一点上，怜悯只会让他更加士气低落，甚至降低他的抵抗力，削弱他的勇气。怜悯意味着一种居高临下的态度：怜悯从不会增强孩子的勇气。明智的妈妈能给孩子的最大的支持就是，坚定地拒绝把孩子看得过于无助。恢复期对妈妈和孩子来说都是最困难的。如果给予同情、帮助和勇气，代替怜悯和过度的服务，这对他们来说会容易得多。

三岁的桑德拉正开心地玩着她的新秋千。五岁的梅莉是邻居在她还是婴儿时就收养的孩子，她从隔壁的房子里跑出来，把桑德拉从秋千上推了下来，霸占了秋千。桑德拉爬了起来，打了梅莉一下，就去玩另一个秋千了。妈妈从厨房的窗口看着这一切。桑德拉刚坐到另一个秋千上，梅莉就不玩自己那个，跑过来要玩桑德拉现在坐的这个。两个孩子声音越来越大。梅莉的妈妈跑过来劝和两个女孩。她让梅莉选择她想要的秋千，把她抱到秋千上，然后开始推她。梅莉又改变了主意，她想要另一个秋千。她的妈妈说服桑德拉跟梅莉交换，然后又开始推梅莉，后来还想要推桑德拉。“我可以自己玩。”桑德拉说。桑德拉刚一站起来，梅莉又要求换秋千。她妈妈又一次说服了桑德拉。出于好奇，桑德拉的妈妈也走了过来。“你为什么总是让梅莉随心所欲？”“为什么，这个可怜的孩子！我从来没有拒绝过她。她出生就很不幸，我永远也补偿不了。”“你这是什么意思，出生就很不幸？”梅莉的妈妈转过身，低声说：“噢，你知道的，她是个私生子。”

梅莉的妈妈认为自己是一个慷慨的女英雄，来拯救一个不幸的私生子。然而，在她心中，所有的爱和放纵都无法弥补这个孩子遭受的不幸。

梅莉的妈妈有着完全不切实际的世界观。她的怜悯，非但没有帮助孩子，反而产生了负面的结果。孩子早期所受的苦难并没有使她枯萎，但这位养母的观念却害了她，而且还在继续。梅莉被宠坏了，她已经无法做出有建设性的贡献。在没有自觉意识的情况下，她也吸收了这种态度：“我很不幸。这个世界一定要补偿我。”

同情是养父母容易落入的陷阱，它同样是灾难性的。一个被收养的孩子并不比其他孩子有更多的障碍需要克服，除非养父母通过错误的怜悯提供了这些障碍。孩子在几岁的时候，还不能区分自己是父母亲生，还是通过收养而成为一个家庭的成员。他对周围的人日益增长的认知，与一个出生在家庭中的孩子是一样的。随着孩子逐渐长大，他也永远不应该有一个“特殊”的位置——即便是为了适应生活。无论出于何种缘由，一旦一个孩子认为自己“特殊”，他都会获得错误的价值观，产生错误的期望。被收养的孩子需要和亲生孩子一样的尊重和关心。

一位收养了两个孩子的妈妈，通过偶尔在他们能听到的范围内随意、自然地提及，让他们知道自己是被收养的。有一天，当他们想知道这到底是什么意思时，她解释说，有些人无法抚养一个孩子，而另一些人能抚养孩子但不能生，所以，人们可以让婴儿调换位置，这对他们来说很幸运不是吗？

这种轻松随意的讨论，很好地化解了沉重的问题，消除了扭曲的印象。只有当养父母格外介意领养这件事时，孩子才会同样介意这件事。

九岁的邦妮、七岁的杰基和六岁的克莱德住在姨妈家，他们的妈妈住院了，因此他们不得不跟玛丽安姨妈，以及姨妈的两个孩子——八岁的弗里达和五岁的比乌拉共同生活。爸爸每天晚上都和他们一起吃晚饭，然后去医院陪妈妈。有时玛丽安姨妈也去，然后亨利叔叔用他的游戏和故事给大家带来些许乐趣。玛丽安姨妈感到自己的精神压力很大，一方面是由于突然多了三个活泼的孩子，另一方面是由于她对妹妹的深切关心，因为这对姐妹非常亲近。大人们都知道妈妈的情况很危急——她得了癌症。他们小心翼翼地不让孩子们知道病情的严重性。一年半前，妈妈就住院了。每当孩子们问妈妈什么时候回家时，妈妈总是兴高采烈地告诉他们："马上就能回去了。"他们感觉到这些愉快的回答是虚假的，并且敏锐地意识到爸爸和玛丽安姨妈忧虑的目光和低声交谈。他们无法理解，但还是感到不安，变得心烦意乱，不守规矩，脾气暴躁。邦妮比其他人更想念妈妈的照顾，对这种情况有更深刻的认识。因为她是这群孩子中年龄最大的，玛丽安姨妈让她帮忙照顾年幼的孩子，并向她灌输了做老大的责任。邦妮欣然承担了很多责任，但却养成了一种非常专横的态度，这让年龄较小的孩子们很反感。这使他们的生活更加混乱。

后来妈妈去世了，大人们的悲伤再也无法掩饰了，必须告诉孩子们真相。爸爸要求让他和三个孩子单独待一会儿，让玛丽安告诉她那两个孩子。玛丽安悲伤至极。爸爸鼓起勇气，强忍着悲伤说："孩子们，我有件非常严肃的事要告诉你们。"孩子们意识到家里的气氛发生了变化，已经平静下来了。"妈妈出什么事了吗？"邦妮问道。"妈妈去了天堂。她在那里会很快乐。现在，我们都必须勇敢起来，互相照顾。"过了几秒钟，孩子们才反应过来。邦妮震惊地哭了起来。"她为什么离开我们，爸爸？为什么她必须现在去天堂？我们需要她。""我们对此毫无办法，邦妮。""你是说妈妈再也不回家了？"杰基问。"没错，儿子。"爸爸温柔地回答。"可我要妈妈。"克莱德抽泣着说。爸爸轻轻地安慰他们，意识到他们的悲伤也需要表达出来。孩子们稍稍安静下来后，爸爸说："没有妈妈，我们的生活可能会有些艰难。我们需要一点时间来适应，我们必须一起努力，互相帮助。很快我们就得制订下一步的计划了。"

这时，玛丽安和表兄弟们走进了房间。比乌拉和弗里达也哭了，但这更多的是因为其他人都哭了，而不是因为他们直接卷入了这场悲剧。玛丽安把孩子们揽进怀里，一边啜泣，一边一遍又一遍地喃喃自语："可怜的小羊羔，可怜的没有妈妈的小羊羔。"爸爸对玛丽安姨妈摇了摇头，但她不明白。孩子们又开始抽泣起来，很快就变成了号啕大哭。爸爸向亨利叔叔示意，亨利叔叔平静地让孩子们到房间里去待一会儿。三个孩子猛地从玛丽安姨妈身边跑开，回到了他们的爸爸身边。亨利叔叔终于说服玛丽安姨妈躺下休息一会儿。然后爸爸抱着孩子们，说话的声音里带着一丝坚定。"现在，孩子们，我们都感到悲伤。但记住，我们必须以勇气而不是绝望来纪念妈妈。这是她的愿望，我相信你们也会按照她的愿望去做。来吧，大家都聚在一起。"他静静地等待着孩子们接受这个消息。等孩子们稍稍平静下来后，他说："该吃晚饭了。玛丽安姨妈需要我们的帮助，我们一起去帮姨妈准备晚餐吧。""爸爸，我现在吃不下去。"邦妮哽咽着说。"生活还要继续，邦妮。如果你今晚不想吃也没关系，但也许等晚饭准备好了，你就会发现你可以做到。"爸爸一边鼓励孩子们，一边给每个人分派了一点准备晚饭的工作。

爸爸的做法是成功的。

玛丽安姨妈的怜悯使孩子们士气低落。爸爸在这种情况下表现出了所需要的勇气和敏锐，他期待着下一步要做的事情，开始带领孩子从悲痛中走出来。

我们每个人的生活中总有这样或那样的悲剧发生。作为成年人，我们被期望“接受它”，并且要竭力化悲痛为力量。我们会自然而然地对在悲剧情境中无辜的孩子表示怜悯。然而，我们善意的怜悯可能带来比悲剧更大的破坏性。如果大人怜悯一个孩子，不管理由多么正当，他都会让孩子陷入自怜。他很容易一辈子深陷在可怜自己的泥沼里——他无法承担自己在处理生活任务时的责任，徒劳地寄希望于别人，希望以此弥补生活从他这里剥夺的东西。他很难成为对社会有贡献的一员，因为他的注意力完全集中在他自己身上，集中在他应得的东西上。

对一个孩子来说，最严重的困境之一是失去父母。失去父母后的重建期可能会影响孩子的一生。如果是妈妈去世了，情况就倍加困难了。这样的孩子需要周围所有人尽可能的同情和支持，他们最不需要的就是怜悯。怜悯是一种消极的情绪——它贬低一个人，削弱他的自立能力，摧毁他对生活的信念。死亡是生命的一部分，我们必须接受死亡这个事实。没有死亡，生命就不可能存在。自然，我们不愿看到孩子因父母逝去而痛苦哀伤，但我们的痛苦和悲伤并不能使死者起死回生。死亡发生时，尽管困难重重，但是孩子需要意识到，生命仍在继续，即使在这样极端困难的情况下，也要勇敢地经营自己的生活。在这种时候，孩子迫切需要勇气，而怜悯会削弱勇气。

我们无法保护我们的孩子免受生命的伤害。我们成年后面对生活打击的力量和勇气，都是在童年时期培养起来的。正是在那时，我们学会了如何“从容应对”并继续前进。如果我们希望引导孩子勇敢地接受生活，如果我们希望引导他们获得克服障碍所带来的满足感，如果我们希望增强他们做接下来该做的事的能力，我们就必须摒弃对孩子无节制地倾注怜悯的做法。我们首先需要认识到，我们很容易落入怜悯的陷阱，因此必须避免我们的第一冲动，向孩子表达我们的同情和理解，帮助他抵御悲伤，支持他勇敢地寻找前进的道路。这绝不意味着我们要对孩子放任不管，任其自生自灭。相反，我们会陪在他身边支持他，就像我们支持一个陷入困境的成年人一样。

每个人都或多或少地遇到过这样的成年人：他憎恶怜悯，他回避任何对自己施加怜悯的行为，因为他太骄傲了，认为自己不应该被怜悯。在这种情况下，一个人必须小心地表达理解的情感，而不暗示怀疑那个人勇敢面对磨难的能力。我们对孩子也必须如此。我们对孩子的尊重要求我们保护他的自尊，而不是通过激励他的自怜来降低他的自尊。在危急时刻，孩子会向大人寻求指引，让大人教导他们如何处理不熟悉的情况。他们能感知到我们的态度，并以此为指导。

要区分同情和怜悯并不难。同情的意思是，“我理解你的感受，理解你有多伤心，理解你有多困难。我对此感到抱歉，并将帮助你走出眼下的困境”。怜悯意味着对被怜悯的人有一种相当微妙、居高临下、高高在上的态度。“你这个可怜的人，我为你感到难过。我会尽我所能来弥补你所遭受的痛苦。”对所发生的“这件事”感到抱歉是同情，为遭遇不幸的“你”感到难过是怜悯。我们倾向于怀疑所有我们认为弱小的人的能力，影响到他在痛苦的处境中本应具有的能力。结果，我们的怜悯反而诱使他们退回悲伤的被动状态，只会抱怨连连，向他人索求。

第二十八章

少提要求，提合理的要求

MAKE

REQUESTS

REASONABLE AND

SPARSE

汤米和他的父母去拜访朋友。长辈们坐在前廊聊天，汤米却一个人走开了。“汤米，回来。”妈妈喊道。然后她又转向她的朋友，继续她的话题。男孩拿着冰棍拐过屋角，慢慢走向后院的秋千。他在这里停了下来，继续舔他的冰棍。妈妈跟着出现在后院。“汤米，到这儿来。”她命令道，手指向下伸了一下，示意他必须到自己身边来。汤米转过身，抬起下巴，眯起眼睛，露出嘲弄的笑容。他坐在秋千上，又舔了一口冰棍。“汤米，我叫你马上过来。”妈妈生气地叫道。汤米继续来回荡着秋千。“我要告诉你爸爸！”妈妈一边走开一边喊道。汤米吃完了他的冰棍，把棒子扔进花坛，开始认真地荡起秋千来。再没发生什么事。他继续荡着秋千。最后，他厌倦了，没精打采地回到前廊。

汤米完全不尊重妈妈的意愿。在这种情况下，妈妈得到了她应得的，因为她提出了一个不合理的要求。所以，汤米公然违抗她的“命令”。在这个聚会上，每时每刻，妈妈和儿子都在争夺权力。汤米赢了。妈妈没有什么正当的理由不让他玩秋千。妈妈试图显示自己的权威，而汤米却坚持反对。后来妈妈没有采取行动，而是继续用语言作为武器。最后，她威胁要向爸爸告状。但后来发生的事情证明，汤米显然知道爸爸也不会采取任何行动。“告诉爸爸”作为一种威胁总是不明智的。永远不要把爸爸放在必须行使上级权威的角色上，因为权威角色已经不起作用了。

一个要求应该尊重孩子，也尊重秩序，才合理。如果家长因为孩子没有“照我说的做”就气急败坏，这恰巧说明，这位家长很可能提出了不合理的要求——他只是在试图“控制”孩子。这通常会引发一场权力斗争。父母没有意识到他正试图建立一种上下级关系。然而，成人的优越感当今已经不被接受了，孩子下定决心要死守“拒绝”的态度，以此逃避统治。如果孩子感到被强迫或“被指使”，就会以不听话的态度进行报复。相反，如果我们只以非权威的方式提出合理和必要的要求，就可以避免这些冲突。

十岁的琳达在离家半个街区的地方玩耍。妈妈想让她去商店买点东西，就在门口喊她回家。琳达却继续玩着，就好像没听见妈妈在叫似的。既然琳达没有回应，妈妈就放弃了。几分钟后，她又喊了一声，琳达仍然没有回应。最后，跟琳达一起玩耍的其中一个孩子说：“琳达，你妈妈在叫你。”“噢，我知道，但是她还没有大声吼叫，所以我不用管！”可是这次妈妈是认真的，她没有大喊大叫，而是拿着一条小皮带出来了。她走到琳达跟前，琳达吃惊地抬起头来。“你没听见我叫你吗，小姐？快回家！”并朝女孩的腿上抽了一皮带。琳达跳了起来，大声痛哭，立即跑回了家。妈妈跟在后面，每走一步都要打她一下。几分钟后，琳达出门向商店跑去。

琳达屏蔽了妈妈的声音——这是大多数家庭都会出现的场景。

孩子应该履行某些义务，以此让家庭生活更加幸福。去商店购物就是这些家务之一。然而，这项任务必须是孩子同意的，并且不是突发奇想，而是孩子一直以来都在做的事。

妈妈和琳达应该一起制订一个计划，既能满足家庭的需要，又能体现出对琳达和朋友一起玩的权利的认可。吃午饭的时候，妈妈可以说："我们需要在今天五点之前去商店买些东西。你想什么时候去？"当琳达做出选择时，妈妈可以问："那到时候我叫你就去，好吗？"现在琳达就知道妈妈对她的期望是什么，也有机会选择时间。既然现在的要求是合理的，琳达会更愿意以一种对自己的责任感到自豪的态度来回应。

妈妈正坐在客厅补衣服。八岁的波莉正在看电视。"波莉，请你把我的香烟拿来好吗？"孩子跳起来去拿香烟。几分钟后，妈妈说："亲爱的，你能帮我把白色的棉线拿来吗？"波莉照做了。过了一会儿，妈妈又要求："亲爱的，厨房的锅子里煮着土豆，去把火关小点。"小女孩又欣然照办了。

妈妈把波莉当作仆人对待。孩子甚至会因为想取悦别人而答应不合理的要求，她还没有学着做一个独立自主的个体。

妈妈和爸爸坐在后院和偶然碰面的朋友聊天。九岁的菲兹尔和隔壁的两个女孩在附近玩耍。家里还有个一岁半大的小婴儿大卫，此时他该上床睡觉了，因此非常烦躁不安。妈妈抱了他一会儿，但他仍无法安静下来。“菲兹尔，”她喊道：“来吧，你带大卫出去兜兜风，用他的婴儿车。”“噢，妈妈！”“菲兹尔！”小女孩叹了口气，离开了她的朋友，去照顾烦躁的小宝宝。

妈妈提出了一个极不合理的要求。如果有一件事是我们自身也不愿意去做的，那就永远不应该要求孩子去做。妈妈想去和朋友聊天，所以她向菲兹尔提出了要求。小女孩不得不离开她的朋友，去照顾那个烦躁的小婴儿。这样做绝没有尊重孩子的权利。妈妈应该找个借口向朋友道别，自己哄大卫上床睡觉。

当我们想对孩子提出要求时，我们必须谨慎思考眼下的情境和孩子的能力，许多孩子都喜欢承担照顾年幼孩子的责任。然而，应该事先就何时承担这一责任达成协议。当然，如果妈妈确实需要额外的帮助，她可以叫大一点的孩子帮忙。

当我们“要求”孩子“马上”做某件事时，我们需要时刻保持审慎的态度。这样的要求中往往蕴含着权威感，在此情况下，通常我们所提的要求是不合理的。孩子的反应是：“啊，她总是对我大喊大叫，让我做点什么。”这就表明你和孩子之间的关系很差，缺乏和谐与合作。当我们偶尔提出要求，争取孩子的帮助，而不是命令他服务或服从时，我们才能促进亲子间形成友好、令人满意的相互关系。

第二十九章

一以贯之，前后一致

FOLLOW THROUGH —BE CONSISTENT

鞋店里，售货员拿来几双鞋给温妮菲德试穿。“亲爱的，你自己决定穿哪双吧。”妈妈说。那双海军蓝的似乎还不错，但温妮菲德若有所思地说：“妈妈，我想要红色的那双。”售货员拿来了那双红鞋，孩子很喜欢。“可是，温妮菲德，藏青色的鞋子更实用，它们可以搭配任何衣服。你确定要红色的吗？”“是的，妈妈。”她说着在镜子前照了照。“好啦，来试试海军蓝的这双。”温妮菲德在镜子里仔细看了看那双海军蓝的鞋子。“我们就买这双蓝色的吧！”妈妈对店员说。“不，妈妈。我想要红色的。”“噢，温妮菲德！红色的太不实用了。你会厌倦的。来吧，做个好姑娘，把海军蓝的拿去吧。”孩子噘着嘴，接受了妈妈的决定。

妈妈先是告诉温妮菲德她可以自己做选择，然后却又替她做了选择，甚至还和温妮菲德争论了一番，迫使她同意。妈妈言行不一，也不守信用。

如果我们想教孩子如何做出明智的选择，我们必须给他们选择的机会，如果必要的话，允许他们失误。他们会从经验中学习，而不是从我们的说教中学习。温妮菲德认为妈妈才是家里的老大，妈妈不允许她得到自己想要的东西。她看不清自己的怨恨，无法理解这个选择是否实际。如果妈妈兑现诺言，让女儿得到红色的鞋子，温妮菲德也许会自己发现，红鞋并不是和她所有的衣服都搭配。而在红鞋穿坏之前，她不能再买其他鞋子了，所以温妮菲德必须接受自己的决定，下次可能会主动对这个问题多加考虑。这样，妈妈才是扮演的教育者角色，而不是老大的角色。

进入炎夏的第一天，三岁的霍莉一直顶着大太阳在沙池里玩耍。妈妈觉得她在太阳底下晒得够久了。“把你的遮阳帽戴上，霍莉。”她一边说一边继续给花坛除草。霍莉似乎没听见妈妈的话，继续往桶里倒沙子。“霍莉！我要你把遮阳帽戴上。”孩子跳出沙池，跑向秋千。“霍莉，回来。我要你把帽子戴上。”小女孩转过身，背对着妈妈坐在秋千上。妈妈耸了耸肩，不再追究这件事了。

很明显，霍莉正被妈妈训练得可以不听话。妈妈说得太多，却没有采取行动。她提出要求却不坚持，霍莉发现她完全可以无视妈妈说的话。

妈妈可能会觉得她的要求是出于对霍莉的关心和避免她被晒伤的愿望——一种对秩序的尊重。然而，她的做法其实是对霍莉和她自己的不尊重。霍莉对晒伤一无所知，她觉得这种要求简直就是专制——尤其是以命令的形式提出的要求，会立刻引起她的反抗。妈妈的“要求”是在邀请孩子跟自己展开一场权力之争。如果妈妈真的觉得霍莉应该被太阳帽保护，而她的孩子没有理会她的要求，她就应该亲自走过去把霍莉的帽子戴在霍莉头上。如果孩子继续反抗，而妈妈的决定是“女儿必须远离阳光”，她应该把霍莉带到室内。妈妈必须学会在提要求之前三思而后行，然后以坚定的行动将自己的决定贯彻到底。

“妈妈。”当她们走过购物中心的一角钱商店时，六岁的宝拉拽着妈妈的裙子。“嗯，怎么啦？”“能给我一角钱吗？”“为什么你想要一角钱呢？”“我想骑木马。”“不行，宝拉。今天不行。”“求你了，妈妈！”孩子哭诉道。“我说了‘不’，宝拉。我还有很多事要做。”宝拉开始可怜兮兮地哭了起来。“噢，天啊！好吧，就让你骑一次。但记住，只能骑一次。”妈妈把宝拉扶上电动木马，把硬币塞进去，等着小女孩享受这段旅程。

起初妈妈说了“不”，但是她让步了。她缺乏再说不的勇气和坚定的态度，因为她同情那个可怜的孩子，当孩子得不到想要的东西时，就会哭。

妈妈在训练宝拉不尊重自己的话，让宝拉觉得只要用“眼泪的力量”，就能得到自己想要的。这个问题有一个很简单的解决办法。宝拉应该有零用钱，当她向妈妈要一角钱时，妈妈可以说：“用你自己的零用钱吧，宝拉。”如果宝拉连一角钱都没有了，那事情就到此为止了。妈妈既不用回答，也不用讲道理，也不表示怜悯，更不允许她临时预支一笔零用钱。如果宝拉有一角钱可以花在这辆电动木马上，那也行。如果她没钱，那是她的事。妈妈必须始终如一地说“不行”，并通过不理睬孩子的挑衅来表明自己坚定的态度。

在另一个家庭，每天早上，妈妈都要把亚历克斯和哈里从床上拽起来，她已经受够了。她参加了一个培训班，在那里，她得到了一个主意，并决定付诸实践。她买了一个闹钟，并告诉孩子们，他们可以自己设置闹钟，自己按时起床。第二天早上，她听到闹钟响了，过了一会儿闹钟的声音停止了。她听着，等着，接下来再没任何动静。直到半小时后，她意识到男孩们又睡着了。她忍不住亲自叫醒了他们。“我告诉过你们，你们必须自己起来，我是认真的。你们的闹钟半小时前就响了。现在赶紧起床！”

妈妈一开始做得很好，但没能坚持到底。因为她并不是真的想让孩子们自己起床！她一直前后矛盾。她最后还是“强迫”他们起床，唤醒他们仍然是她的事。

如果妈妈真想让孩子自己起床，她就必须把责任交还给他们，从这件事中完全退出。如果他们关掉闹钟，继续睡觉，那是他们的事。当他们最终醒来时，无论多晚，他们都必须继续上学，并面对后果。一天又一天，妈妈必须毫不留情地坚持自己的决定，坚持到底。当孩子发现再也不能让妈妈费心费力地催促自己起床时，他们可能会愿意承担责任。

十一岁的迈克尔和九岁的罗比一直央求父母让他们养一条狗，他们已经求了好些天了。最后，爸爸妈妈同意养一只，但条件是男孩们要负责给宠物喂食和梳理毛发。他们再三答应。于是选了一只狗，他们非常高兴。起初，孩子们认真地照顾这只狗，但随着新鲜感的消退，他们逐渐忽视它。妈妈发现自己喂狗的次数越来越频繁。她催促、提醒、说教，但孩子们还是忘记了。终于有一天，她威胁说，如果男孩们不尽到自己的责任，她就把狗送走。迈克尔和罗比对这一威胁做出了回应，重新负责了一两天。可一周后，可怜的妈妈再次承担起所有的责任。毕竟，她不能剥夺孩子们和狗狗玩耍的乐趣。

在孩子第一次忘记喂狗的那天晚上，妈妈就可以问：“如果你再忘了喂狗该怎么办？”随后他们可以进行友好的协商，妈妈应明确表示她不会承担这项责任，而忽视动物的需求是残忍的。“你们能允许自己忘记多少次？”男孩们说出一个数字。“那么你们同意在疏忽多少次之后，我们就把狗送走？”在第若干次孩子们忘记喂狗之后，妈妈必须实践自己的承诺，把狗送走：不是作为惩罚，也不是出于愤怒，而只是作为一个合乎逻辑的结果。

前后一致，这确实是秩序的题中之义，这有助于建立界限和限制，为孩子提供安全感。但如果我们以随意的态度使用我们的训练方法，我们就不可能期望它有效，这只会使孩子感到困惑。另一方面，如果我们始终如一，坚持我们的训练计划，孩子会获得秩序带来的安全感和确定感。他就能学会尊重秩序，并确切地知道自己的立场。

第三十章

对孩子要一视同仁

PUT THEM ALL IN THE SAME BOAT

爸爸发现家里新修的砖砌壁炉上有蜡笔的痕迹，肇事者应该是他三个女儿中的一个。他把三个女儿叫来，挨个问是谁画的。每个人都否认。“你们中有一个在说谎，我要知道是谁干的。我不会容忍说谎。到底是谁干的？”没有一个回答。“那好吧，我要惩罚你们三个。”他轮流把每个女儿都带走，挨个儿打了她们的屁股。然后他又问：“现在告诉我，是谁画的？”最后，老大承认了自己的错误。“这才像话，现在把它擦干净。”爸爸拿来一桶水、刷子和清洁剂，站在她身旁督促着，直到她把砖擦干净。

有一种流行的观念认为，我们应该区别对待每个孩子，根据每个孩子的行为给予表扬或批评。我们可能很难发现，家里所有孩子联合起来对抗大人的情况多到不胜枚举，这要么是为了打败大人，要么是为了让大人忙个不停。众所周知，同龄群体的成员都有一个准则，那就是厌恶“告状者”。在这个案例中，这三个女孩是一个联盟。她们三个都宁愿忍受惩罚，而不是告密。

当我们在孩子行为不当的情况下单独对待他们时，就破坏了孩子们之间的平衡。其中一个孩子寻求父母的认可和提升，代价是牺牲另一个孩子的利益，看着后者被摁倒在地。因此，我们的行为加剧了孩子之间的竞争，因为我们让一个孩子与另一个孩子相互打压。事实上，我们应该激励每个孩子都去寻求相互认同的满足感，而不是做出个人贡献的满足感。既然任何人都不可能永远获得认可，那么“博得父母的欢心”就是一个错误的目标。相反，在任何情况下，我们总是可以有所贡献的，因此，这是一个现实的、可以实现的目标，在这个目标之下孩子们才能团结合作。当我们激励孩子之间的竞争时，我们就强化了他们错误的目标。“好孩子”之所以“好”，不是因为他喜欢表现得乖巧听话，而是因为他想要变得更好，想要领先于那些得到较少获得认可的孩子。他的行为动机是以自我为中心，而不是以共同福祉的需要为中心。“坏”孩子，或有缺陷的孩子依然如此，在错误目标的驱使下，他竭力希冀通过展示自己的缺陷而获得父母的认同——不是认同他的长处，而是认同他的缺陷。

如果我们把所有的孩子当作一个群体来对待，也就是说，通过把他们都“放在同一条船上”，我们就可以克服现有的激烈竞争及其破坏性影响。这也许是妈妈所能迈出的最具革命性的一步。把所有的孩子当作一个整体来对待，这违背了竞争精神、道德判断精神和父母的个人偏好。一句在现代社会已经失去影响力的古话可以诠释这个观点：人是他兄弟的守护者，而不是致命的竞争对手。

在前面的案例中，爸爸可以把三个女儿叫到一起，让她们把炉砖清理干净，而不去找出谁是罪魁祸首。这样可以防止“好”孩子证明自己的善良，也可以防止“坏”孩子掀起一场权力之争或寻求报复。

但是，你可能会说：“让无辜的人去收拾他们没有做过的事情，这不是不公平吗？”孩子们可能也会提出同样的反对意见。我们的孩子从我们那里得到公平和不公平的观念，当事情对他们不利时，他们就会用这两个观念对付我们。如果我们能够克服我们过去的假设或信念，认为一起清洗壁炉是公平的，孩子们可能也会发现其中的合理性。这时他们可能会意识到他们是如何作为一个团队一起对抗我们的——一个孩子扮演善良者的角色，第二个是咄咄逼人的，第三个是无助的，等等。他们的竞争是为了得到我们的认可。如果我们消除了争夺父母认可的竞争机制，这三个女孩就有机会培养对彼此的尊重。

让我们从更广泛的角度考虑什么是“公平”。对每个孩子而言，强化他错误的目标、错误的角色和价值观念，扰乱和谐与合作，这些都是不公平的。这一切都取决于我们对孩子的期望。如果我们把他们都放在同一条船上，让他们作为一个团体对内部每个人的行为负责，船上不再有大人树立的风帆，如此一来，他们再没有动机去窥探或打压彼此。他们调皮捣蛋的风就无帆可吹。

孩子之间的嫉妒也是如此。嫉妒是非常有用的，因为它能给父母留下深刻的印象。父母为了纠正孩子之间的相互嫉妒，会做出各种滑稽的动作。如果父母没有被打动，嫉妒也就没用了。但又有多少父母能无动于衷呢？父母关注越多，嫉妒的痛苦也会随着越来越多！

把所有孩子放在同一条船上，这样做的效果通常比预期更好。一位妈妈参加了一次讲座，那期间她试用了这种治疗方法，后来报告了以下内容：

她有三个孩子，年龄分别是九岁、七岁和三岁。两个大孩子都不太喜欢最小的那个，常常对他得到的特权表示不满。在这位妈妈听了讲座后不久的一天晚上，一家人正在吃晚饭，最小的孩子在玩自己的食物，弄得到处都一团糟。妈妈叫三个孩子都离开餐桌，谁也别吃饭。两个大孩子表达了轻微的不满，但三个孩子都离开了。从那时起，最小的婴儿再也不玩自己的食物了。妈妈对自己这个举动产生的戏剧性结果感到惊讶，不明白为什么会这样。

最小的孩子的不当行为引起了人们的特别注意，他不断被提醒要好好吃饭。妈妈现在的做法剥夺了他将受到的特殊关注，同时大一点的孩子分享了他从妈妈那里激发的关注。既然大孩子也受到了特别关注，调皮捣蛋就没有乐趣了！这种相互分担责任的效果在如下案例中更加明显。

八岁的查尔斯是三个孩子中的老二，他有一个能干的哥哥，还有一个“乖巧”的妹妹，而他则是一个“小魔王”。他撒谎、偷窃，还两次在地下室放火。他的主要乐趣是用蜡笔在墙上作画。妈妈无法阻止他。她来向我们儿童中心寻求帮助，有人建议她把三个孩子当作一个整体来对待，让三个孩子作为一个整体对查尔斯的行为负责。这与她过去责备查尔斯、表扬其他孩子的做法大相径庭。

两周后，妈妈和查尔斯又到中心来面谈了。妈妈完全惊呆了，她报告说查尔斯已经不再有任何调皮捣蛋的行为了。有一次他又在墙上用蜡笔作画，这次妈妈要三个孩子一起来清理。查尔斯没有参与清理工作，但他再也没有用蜡笔在墙上涂鸦。当有人问他为什么不再在墙上作画时，他回答说：“这不再有趣了。其他人必须一起把它清理干净。”

在查尔斯看来，如果这事不引起一场权力争斗，不再能使妈妈跟自己展开一场漫长的谈判，那就没有任何意义了。他当然不想让别人得到他在索求的东西！

当孩子打架时我们很难确定谁是始作俑者，这不是一个孩子行为不当的结果——他们都在这场骚乱里出了一份力，这是他们共同努力的结果。为了把妈妈牵扯进来，好孩子可能有成百上千种花招，他会怂恿坏孩子，可能会挑衅他、推他、激怒他，知道坏孩子会做出违反规矩的事情。孩子们要对彼此负责，无论是为了家庭的幸福，还是为了减少家庭成员间的紧张和对立。他们要学着齐心协力，相互帮助。通常，“坏”孩子越变越好的时候，“好”孩子就越变越坏。所有的孩子在他们的统一战线中，在对待我们时，都会紧密配合，协调他们的行为。如果妈妈能看到这一点，把她所有的孩子当作一个整体来对待，她可能会得到意想不到的结果，孩子们也会看到彼此之间相互依存、互相照顾的关系。

第三十一章

倾听！

LISTEN！

我们大都熟悉这样一个笑话——孩子问妈妈："妈妈，我从哪里来？"妈妈费尽口舌作了很长的解释。"这些我都知道，妈妈。我想知道的是我从哪里来。"于是妈妈进一步解释了婴儿的诞生过程。男孩仍然不满意。"妈妈，罗伊来自芝加哥，皮特来自迈阿密。我从哪里来的？"

我们对孩子的普遍偏见之一是，我们往往自以为清楚他们在说什么，而没有认真听过他们说的话。我们自己忙着动嘴，以至于没工夫去听他们的嘴在说什么。然而，我们中的许多人却非常乐于倾听别人家的孩子表现出的天真、智慧，他们喜欢以这类型为主题的流行书籍和电视节目，殊不知这种乐趣就在我们自己家里。我们要做的就是倾听。

爸爸要把行李箱放进汽车后备箱，为全家旅行做准备，六岁的艾尔正在给爸爸帮忙。一个小箱子怎么也塞不进后备箱。"爸爸，我们得把妈妈的坐垫拿出来放在后座上。"艾尔提醒道。可爸爸不理会他的建议，重新整理了一下行李箱，又试了一次，还是没能把小箱子塞进去。爸爸回到屋里时，艾尔把坐垫拿了出来。当爸爸回来时，他惊讶地发现小箱子忽然可以放进后备箱了。

孩子的建议明明是对的，爸爸却没有听进去。我们的孩子非常善于判断形势，他们确实有聪明的解决方案。他们甚至有别出心裁的观点值得我们借鉴。

一位有五个孩子的父亲来寻求专业的帮助。在他解释了自己的问题之后，我们对情况进行了分析，提出了解决困境的具体建议。然后我们请父亲离开房间，请五个孩子进来。辅导员请孩子们想想发生家庭冲突的原因是什么，他们解释得很清楚。然后，他们被问到应该做些什么来解决冲突时，他们提出了和顾问完全一样的建议！

父亲如果当初考虑听孩子的话，就可以省下咨询的费用。

很多时候，我们的孩子知道我们做错了什么。然而，我们却觉得只有我们才有权利告诉他们哪里错了。我们的骄傲使我们不愿倾听他们的意见。如果我们能平等、真诚地对待他们，我们就能从他们的敏锐直觉中获益不少呢！

凯利、梅布尔和罗斯正在为谁能看什么电视节目而争吵。凯利坚持要看牛仔秀，而女孩们想看喜剧。最后，妈妈被激怒了。“凯利，我厌倦了这种争吵。回你的房间去。”“你为什么老是针对我？”凯利咆哮道。“不许顶嘴，凯利。离开这个房间。”

妈妈应该听凯利的话。他问了一个很好的问题。妈妈为什么总是针对他？因为她落入了两个女孩为了让凯利陷入困境而设下的陷阱。如果妈妈听了凯利的话，她可能会发现她是如何为孩子们的争执煽风点火的。

九岁的约翰尼在客厅和小狗一起玩，尽管这在家里是被严格禁止的。男孩和狗在桌子上打滚，撞倒了一盏灯，灯泡摔碎了。妈妈生气地冲进房间，狠狠地训了约翰尼一顿，最后说："为了这件事，你今天下午不能去游泳。""我不在乎！"小男孩闷闷不乐地反驳道。

约翰尼其实是在乎的——非常在乎，但他的自尊心不让他承认。他已经表现出了对妈妈的蔑视，而且他的回答进一步重申了自己的态度，并且击败了妈妈。

很多时候，我们需要倾听孩子使用的词语背后的含义。约翰尼的"我不在乎"其实是在说："即使惩罚也不会使我屈服。"当孩子尖叫着说"我恨你"时，他的意思是："我不能为所欲为，这让我很不开心。"当他问一连串"为什么"时，他的意思是："请注意到我。"

在校车上，十岁的乔治坐在他的朋友皮特旁边。司机无意中听到了下面的对话。"乔治，你昨天为什么没来上学？""我就是不想来上学，所以我就想要生病，然后我就生病了。""你怎么了？"皮特问。"我的肚子不舒服。""怎么会肚子不舒服呢？""这么冷，我不想出门。今天早上我也有同样的感觉，但是妈妈把屋子弄得太热了，我不想在家里再待一天。起初我在心里还想着要生病，但后来我改变了主意，就赶紧赶上校车。而且我没吃早饭，因为我还觉得不舒服。"

孩子们彼此之间出奇地坦诚。然而，他们很少让我们听到。因为我们往往对无意中听到的任何事情都大惊小怪，以至于他们非常谨慎。司机就一直听。她了解到孩子是故意让自己生病，以逃避他们不喜欢的东西。她也懂得了孩子之间平等的意义。皮特接受了乔治和他所做的一切，把它当作他生活的一部分。没有说教。

每个妈妈都学会了分辨婴儿哭声中音调的含义。只凭声音，她就知道孩子什么时候难过，什么时候生气。我们有这种天赋，但似乎等孩子长大就把这种天赋收起来了。我们听到孩子的一声尖叫，就疯狂地冲过去看看出了什么问题。很多时候，我们的狂奔才是孩子尖叫想要达成的目的。如果我们停下来听一下，我们就可以避免为孩子错误的目标做出反应。

如果我们愿意倾听，我们将获得多少收获啊！

第三十二章
注意说话的语气

WATCH YOUR TONE OF VOICE

当我们和孩子说话时，他们往往能从我们的语气中得到大量的信息，比从我们使用的词语中得到的更多。倾听我们自己的语气对我们是有益的。有时候，当你在商店里、公园里，或者在父母和孩子聚在一起的聚会上，一定要这样倾听。注意听大人说话的语气。他们很少用正常的语气和孩子说话。然后，当你再次回到家，听听自己说话的语气。你表达了什么？你的孩子又听到了什么？

我们常常无意间用特殊的语气怂恿了孩子的不当行为。

比利宣布他要去给草坪浇水。“噢，不行，年轻人，”妈妈坚定地说，“你就继续待在这所房子里。”比利看了妈妈一会儿，然后溜走了。不一会儿，妈妈听到哗啦啦的声音。比利正在给草坪浇水。

妈妈专横而坚定的语气，本来是想表达决心的，却促成比利和她展开了一场权力之争。当时在场的一个十六岁的孩子也听到了两人的对话。她说：“她的语气很害怕。这其实是一种虚张声势的语气。”（明白我们的意思了吧？）

爸爸在辅导十岁的乔迪做作业。乔迪似乎对怎么做作业一头雾水。“嗯，你肯定都懂的。”爸爸语气低沉，带着轻蔑。乔迪俯身靠近他的书，看起来更不知所措了。

爸爸的语气表明，他对乔迪的学习不抱太多希望。因此，他增加了男孩的挫败感。

在商店里，妈妈遇到了一个老朋友，自从辛西娅出生后两人就没见过面了。“她现在多大了？”“十一个月。”朋友伸手在婴儿的下巴上轻轻抚摸，模仿小孩子的语气笑着说：“哟，你是这个世界上最可爱的小宝宝，是不是呀？”

在幼小的孩子面前，我们常常会一边露出刻意的傻笑一边用“宝宝腔”或居高临下的“简单语”跟他们对话，这其实表明我们觉得孩子是低人一等的。我们跟朋友说话时绝不会用那样的方式和语气。如果我们多倾听自己的话，我们很快就会发现我们对孩子有多么不尊重。我们倾向于用高人一等的口气和他们说话，假装快乐和兴奋，想以此来激发他们的兴趣，或者用甜言蜜语来赢得合作。只有我们意识到自己语气中的错误，我们才有可能做出改变。如果我们把孩子当作与我们平等的朋友来对待，沟通之门才会敞开。

第三十三章 放轻松

TAKE IT EASY

五岁的谢丽尔和七岁的凯茜站在厨房柜台前，目不转睛地看着妈妈把两块巧克力放在磅秤上，称了称重量，然后又在磅秤上放了两块。“谢丽尔的更重，妈妈。这不公平。我的就没那么多。”凯茜呜咽着说。“明明是一样的，是一样的！”她的妹妹重复道。“不，谢丽尔。凯茜说得对。我再试一次。”妈妈继续称巧克力的重量，直到每个女孩得到的巧克力一样重。

妈妈正使出浑身解数努力做到公平。然而她的过分关注，与她的意图相反，是有害的。她制造了一种紧张的气氛，加剧了女孩之间的竞争。每个人都想要得到应得的份额，并确定对方不会得到更多。与此同时，女孩们结成联盟，让妈妈陷入公平的焦虑中。妈妈到底是怎么陷入这种混乱的？

她有一种错误的信念，认为自己必须对孩子“公平”，绝对不能偏心。但谁能永远做到完全公平呢？妈妈怎么可能把生活中的每一件事都安排得绝对精确，让谢丽尔和凯茜得到的东西绝对平均呢？妈妈的过分关心已经把孩子们关注的重点放到了“获得”而不是贡献上。只要谢丽尔和凯茜把自己的行为建立在这个错误的观念上，她们就不会快乐。

妈妈需要放松，不必苛求公平。如果她已经规定，女孩们每人可以吃两块巧克力，那就给她们每人两块，就这样就行。如果她们因为谁的巧克力多而争吵不休，妈妈可以退出——必要的话，到洗手间去。让女孩们自己解决吧。

妈妈很担心，因为三岁的雷蒙德似乎长期便秘。从他六个月大时，她就开始训练他如厕，但自那时起想让他“规律”就有些困难。在他还是个婴儿的时候，偶尔她会给他灌肠。现在，她发现几乎每天都要给他灌肠。

妈妈太担心雷蒙德的排便问题了。她对儿子健康的过分关注实际上掩盖了她的决心——她认为儿子的肠胃应该服从自己的安排，她认定儿子应该排便的时候他就得排便。母子俩其实是在争权夺利。他不肯排便，妈妈就辅助他排便。从这个意义上来说，妈妈的担心是正当的，因为只要她还为雷蒙德承担起责任，他就永远不会为自己负责。他被训练得很好，让他的肠道跟自己同仇敌忾。他可能会继续这种模式一辈子。

妈妈应该放松，等雷蒙德准备好了再让他排便。这应该是他的问题。当他不再需要借用肠子抗议时，自然可以恢复正常功能。

妈妈带着五岁的多萝西在一家大型百货公司购物。多萝西总是落在后面，在每一个陈列柜前都停下来欣赏里面的东西。当妈妈停下来买东西时，多萝西就走开了。

妈妈花了一半的时间盯着多萝西并追着她跑。可最后她还是把女儿弄丢了，她惊慌至极。当她终于找到女儿的时候，她说：“噢，多萝西。你吓死我了！现在，上帝啊，待在我身边。我不想在这个大商场里失去你。”孩子瞪着圆眼睛神情严肃地看着妈妈。

每次和妈妈出去，多萝西都会跟她玩捉迷藏的游戏。看到妈妈发疯似的找自己真是太有趣了。多萝西并没有迷路。她很清楚自己在哪里。不是她要跟着妈妈，而是妈妈要紧跟在她身边。

妈妈完全不用担心多萝西会迷路，只要腾出时间训练。二人可以玩这个游戏！当妈妈发现多萝西不再和她在一起时，可以悄悄地躲起来。孩子很快就会意识到妈妈并没有在找她，她会回到离开妈妈的地方。但妈妈不见了！现在多萝西会变得有点焦虑，开始自己寻找。妈妈继续躲在孩子视线之外，直到多萝西真正焦急起来。这时妈妈可以不动声色地走回孩子的视线范围。当多萝西惊恐地跑过来时，妈妈不妨假装并不在意孩子脸上的惊恐，平静地说："对不起，我们俩刚才走散了。"每次孩子玩失踪的时候，都重复这个策略。如果妈妈拒绝让多萝西主导捉迷藏的游戏，放轻松，不用担心多萝西走丢，孩子很快就会确定自己能找到妈妈。

一个朋友正和妈妈在客厅里聊天。每隔几分钟，妈妈就会站起来看看窗外，看看她六岁和四岁的孩子的情况，他们和邻居家的孩子们正在院子里玩耍。最后那位朋友问："外面发生了什么事，看起来这么有趣？""其实没什么，我只是想确定孩子们都没事。"

别紧张，妈妈。如果有什么突发状况，你很快就会知道的！

十岁的丹尼让妈妈一直处于不安的状态。妈妈让他放学后直接回家，可他常常左耳进右耳出。有一天已经五点半了，丹尼还没有回家。妈妈急坏了。丹尼早上是骑自行车去上学的，她担心他被汽车撞了。她刚决定给当地医院打电话，丹尼就进屋了，他的裤子和鞋子都湿透了，泥泞不堪，手里还提着一罐看起来很脏的水。“丹尼！你到底去哪儿了？现在已经五点半了！我都快疯了。你去哪儿了？”“公路边有个池塘，我去那里玩了一下。看，我抓到了一些蝌蚪。”“我告诉过你多少次了，放学后要回家，让我知道你在哪里！”妈妈生气地命令道。“你没有权利让我如此担心！”当妈妈继续她的长篇大论时，丹尼的脸毫无表情。

第二天，妈妈和一个朋友去了一个指导中心。讨论中又出现了类似的问题。妈妈得到了一个主意。之后，每当丹尼回家时，无论时间早晚，她都表现得很高兴。直到有一天，他再次很晚才回家，发现妈妈不见了！

我们对孩子付出的很多担心和焦虑其实都是不必要的。更糟糕的是，他们意识到了这一点，并把它作为一种工具来引起我们的注意，促进权力之争，或者报复。我们对可能发生的灾难的担忧并不能阻止它的发生，我们只能在灾难发生后再处理。我们最好的处理方式就是对我们的孩子有信心，不要着急，真需要我们应对灾难的时候，我们才能从容应对。

妈妈也有自己需要处理的问题。比利一岁四个月大的时候，他的妈妈离婚了。在离婚带来的混乱和重新找工作的重压之下，她不得不把比利送到一个寄养家庭。后来，比利两岁的时候，她再婚了，把他带了回去。比利三岁时，她生了第二个孩子，又把他暂时寄养在了别人家里。现在，五岁的比利似乎非常不开心。无论妈妈多么努力地表达她的爱，男孩都不相信。每当妈妈不得不对比利说“不”或拒绝他想要的东西时，他就会可怜地哭，抽泣着说：“你不爱我。”妈妈急坏了。比利似乎想要很多他们买不起的东西，或者那些对他毫无益处的东西。她绞尽脑汁想要安慰他，却毫无用处。

问题的症结在于，妈妈对把比利送到寄养家庭感到内疚。虽然在这种情况下，这是唯一明智的做法，但她觉得自己辜负了比利。现在她过分担心这段经历给比利带来的影响，她认为比利感到自己被抛弃了。

比利回应了妈妈的态度，甚至利用它来达到自己的目的。他知道妈妈的弱点，把它当作耻辱柱将她钉死在上面，让她对他保持高度的关注。这成为他控制妈妈的手段，屡试不爽。只要他表达自己对母爱的怀疑，她就会竭尽全力去证明。

妈妈知道她爱比利。比利也知道妈妈爱自己！她可以不再被比利的“怀疑”所迷惑。只要她能满足眼前的一切需要，她就是一个好妈妈。妈妈必须学会不害怕比利。意识到他的行为的目的，她可以使它无效。当比利抽泣时，妈妈可以漫不经心地回应说，她很抱歉他那样想。

表现出嫉妒心的孩子也会出现类似问题。我们大多数人都在新生婴儿身上寻找嫉妒的最初迹象，我们很快就找到了我们要找的东西！我们努力消除孩子心中这种痛苦的感觉，却反而引导孩子发现这种嫉妒的妙用。不知不觉中，我们教会了他嫉妒！只要嫉妒还能引起我们的关注，那么它对于孩子就是有用的。对于这种痛苦的情绪，我们最好的防御就是保持随意，避免怜悯。我们可以确信，即使是不愉快的情况，孩子也能学会泰然处之。家里有了新诞生的婴儿后，妈妈自然不能花那么多的时间单独和大孩子在一起。但是，如果妈妈不为他感到难过，不试图弥补他“失去”的东西，他就会适应新的角色。有些孩子得到的多一些，有些得到的少一些，但这也是生活的一部分，必须处之泰然，不要过分大惊小怪。只有在嫉妒能换来回报的情况下，孩子才会使用嫉妒。

我们在孩子身上发现了这么多值得关注的事情，这简直令人咋舌。我们密切关注他们，寻找不好的习惯，出言质问他们以便检查孩子是否有不良思想，还要担心他们的道德态度，担心他们的健康，一旦他们身上发生任何情况，我们都会把自己对事情的解释强加在他们身上。我们不去了解他们对特定情况的看法，而是假设我们知道他们对这种情况的感受。我们督促他们在学校好好表现，这样他们就会成为我们的荣誉，我们把他们推到有利于他们“发展”的活动中去。我们多疑，每时每刻都想知道他们到底在做什么。我们的行为就好像我们相信孩子生来就是坏的，必须被强迫变好。我们花费了大量的时间和精力，试图帮助孩子过好他们的生活。如果我们能放松下来，对我们的孩子有信心，给他们一个为自己而活的机会，那对所有相关的人来说该有多好啊。

我们的担心大多是基于我们的主观感觉，以至于我们真的不知道该怎么做。然而，我们没有必要去“处理”每一个出现的小问题。如果我们放轻松，很多问题就会消失，原因很简单——孩子出现的诸多问题，其实只是为了引起我们的关注！若竭力想要让生活完美无缺，注定只会徒劳无功。我们不可能让一切十全十美！

如果，在孩子调皮捣蛋时，我们能知道自己该做什么不该做什么，这就意味着，我们对自己管教孩子的能力充满了信心，如此一来，我们才能让自己放轻松。放松心情，享受与孩子共度的时光，这并非不可能。

第三十四章 不必太在意某些“坏”习惯

DOWNGRADE
“BAD”
HABITS

四岁的马克的妈妈正在晾衣服，她突然注意到孩子和两个小玩伴一起站在隔壁空地的杂草丛中，男孩们的身影在杂草遮盖下半遮半掩。她仔细一看，发现他们已经脱下了裤子，正在小便。她冲过去，把另外两个男孩打发回家，把马克拖进了屋子。马克哭了起来。“谁教你做这么恶心的事。”妈妈一边狠狠地打他的屁股，一边尖叫着。“你永远、永远不要再做这种事了。你完全可以到家里的洗手间去上厕所，现在回你的房间去。这三天不准出去玩。”然后妈妈打电话给那两个男孩的妈妈，告诉她们发生了什么事。

几天后马克获准可以出去玩了，这天他的妈妈接到了一个邻居打来的电话。邻居气愤地说马克在前面的人行道上小便，一群孩子就站在旁边看着，甚至还有两个女孩。妈妈气愤至极，把马克拉进了屋子，又打了他一顿，打得比以前更凶。那天晚上，她把这件事告诉了丈夫。爸爸骂了马克一顿，并威胁说：“如果我再听到你做这种事，我就狠狠揍你一顿，让你终生难忘。”整个夏天，这种事情断断续续地发生。每次马克都会被打一顿，然后被关在家里好几天。

很明显，父母的惩罚并没有让马克改变。相反，这对马克来说变得更有趣了，他想看自己能不能侥幸不被抓到。

对于这种性质的问题我们不应该采取正面迎击的态度，如果我们这样做，只会使情况变得更糟。

对妈妈来说，最明智的做法就是悄悄地把马克叫进来，不要情绪化，也不要说教，然后告诉他，既然他不知道如何在公共场合举止得体，他就必须待在家里。每次发现马克在外面小便，都要遵循这个程序。他当然知道自己的行为是错误的。现在是妈妈采取行动的时候，而不是说数的时候。

我们对“坏”习惯越大惊小怪，它们就会变得越糟糕。所谓“坏”习惯通常包括性游戏、尿床、吮拇指、咬指甲等。我们特意把“坏”这个字加了引号，其实这些行为都不比其他形式的不当行为“更坏”。它们和其他行为一样，服务于孩子无意识的目的。只有在成年人的头脑中，这些特殊的习惯才具有更为严肃的内涵。因此，我们处理这些问题的第一步，就是降低它们的重要性。

一旦孩子发现他做了比平时更让父母烦恼的事情，他就有了一个更强大的武器来打击父母。在这种情况下——再次重申——如果我们能做到不为所动，就能“让他的风无帆可吹”。

每个精神科医生都知道，具有性意味的儿童游戏往往能侥幸逃开成年人的注意，也正因此，才不会导致有害的结果。当我们确实意识到我们的孩子正在手淫或与他人进行性游戏，我们最明智的做法是假装我们一无所知。除非我们刻意借此制造家庭冲突，否则手淫能造成什么伤害？这和吮吸拇指同样都是获得快感的游戏形式，这表明孩子还没有从生活中找到更好的途径得到满足。如果我们试图阻止他，我们只会成功地使这种快乐更吸引他。这样，孩子就会更加坚定地捍卫自己的快乐，并抵制别人夺走他快乐的行为。这个习惯的第二个目的就树立起来了——打败专横的大人。我们最好对这个问题淡而处之，间接地处理这个问题，比如通过扩大孩子的兴趣和活动，让他们体验到生活中其他有益方面能带来的满足感。

三岁的玛丽爱吮吸拇指，但有一点不同，她还把另一只手挡在脸前，好像在掩饰她的行为。

玛丽其实是试图回避现实环境，她把快乐当作私事，不要任何人打扰。

妈妈总会在晚饭后盯着六岁的杰克，督促他尽量少喝水。每天晚上大约午夜时分，爸爸妈妈在睡觉前，都会叫醒小男孩，带他去洗手间。然而即便如此，杰克仍然经常尿床，妈妈早上叫醒他的时候才会发现。她恳求他不要尿床。有时候，她会因为要多洗衣服而生气。她和爸爸试过了所有他们能想到的惩罚和劝说，但似乎都无济于事。杰克还是长期尿床。

尿床的孩子通常是一个想干什么就干什么的孩子，他深信自己控制不了自己。事实上，他是不愿意接受特定情况的需要。爸爸妈妈给予他的所有额外关注都证实了他的认知：他就是忍不住尿床。责骂、惩罚和恳求只会使他更加灰心丧气。在他看来，他根本无法控制自己，最重要的是，他受到了惩罚和羞辱。

杰克需要学会对必须要做的事情负起责任。妈妈和爸爸可以把问题交给他自己来处理，这样才能帮到他。这是他自己的事。他们可以这样说，但只有当他们真诚地相信这一点时，他们才能做到不再关心他是否尿床。“我们不会在半夜叫你起床了。你可以按照自己的决定去做。如果你把床单尿湿了，你可以自己起来换一张。”然后，妈妈和爸爸必须以真正的漠不关心的态度贯彻到底。不舒服是自然的。要改变孩子对自己的看法，对自己照顾自己的能力树立信心，这需要时间，因此不要期待短时间内会有奇迹出现。

咬指甲的孩子通常表示愤怒、怨恨或对秩序的蔑视。这种习惯是一种症状，而不是问题本身，责骂、羞辱或采取预防措施都是徒劳。我们不能强迫孩子停下来，我们只能设法从原因着手补救。

撒谎或偷窃的孩子往往都在努力“掩盖某种东西”。如果我们发现事发现场的情境是孩子特意安排的，而孩子安排的目的是让我们发现他的越轨行为，我们就可以肯定，他的目的是引起我们的注意。然而，如果他试图否认这一点，我们应该重新下一个适当的结论，即他是在试图展示自己的力量。这样的孩子或许认为他有权利得到他想要的任何东西，不管用什么方法。当他偷某样东西而不被抓住时，他可能会感到极大的快乐。撒谎或偷窃揭示的是更深层次的潜在叛逆。自然，被偷的物品必须归还或赔偿。但我们还是要放低我们的警戒程度，最好能以平常心对待。有些父母认为自己有义务杜绝孩子身上出现这样的行为，对于他们来说，可能很难做到平常心对待。可是，家长的轻蔑、批评和惩罚，并没有教会孩子不去撒谎、不去偷窃；相反，还会强化孩子的这些行为。为了获得权力，打败父母，孩子会更想去做这些错误的行为。孩子不需要任何“指导”，他很清楚，说谎、偷窃都是不对的。在不知不觉中，他更喜欢做错事，因为这样做能得到他想要的结果。

五岁的苏珊和邻居家的孩子一起玩耍。她的朋友有一辆带有辅助轮的自行车。苏珊央求父母给自己也买一辆，但妈妈和爸爸都解释说他们现在买不起。一天，妈妈发现邻居家孩子的自行车藏在了自己家的炉子后面。好在这是一位非常睿智的妈妈，此时她的想法是："好吧！我想我还是等一两天，看看会发生什么。"接下来的一天，她注意到苏珊似乎有些不安。自行车半掩，妈妈没有发表任何评论。两天后的傍晚，妈妈问苏珊："你为什么不把露西的自行车推出去骑一骑呢？"苏珊沮丧地回答说："因为那样她就会看到它，我就不得不把它还给她。""这么说，拿走它并没有多大用处，是吗？"苏珊哭了起来。"为什么不把它还给她呢？这样至少你们俩还能一起骑一骑。"妈妈赢得了露西妈妈的合作，所以这件事被淡化了。苏珊也得到了教训。

真正的问题在于苏珊觉得她有权得到她想要的任何东西，妈妈帮助她认识到偷窃是行不通的。

当一个孩子说脏话或骂人时，他只是想借助这个词的震撼力。如果我们按照他的意愿回应，让他看到我们夸张的反应，感受到我们的震惊，我们就是在鼓励他进一步使用这些词。相反，我们可以假装没听明白，"让他的风无帆可吹"。我们可以说："你刚才说什么？我不明白，什么意思？”孩子很可能会放弃这样的把戏，放弃把自己推到这样的位置。

表现出“坏”习惯的孩子需要帮助和理解。习惯是一种症状。我们不能通过攻击症状来修正任何事情。背后潜藏的原因究竟是什么？很多时候，我们可以通过友好和随意的交谈达成一致。例如，在准备睡觉的时候，这时妈妈和孩子心情都很愉快，妈妈可以和孩子玩一种游戏，问：“今天有什么高兴的事？”孩子回答后，妈妈就告诉孩子自己喜欢什么。然后还可以问：“你不喜欢什么？”从孩子的回答里，妈妈能够发现孩子厌恶的是什么。妈妈可以将她所获得的信息作为行动的基础，而不是用语言加以评判，不做评论，不试图为孩子不喜欢的东西辩解。但她可以问孩子觉得自己可以做些什么。这是一个倾听的机会。如果孩子不说，妈妈可以继续游戏，告诉孩子自己不喜欢什么，当然妈妈大多说与孩子无关的事情，否则就不再是游戏，而变成了批评。我们必须非常小心，不要去探究，这会让孩子闭口不言，也就关上了这种进一步沟通的大门。这种游戏可以不时地重复，可能会成为一种间接沟通的手段。

我们不能指望孩子一夜之间改掉坏习惯。与此同时，如果我们经过几天的纠错努力后，看到孩子仍继续他的坏习惯，我们自己也容易灰心丧气。我们和他一样，似乎会下意识地认为他永远也戒不掉自己的坏习惯。这时，我们不妨停下来想一想吧。想想看，等孩子上了高中，他还会吮吸拇指，还会尿床吗？当然不会！我们的悲观是没有根据的。我们知道他会自然停止。而在给自己的勇气打了这样一剂强心针之后，我们也在潜移默化地向他传达我们的信念。这将是一个长期工程，需要我们做出积极的行动，以此为这项工程增加必要的动力。但我们可以肯定的是，孩子最终可能会愿意做出回应。一旦我们从自己的沮丧中解脱出来，我们对孩子的信念和信心就会化为额外的助力，帮助孩子克服困难。最重要的是，如果我们能做到不过度关心，放松心态，放任一些小瑕疵的存在，我们会发现亲子间的紧张关系将得以缓解。我们自己和孩子都会发现，那些坏习惯似乎也不那么严重了。

第三十五章

一起玩得开心

HAVE FUN TOGETHER

在“过去的日子”，由于环境、条件限制，大家庭的孩子只能一起玩耍，依靠彼此获得玩耍的乐趣。这种习惯代代相传，直到先后出现了广播、电视等大众娱乐方式。我们都非常喜欢那些一家人团结一心，共同参与某项活动的温情故事。《胡桃夹子》芭蕾舞剧中最吸引人的场景之一就是孩子和大人一起围着圣诞树跳舞的场景。而如今如此多的家庭貌合神离，孩子们的玩耍取乐与父母毫无关系，父母只提供玩耍取乐所需的设施，但没有参与其中，这真是一件令人悲伤的事。造成这种状况的部分原因是文化变化导致儿童与成人对立，部分原因是我们缺乏民主相处的技巧。父母们一心想要为孩子提供最好的东西，以至于忽视了加入他们的行列。

产生上述现象的另一个原因，是父母和孩子之间失去了共同兴趣，这缘于孩子对成人世界的排斥，以及父母无法以平等的身份进入孩子的世界。在很多家庭里，孩子并不希望父母和他们一起玩！如果家庭中的氛围是剑拔弩张的，就更不可能指望家庭成员有什么共同的乐趣。反过来说，当父母和孩子一起享受游戏时，相互之间的敌意就会减少，这才有了营造和谐家庭氛围的可能。

父母有责任通过游戏营造一种团结的家庭氛围。通过这种方式，使家庭变成一个整体，一个有着共同目标和利益的群体，可能会让大人不再吹毛求疵，亦不再与孩子陷入权力斗争。

和婴儿相处很容易，但当孩子长大，我们似乎就失去了和孩子一起玩的本领。然而，孩子却非常需要这种形式的参与。游戏时间可以成为父母和孩子达成和谐与相互理解的关键契机。亲子游戏并不是斗争对抗，相反，它可以提供源源不断的乐趣。在游戏过程中，孩子可以学到，一个人不一定非要战胜对手，可以只是为了乐趣才参与玩游戏。这确实是一个很难学会的道理，因为大多数成年人都没有意识到，许多孩子无论做什么都会习惯性地求胜。每个家庭都应该有适合特定年龄段孩子的游戏。家庭游戏可以安排在固定的时间，成为日常生活的一部分。孩子小的时候，需要大人花时间训练他们某种生活技能，随着孩子长大，花在训练上的时间很容易自然而然地转变成和孩子一起玩耍的时间。自然，时间也可以调整，以便其他家庭成员也能加入进来。

一位爸爸是一名狂热的棒球迷，并在当地拥有一支业余球队打球。这位爸爸有五个孩子，三个男孩两个女孩。每年春天，只要天气允许，他就开始和孩子们一起“训练”。就连三岁的孩子也有一根适合他的球棒。爸爸会用特殊的技巧投球，好让年纪小的孩子也能顺利接到。当孩子们长大后，他们的身体技能不断增长，于是转为投球。大一点的孩子学会了对年龄小、技术差的孩子保持宽容的态度，即便年龄见长，他们仍会参与这个游戏，这样一家人其乐融融。他们和爸爸一样，为最小的孩子在技巧上取得的小小进步而感到高兴。即便哪一场比赛成绩很糟糕，或者其中一个孩子错失了击球上垒的机会，爸爸也从不批评孩子。他总是不断地为孩子呐喊助威。他显然从中获得了很多乐趣，孩子们也很开心。

八岁的休对棒球非常痴迷。只要附近有比赛，他就会到场参加。

爸爸和妈妈坚持要他随时让他们知道他在哪儿，因此有比赛的时候，他必须先告诉爸爸妈妈，得到允许，才能去参加。

一天晚上，爸爸妈妈哪儿都找不到儿子。天黑了，爸爸正准备报警，休若无其事地走进了家门。父母的焦虑变成了愤怒，爸爸当下就要狠狠地揍他一顿。“等一下，爸爸，”休恳求道，“让我告诉你发生了什么事。”他解释说他和一群大一点的男孩去十英里外看比赛了。“爸爸，你从来没有带我去看过球赛。我问过你几百次了，但你总是说你很忙或者有别的事要做。”

这对爸爸来说是一个启发。休想跟爸爸分享他的兴趣！于是爸爸根据儿子的这个想法采取了行动。后来，父母都对当地的比赛和球员产生了真正的兴趣，三人常常一起去看比赛。

所有的孩子都喜欢“演戏”。父母不必总是扮演“观众”的角色，他们也可以参与其中！孩子们特别喜欢扮演成年人的角色，所以父母不妨扮演一下孩子的角色。任何大家熟悉的童话故事或传说都可以变成一场即兴演出。不需要观众，只要“让我们一起来表演”就好。

家长们可以组织各种各样的游戏和节目，使之成为家庭生活的一部分。圣诞节前，一家人可以晚上聚在一起为圣诞树制作纸质装饰品。五一节前，一家人可以一起制作可爱的纸篮子，放置在餐桌上作为点缀。节庆的日子总少不了彩纸做的点缀。每一个可以使用纸盒的场合都能引发一场家庭创意大会。

一家人还可以“假装”环游世界。一起收集各种资料、旅行社的小册子，还有各种信息见闻，将这些整理成每个国家的剪贴簿，包括他们想要“旅游”的每一个国家。

每个暑假，展开假期旅行之前，一家人都可以为这趟行程做一番前期研究。

这些计划应该建立在全家人的兴趣之上。父母对某件事的参与热情常常能让孩子受到感染，而孩子在参与的过程中也时常表现出令人惊叹的创造性。他们常常能指出他们可能感兴趣的东西。一个孩子参加了一场学校组织的野外考察，深受启发，于是一家人建立了一个“博物馆”。他们把能找到的所有与老西部沾边的物品都贴上标签，放在博物馆的架子上。家里的每个人都睁大眼睛寻找各种符合要求的小物件。他们从一扇被毁坏的教堂窗户上找到一块破碎的彩色玻璃遗迹；在树林散步时，他们发现了印第安人帽子上残存的羽毛装饰；有个孩子还做了一个玉米棒娃娃；等等。

一起唱歌也能使家庭团结一心。晚上八口之家一起洗碗，这对整个家庭来说既是家务活也是真正的欢乐时光，因为这是每个人都参与的“唱歌时间”。孩子们在家里学歌，还会教父母自己在学校学会的歌。随着年龄的增长，他们开始唱和声，并通过分组对唱来创造特殊的曲风。

如果父母善于倾听并保持机敏，他们就会发现孩子真正感兴趣的各种事物，再加上想象力，这些都可以发展成家庭项目。

共同的喜好使他们走到一起。如果每个参与者都能从共同的游戏和活动中获得快乐，团队的凝聚力就会自然生发。而团结的精神又可以极大地促进平等，营造轻松和谐的家庭氛围，这样的氛围是家庭生活不可或缺的。

第三十六章 迎接电视的挑战

MEET THE CHALLENGE OF TV

几乎所有家庭的许多麻烦都是电视机引发的。一家人为看什么节目而相争不下，妈妈和爸爸担心孩子从电视节目中吸收错误的观念，同时他们还会担心这种无法激发大脑神经的“被动式”娱乐方式占用孩子太多的时间。因为当孩子看“真正好看”的晚间节目时，往往会忘了做作业，甚至忘记了什么时间该上床睡觉。“最好”的节目通常播出时间很晚。于是很多家庭甚至改变了吃饭习惯，连吃饭时间也跟着电视时间调节，将吃晚餐的时间挪到了深夜。在电视机前吃饭的做法风行一时，每个家庭成员彼此隔绝，兀自全神贯注地看节目，沉浸在自己的世界里。更深入地说，家长们之所以烦恼，还因为共进晚餐不再是促进家庭团结的共同活动。有多少妈妈经常想把脚伸进去踹两脚！或者恰恰相反，当妈妈试着“放下脚”，控制看电视的时间，争吵和纠纷又会随之而来。为了避免这些问题，有些父母甚至拒绝在家里放电视，结果孩子要么去邻居家蹭电视，要么不停抱怨，说他们被剥夺了“其他孩子”拥有的权利。

电视肯定将继续存在。我们必须学会解决它引发的问题，而不是心怀怨恨又束手无策。当孩子们为该看什么节目而争吵时，父母可以采取两种做法，要么直接关掉电视，等待孩子们讨论出一个结论，要么置身事外不去介入。当电视引起的争端涉及父母和孩子双方时，情况就变得更加复杂了。但问题不在于父母是否有权看“晚间节目”，也不在于父母是否应该把决定权出让给孩子，让孩子看他们想看的节目。这是一个家庭问题，必须由全家人一起来解决。应该由全家人共同思考“我们该怎么办”，而不是妈妈或爸爸思考“我该怎么做才能规范看电视”。所有家庭成员必须共同达成协议，这通常是家庭会议的议题。如果分歧非常严重，家长可以先拔掉电视插头，在达成一致之前，包括家长在内任何人都不能看任何节目。（这很像工人的罢工，在争论解决之前，任何工作都不做。）

至于孩子们因为看电视而忘了做家庭作业这个问题，我们可以与孩子讨论。他可以自己选择什么时间做作业，什么时间看电视。一旦孩子自己定下了规则，妈妈就应该拿出坚定的态度，用行动而不是语言来要求他遵守规则。或者，如果孩子年龄稍大，问题就变成了："现在该怎么办呢？"让孩子自己提供一个解决方案。

如果到了该睡觉的时间孩子还想看电视，父母必须坚持原则，保证孩子作息按照常规进行。如果孩子还小，我们就一言不发地带他上床睡觉。此时妈妈在"让他听话"这件事上并不会与孩子构成权力斗争。她只是带他上床，以此维系孩子的规律作息而已。如果孩子再大一点，我们就必须和他达成协议，然后执行他认定的规则。做到这一切的前提，都是我们已经与孩子建立起信任与合作的关系，否则这一切都不容易做到。实际上，电视机本身并不是问题；它只是凸显了父母和孩子之间的问题，即缺乏亲子合作的默契。

电视节目的质量和内容是全国人民都关注的。但是，我们不能被动地坐等国家为我们解决问题。在我们的家庭里，我们必须主动采取行动。

十一岁的琼恩、八岁的莫娜和七岁的罗伯特特别喜欢看一部怪诞恐怖风格的悬疑剧。爸爸妈妈觉得“这不是给孩子看的节目”。可他们越是表示反对，孩子们越是想看。“有什么不对？这真的是一部好剧。其他孩子都看了！”为了这个节目，家里每周都要吵一架。

当我们坚持不让孩子看某个电视节目时，我们就会招来一场权力之争。孩子总是赢的那一方。没有比“其他孩子都看了”更有力的论据了。如果我们仍然不让他们看，孩子就会以其他方式寻求报复。那么，这个问题有什么解决办法呢？首先，我们不能保证我们的孩子不受电视的影响，也不能保证电视节目不在他们脑海中留下印象。但是，我们可以培养孩子对不良内容的判断力。不过，这不是靠说教就能做到的！在当今的社会文化中，语言更多地被用作武器，而不是沟通的手段：父母一开始说教，孩子就会屏蔽他们的声音。相反，父母可以提问然后倾听，这样的家庭讨论是非常有益的。家长可以和孩子一起看节目，然后在游戏般的氛围中分享自己的感受。“你觉得这个剧情怎么样？那人做法明智吗？你猜其他人会怎么想？为什么？你觉得他们还能做什么？”通过这种方式，父母帮助孩子真正独立思考，并以批判的眼光看待这个电视节目。如果父母倾听，孩子就会发现他有提出想法的能力——这是最令人满意的结果。父母不能在孩子表达自己对节目的印象时吹毛求疵，因为这样就破坏了亲子间的“谈话游戏”。孩子说什么，我们就接受什么。然后随着时间的推移，我们会发现孩子的进步，会发现他们自己也培养出了批判的眼光！如果父母偶尔想提出自己的想法，可以提出一个启发式的问题。“我想知道如果……”“你认为如果……会发生什么？”听完一个牛仔故事后，我们可能会问：“你觉得什么是‘好人’呢？”“好人永远是‘好人’吗？”“殴打和折磨别人真的很有趣吗？受害者会是什么感觉？”在这样的讨论中，我们应避免把自己的想法强加于人，同时启发孩子自己思考，我们就与孩子建立了融洽的关系。如果一切都由我们代劳，并把现成的知识传授给孩子，孩子永远学不会独立思考。如果我们与孩子已经构建了良好的关系，孩子会坦诚地回答，会告诉我们他的想法——当然，前提是这不会给他带来麻烦。长此以往，我们会发现，孩子们表现出了对正义和公平竞争的敏锐判断力，同时还具备了这方面的知识，让我们刮目相看。

按照上述做法，我们还会发现，大多数孩子都能处理好看电视的问题。如果电视不构成权力斗争，孩子们的兴趣就会减弱。不必过多担忧“被动式娱乐”带来的影响，如果我们能保证一家人在看电视之外还有其他的家庭娱乐时光，这样的担忧就更会自行消解。我们不能从孩子那里夺走什么。这是给对方强加我们意志的一种形式。我们需要提供一些更有趣的东西来激励和影响孩子，使他自愿离开电视。

当我们知道该做什么，并对自己处理电视带来的问题的能力充满信心时，电视就不会成为忧虑的来源。

第三十七章

平等交流，而不是高高在上的说教

TALK

WITH THEM,

NOT TO

THEM

在这本书中，我们一直建议父母与孩子就他们共同面对的问题进行讨论。在我们的工作过程中，我们发现很少有父母知道如何与孩子交谈。很多时候，诚然家长们觉得是在用友好的态度对孩子说话，可是从孩子的角度来看，他们却是在居高临下地说教。

青少年和成年人的关系，最突出的难题就是双方缺乏交流。如果在孩子年纪尚小的时候就建立起一种和谐的关系，那么沟通之门在孩子青少年时期是可以敞开的。这在很大程度上取决于我们是否尊重孩子——即使我们不同意他的观点。当我们停下来思考这个问题时，我们就会怀着敬畏之情认识到儿童思维能力的发展是多么了不起。孩子会自发地，往往是无意识地进行观察并接收信息，把它们组织成一个系统，然后根据自己得出的结论采取行动。他有自己的想法！我们经常轻蔑地用这个表达来表示不服从或反叛。我们不停地抨击这些“越轨行为”，试图用我们的想法给他留下深刻的印象。我们想要“塑造”他的性格、他的思想、他的人格；仿佛他是一块陶土，我们应该用自己的行动去“塑造”他。从孩子的角度来看，这就是专制——事实也的确如此。但这并不意味着我们不能也不应该影响和引导他，而是指我们不能“强迫”他们按照我们设定的模式去思考和行动。

每个孩子都有自己独特的创造力：每个孩子都会对他在生活中遇到的事情做出回应或反应，每个孩子个性的形成都有自己参与的印记。

作为父母，我们的职责是引导我们的孩子，因此，了解我们该引导孩子向什么方向发展、又应该如何引导才是明智之举。通过观察孩子的行为并发现其目的，我们可以学到很多东西；如果我们愿意去发现他们的想法，我们可以学到更多。其实这并不难做到，因为小孩子在自我表达的时候总是毫无顾忌的。然而，如果我们责备他们、批评他们、告诫他们，或者对他们的想法吹毛求疵，他们很快就会变得小心翼翼，不让自己经历这种不舒服的经历。慢慢地，与孩子沟通的大门就会向我们关闭了。

相反，如果我们以开放的心态接受孩子的想法，和他一起检验这些想法，和他一起探索可能的结果，不断地提出引导性的问题，比如："然后会发生什么？""那时你会有什么感觉？""对方会有什么感觉？"等等。那么，孩子在这样解决生活问题的过程中会得到一种陪伴的感觉。提出引导性的问题仍然是传达思想的最好方法之一。

指望孩子只有"正确"的想法是荒谬的。但告诉他他是"错的"，我们是"对的"，只会让他闭嘴（对我们来说也是一样）。这是在对他说教，而不是跟他平等交流。

"比利！恨妹妹是不对的，你真不害臊。你一定要爱她，因为你是她的哥哥呀。"这是对孩子说教。相反，像这样——"我想知道为什么一个男孩会讨厌他的妹妹？你有什么想法吗？""因为她挡了我的路！""那个男孩除了仇恨妹妹，还有其他什么吗？"——这就是平等的讨论。我们承认比利恨他妹妹的想法，没有道德好坏的评价。事情已经存在，我们应该从孩子的角度出发，将注意的中心转移到"是什么"和"为什么"。

作为父母，我们太倾向于认为我们知道孩子的感受。比如一位妈妈可能会这样说：“当初，因为我妹妹长得太可爱而吸引了奶奶所有的注意力，我现在还记得自己当时的感受！我不会让这种事发生在我的孩子身上。”事实上，这位妈妈自己的女儿可能根本不会让她可爱的小妹妹得到所有的关注，根本不会产生怨恨，而是会让自己更得宠。孩子可能有完全不同的观点。我们应该真正试着去了解孩子的感受，而不是怀着高高在上的优越感，假设她的感受和我一样。

我们必须承认，看待同一个事物，不同的人可以有各种不同的观点——看待事物的方式并不是唯一的。

当我们发现孩子看问题的角度与我们不同时，我们必须格外谨慎。如果我们说的话让孩子感到丢脸，甚至蒙羞，通向更进一步的信任的大门会立即向我们关闭。我们需要随时准备接受与我们不同的观点，承认这些观点也有可取之处。比如我们可以这样说：“也许你说得很对。我们得考虑一下，看看还会发生什么。”当然，我们可以向孩子承认“我不同意你的看法”，但说完这句话之后应该还有下文，“但如果你愿意，你有权这么想。让我们拭目以待，看看结果如何”。在平等的情况下，每个人都必须愿意重新评估自己的想法，不是根据“对”和“错”的刻板观念，而是根据实际结果。如果我们希望我们的孩子改变他们的观点，我们必须引导他们看到另一种观点更符合实际情况。我们需要承认，我们的孩子是我们的合作伙伴，我们双方共同营造家庭的和谐关系。他们的想法和观点很重要，想想看，孩子正是按照他自己设定的这些思维原则行事的！这些想法形成了孩子的“个人逻辑”，即他的行为背后无意识的动机。不必告诉孩子

“不要去做某件事”，即便他自己已经知道自己做错了，我们的告诫也是徒劳的，因为错误的行为是他达到错误目标的手段。这样的告诫只会增强他的决心，他觉得他有权坚持自己的意见，这些是无法用逻辑来反驳的。我们必须看到“心理逻辑”，在心理逻辑中，孩子甚至会想要获得痛苦的感受，只要痛苦能引起注意、争得权力，或加强某种错误的自我认知。倾听孩子的心声意味着要发现他的逻辑，帮助他意味着引导他从不同的角度去看问题，让他看到过去未曾发现的换一个角度的优势。一个想要权力的孩子，可能也希望被人喜欢。不妨和孩子讨论一下，既想要权力，又想被人喜欢，想要两样都得到会不会困难重重呢？孩子会觉察到，如果他想当恶霸，他就不会被喜欢，他将不得不决定，在权力和他人的喜爱中他更喜欢哪一种。如果我们直截了当地告诉他“要是你成了恶霸，就不会有人喜欢你了”，只会激起他进一步的敌意。相反，我们可以这样问：“人们对恶霸是什么感觉？”“如果一个恶霸想要被喜欢，他能做什么？他有选择吗？”诸如此类的问题会引导孩子发现正在发生的事情以及他在其中扮演的角色。他甚至不得不承认这是他自己的事！

假设一个妈妈无意中听到她的两个儿子因为其中一个在打牌时作弊而打架，她决定置身事外。但后来，一家人都心情愉快的时候，她想和孩子们讨论一下作弊的问题。“你们都知道作弊不对，它也破坏了你们玩耍的乐趣。所以，为什么要作弊呢？为什么不好好遵守游戏规则呢？”妈妈这番话说得是很正确，语气也很友好，但这不是讨论，而是一场说教。这段话虽然符合事理逻辑，却没有顾及孩子的心理。

假设一两天后，这位妈妈对她的丈夫说："我在想一件事。"这时，两个孩子的好奇心都会被唤起。妈妈想的是什么？她引起了他们的注意。妈妈迂回地前进。"假设有两个人在玩游戏，一个作弊了。会发生什么呢？""他们可能会打起来。"孩子们可能会这样回答。"你认为他们中的一个为什么会作弊？"妈妈又问。从这里开始，答案将说明每个孩子是如何思考的。一个孩子大声说："因为他想赢。"或者，"因为他想显得自己很厉害"。另一个人可能会说："因为我不喜欢总是输。"每次一个孩子说出自己的观点，妈妈都会问另一个孩子有什么看法。她这是在寻找信息，同时也想让男孩们认识到他们自己脑子里在想什么。最后，她可能会问："游戏的乐趣在哪里呢？""作弊的人对被他欺骗的人会有什么感觉？你觉得这两个人能不能学会公平地玩这个游戏？他们各自能做些什么呢？他们怎样才能保持游戏的乐趣而不破坏它？"听取孩子们的回答之后，妈妈对孩子打架的前因后果有了深入了解，她可以说："我很高兴知道你们的想法。这对我帮助很大。"

妈妈播下了思考的种子。她根本不需要说自己认为孩子们应该做什么，而是潜移默化地引导孩子自己去思考问题所在，解决办法是什么。所以，让孩子自己去思考吧，看看会发生什么。

无论是孩子还是成人，没有人喜欢在犯下错误之后还必须直面这个问题，尤其是在一开始就遭到指责的情况下。相反，如果我们只是用泛指的方式讨论这个问题——问题的主角不是两个男孩或两个女孩，不是"你和他"，而只是泛指意义上的"某个人"——我们就让问题跟我们本身拉开了距离，暂时营造出一种客观讨论的环境。谁不是更愿意去讨论别人的问题呢！当我们和孩子讨论他们遇到的困难时，如果我们把孩子自身的问题当成别人的问题，往往讨论会容易得多。

另一方面，有时候也可以直接说："我有个问题，想知道你是怎么想的。我想按时把晚餐端上桌，而你想让我辅导你做家庭作业，我一次要做两件事，已经晕头转向了。你觉得我们该怎么办呢？"

我们在讨论中得到的任何信息都可以成为我们未来行动的依据。如果我们试图通过道德说教来纠正一个明显错误的想法，我们将得不到任何信息，这只会使我们失败。如果我们只想让孩子知道他们错得有多离谱，他们就无法对我们敞开心扉。如果他们提出一种显然不会被接受的观点，我们仍然必须暂时接受。我们可以说："你说得有道理，但我想知道，如果每个人都做这样的事情，结果会怎样呢？"如果孩子表现得不愿意继续讨论，是因为我们暗示他的想法行不通，那就暂时把它放在一边。"那我们都考虑一下，过几天再谈。也许到那时我们都会有其他的想法。"

对孩子说教，意味着告诉他们我们希望事情如何完成，表达了要服从的意思，就是要孩子按照我们想的去做。

相反，与孩子交谈时，我们就和他们一起寻找解决问题或改善状况的办法。因此，在营造和谐家庭氛围的事业中，他们也发挥着创造性的作用，并意识到他们也为家庭这个整体做出了贡献。但这并不意味着他们有权按照自己的想法来经营家庭。讨论是一个过程，在这个过程中，我们为了各方利益，努力为我们面临的任何问题找到最佳的解决方案。许多人认为，“新的心理学方法”意味着向孩子让步，放弃成年人的全部领导权，但事实恰恰相反。当我们不能坐下来和我们的孩子讨论当前的问题，当我们不能让他们表达他们的意见，倾听他们，让他们做他们真的想做的，我们就无法再对他们的行动产生影响力。我们只能赢得他们的合作，而不能强制他们合作。而赢得合作的最好方式就是让每个人都能自由地表达自己的想法和感受，共同探索与其他家庭成员更和谐的相处方式。

第三十八章

家庭会议

THE FAMILY COUNCIL

家庭会议是以民主的方式处理棘手问题的最重要的手段之一。所谓“家庭会议”，顾名思义，是所有家庭成员讨论问题并寻求解决办法的会议。每周一定要在某一天留出一个小时来讨论各个议题；它应该成为家庭生活的一部分。在没有得到全家人的同意前，开会时间不应该改变，每个成员都应该到场。如果有成员不能到场，他仍然必须遵守会议的决定。因此，他会发现出席会议是值得的，这样他就可以发表自己的意见。

每个家庭都可以根据自己的需要制订出家庭会议的细节，但基本原则是不变的。每个成员都有提出问题的权利，每个成员都有发表意见的权利。大家一起寻求解决问题的办法，多数人的一致意见将得到支持。在家庭会议中，父母的意见并不会比孩子的意见更尖锐、更强硬。在一次会议上做出的决定会持续一周。会议结束后，即刻按照决定的行动方针进行，直到下一次会议做进一步讨论。如果在接下来的会议上，我们发现上周的解决方案并不那么奏效时，就会寻求新的解决方案，并带着“我们该怎么办？”的问题再商议，然后由整个团队来决定！

这个家庭有八个孩子，年龄从四岁到十六岁不等，妈妈提出每天吃晚餐的这段时间总让人觉得苦恼。孩子们迟迟不肯上桌。爸爸为他们的磨蹭恼火，孩子们接二连三的失礼表现更让他大发雷霆。饭桌上充斥着敌意和争吵，营造出一种极不融洽的气氛。一个孩子建议每个人在自己的房间里吃饭，这样就不需要餐桌了。其他孩子也接受了这个建议，认为这很好玩。妈妈也接受了这个主意，而爸爸咆哮着表示反对。妈妈问怎样上菜。“我们每人拿自己的菜。”“那吃完饭后碗碟怎么处理呢？”“我们会送回来的。”“我只愿意洗送到厨房的盘子。”妈妈说。爸爸不得不同意这个计划，因为投票结果是九比一。那天晚上，晚饭准备好了，爸爸和妈妈把饭拿到卧室，不理睬家里的其他人。一小时后，妈妈在厨房的水槽里找到了需要洗的碗碟。

四天后，孩子们开始抱怨。因为送到厨房的碗碟数量不足，所以他们没有干净的盘子可用了。一个孩子抱怨说，跟他住在一个房间的“室友”没有把碗碟送回厨房，现在盘子里的食物都变质了。对每一个抱怨，妈妈都回答说：“下次开会时再提。”在接下来的会议上，分开吃晚餐的想法被取消了。这个做法没有发挥好的作用。每个人都一心盼着再次回到餐桌前。孩子们在家长引导之下学习了下一周在餐桌上要遵守的餐桌礼仪。

即使是很小的孩子也可以参加家庭会议。主席职位应该轮流担任，这样就不会有人成为会议的“老大”，而且主席必须确保每个家庭成员都有机会发表自己的意见。如果家长觉察到，某项会议通过的行动倡议会造成家庭矛盾，他们仍应该遵循家庭会议的决定，暂时按捺住担忧，让自然结果发生。孩子们从这些经历中学到的东西，比他们从语言或父母的强迫中学到的要多。

另一个案例中，妈妈提出了孩子们放学后邀请朋友来家里玩引起的问题。这家的两个孩子，十岁的珍妮和七岁的杰瑞在同一天邀请朋友放学后来自己家玩，混乱接踵而至。孩子们在屋里跑进跑出，在楼梯上追上追下，追狗，做爆米花，喝可乐，在钢琴上胡乱弹奏，把电视音量开到最大。妈妈诉说完她的不满后，说："我觉得你们应该轮流带朋友回家。怎么样？"珍妮同意了，说她想选星期一和星期五。杰瑞颓废地坐在椅子上，用手指画着图案，他什么也没说。妈妈问他星期二和星期三行不行，杰瑞冷淡地点了点头。爸爸开口了："你们在家里到处乱跑，相互打闹，不守规矩，这个问题要怎么解决？""我觉得你们应该跟你们的朋友谈谈我们的规矩，不是吗？"妈妈插嘴说。珍妮同意了，杰瑞依然闷闷不乐。

接下来的星期一，珍妮带了一个朋友回家，他们安静地玩耍。没想到杰瑞也带了一个朋友回家。"很抱歉，杰瑞，但今天不是你招待客人的日子。"妈妈说。"那我们能在院子里玩吗？""可以。"但在接下来的半小时里，杰瑞四次进屋，想知道他和朋友是否能进来看电视，喝点牛奶吃点饼干拿点钱。每一次请求都得到了一个"不"。几分钟后，妈妈碰巧向窗外望去，杰瑞正站在栅栏上小便。妈妈叫道："对不起，杰瑞。你的朋友现在得回家了，你也得进来。"杰瑞喊道："都是你的错，不让我进屋去上厕所。"

身为"好孩子"的姐姐和妈妈的联盟让杰瑞感到不知所措。他没有在家庭会议上提出任何观点，那是因为他觉得自己反正做什么都会失败。不过，尽管闷闷不乐，他还是同意了家庭会议通过的议题，然后选择用不当行为来表达自己的不满。

如果妈妈提出她的问题，并问孩子他们认为可以做些什么，这样的提问方式效果会好很多。第一次这样做时，孩子可能会不知所措，想不出解决办法。过一会儿后，妈妈可以提出她的建议。把想法通过提问的方式提出来总是好的："你们觉得你们轮流带同学回家，这样做会好些吗？""如果……会怎么样？"

既然杰瑞已经表明他的态度，这件事就应该在接下来的一次会议上讨论。妈妈应该表示自己理解杰瑞，并劝说杰瑞参加会议。"我想知道，杰瑞是否觉得他没有表达意见的机会？他似乎不太喜欢这样的安排。杰瑞，你是怎么想的呢？"接下来要做的是进一步的讨论，在这次会议包括此后较长的一段时间内，可以鼓励杰瑞成为第一个提出解决方案的人。一开始他可能不愿意答应，但如果妈妈继续真诚地关心他的想法，他可能会克服自己，参与进来。如果只有父母提出问题并提出解决办法，这就不是家庭会议了。必须鼓励孩子尽自己的一份力。

这个家里有三个女儿，父母都受过大学教育。这天一家人开了一个家庭会议，女孩们觉得家里应该买一所新房子。大女儿出资十五美元，二女儿出十美元，最小的出五美元。这完全把父母难住了。他们该怎么办呢？他们感到困惑，于是来中心寻求帮助。

父母以为女儿们不知道房子要花多少钱。当孩子们被问到这个问题时，她们估计的是大概三万美元。家长们大为惊讶，因为她们的猜测很准确。现在能做什么呢？咨询师的建议是，爸爸出资 50 美元，让女儿们去买。

爸爸照做了，这件事就这样了结了。

不过，如果女儿们坚持要爸爸支付全部的余额，爸爸不妨提出这样做不公平。“为什么我要支付那么多钱？我只是我们家五个成员中的一个，我为什么要付剩下所有的钱？”爸爸甚至可以同意孩子买新房子的想法，让她们去筹钱。

在家庭会议中，我们可能会感觉自己被类似的议题给难住了，此时不妨发挥我们的想象力，把参与会议的孩子当成我们的成年好友，想一想我们会怎么做。父母可以说明愿意提供多少支持，然后把问题扔回，大家进一步讨论。

家庭会议成功的秘诀在于，所有家庭成员都愿意把一个问题当作家庭问题来处理。毕竟，某些问题本质上就是家庭问题，比如妈妈觉得很难控制一家人看电视的时间，或者爸爸和孩子想要摆脱掌控按照自己的意图行事，等等，毕竟住在一起就意味着多重互动。家庭问题的解决方案必须是一个家庭议事程序，尽管这操作起来很困难。这种方法促进了家庭成员间相互尊重、相互负责的友好氛围，促进了家庭内部的平等。民主的家庭生活建立在平等的基础之上。

附录 1

养育孩子的新原则

NEW PRINCIPLES OF RAISING CHILDREN

1. 鼓励孩子（第三章）

2. 避免惩罚和奖励（第五章）

3. 使用自然和合乎逻辑的结果（第六章）

4. 坚定而不支配（第七章）

5. 尊重孩子（第八章）

6. 诱导孩子尊重秩序（第九章）

7. 诱导对他人权利的尊重（第十章）

8. 消除批评，尽量减少错误（第十一章）

9. 保持规律作息（第十二章）

10. 花时间进行训练（第十三章）

11. 赢得合作（第十四章）

12. 避免给予过度关注（第十五章）

13. 避免和孩子的权力之争（第十六章）

14. 从冲突中退出（第十七章）

15. 诉诸行动！而不是通过语言（第十八章）

16. 不能只是“赶苍蝇”（第十九章）

17. 慎用取悦的语气，要有勇气说“不”（第二十章）

18. 不要冲动行事：采取意想不到的行动（第二十一章）

19. 避免过度保护（第二十二章）

20. 激励孩子独立（第二十三章）

21. 不要介入孩子打架（第二十四章）

22. 不为“恐惧”所动（第二十五章）

23. 管好自己的事（第二十六章）

24. 不要过于怜悯（第二十七章）

25. 少提要求，提合理的要求（第二十八章）

26. 一以贯之，前后一致（第二十九章）

27. 对孩子要一视同仁（第三十章）

28. 倾听！（第三十一章）

29. 注意说话的语气（第三十二章）

30. 放轻松（第三十三章）

31. 不必太在意某些“坏”习惯（第三十四章）

32. 一起玩得开心（第三十五章）

33. 平等交流，而不是高高在上的说教（第三十七章）

34. 建立家庭会议（第三十八章）

附录 2

案例分析，实际运用

CASE ANALYSIS，PRACTICAL APPLICATION

以下案例，我们建议你一次只阅读其中一个，仔细研究，弄清楚案例中究竟发生了什么，违反或遵守了什么原则，以及可以做些什么来改善这种情况。不要试图分析孩子的行为，而是分析家长与孩子之间的相互作用。我们的目的是帮助父母更有效地养育孩子，在孩子行为不当的那一刻，知道该做什么、不该做什么。不同的人可能对这些案例有着各种各样的理解，同理，不同的人面对这些问题时也可以有不同的处理方式。没有唯一的“正确”答案。每个案例后面只是我们给出的评语。

案例 1

三岁的安把沙拉撒到桌子上了。“把它清理干净，安。”妈妈说。孩子噘着嘴不动。“来吧。你自己弄得一团糟，你来收拾。”妈妈等待着。安仍噘着嘴。后来妈妈把沙拉收拾干净了，没再说什么。

评论

当妈妈要求“把它清理干净，安”时，她就挑起了一场权力之争。但她后来让步，“赶苍蝇”，是不应有的过度服务。

妈妈应该克制自己的“第一冲动”，避免用权威的语气提出要求（18，5）[1]。她可以说：“我们现在能做什么？”这样才能促进孩子做出正面的回应。安可能会自告奋勇，说自己把沙拉打扫干净。如果安表示她什么都不想做，妈妈应该坚定一点，可以拉着安的手，两个人一起清理。如果安仍然抗拒，妈妈可以要求她从桌前离开（11，3，6，4）。

1 括号内的数字表示用到的原则，具体内容见“养育孩子的新原则”。

案例 2

八岁的拉尔夫把他的干净衣服扔得到处都是。妈妈一直想让他把东西收拾好。她气坏了，后来把到处乱放的衣服都收了起来。接下来的星期天，拉尔夫找不到他要穿的衣服了。“我的礼拜服呢？”他大声问。妈妈告诉她，衣服她已经收起来了，他必须穿着学校的校服去主日学校了。拉尔夫突然大发脾气。妈妈说：“我告诉过你要把衣服挂起来，拉尔夫。现在就让这件事给你一个教训吧。”“那我就不去主日学校了！”拉尔夫尖叫道。“不行，你必须去。现在穿好衣服。你的时间不多了。”“我不，我不，我不！”拉尔夫喊道。妈妈终于放弃了和拉尔夫的争吵。“好吧，如果我把你的衣服拿给你，你能答应回家后把它们挂起来吗？”“当然。”妈妈把衣服拿出来交给了拉尔夫。拉尔夫赶紧穿上了。但从主日学校回来后，他依旧把衣服扔得满地都是。

评论

刚开始妈妈的行动是正确的，她安排了合乎逻辑的结果。但随后她卷入了一场权力斗争，最终屈服并输掉了这场战斗。

正确做法的建议是，妈妈可以和拉尔夫讨论一下，引导他在如何整理衣服的问题上跟自己达成一致，并约定好拉尔夫再乱扔衣服的行为后果（33，6，11）。而当这一行为后果真正落实后，妈妈应任由拉尔夫发脾气，什么也不说，必要时还可以转身去洗手间（14，15）。在此之后，要么就让他直接穿着日常服装去主日学校，要么这一次就让他一个人待着（3）。

案例 3

三岁的露丝一直在磨蹭。这家人有晚上睡觉前出门开车兜风的习惯，现在一家人正准备出发，可露丝还在拖延时间。最后爸爸妈妈上了车，对她说："显然你不是真的想去兜风，但我们想去。再见，亲爱的。我们过一会儿就回来。"他们开着车转了一会儿。他们回来后，没有发表任何评论。第二天晚上，露丝就提前准备好了。

评论

妈妈和爸爸正从露丝的无理要求中解脱出来。

他们没有以任何方式强迫露丝（13），而是让孩子为自己的行为承担责任（4）。他们维持既定的惯例，并运用了合乎逻辑的结果（3，9）。

案例 4

三岁的玛丽莲被妈妈裹得严严实实的，准备出去玩雪。刚出门不久，玛丽莲就站在后门哭了起来。妈妈检查了一番，发现她脱下了连指手套，双手冻得通红。妈妈赶紧把连指手套给她戴上，解释说："亲爱的，如果你一直戴着连指手套，你的手就不会冷。这就是它们的作用。现在好点了吗？去玩吧！"几分钟后，妈妈向外看，发现玛丽莲又把连指手套摘了。这次爸爸又出去为孩子把连指手套戴上了。这个过程重复了好几次，直到爸爸生气了。"把她留在外面，让她的手冻一冻，给她长长记性！"爸爸说。"多可怕的主意！"妈妈抗议，"她的手会冻僵的！"妈妈再次为孩子戴上连指手套，直到自己也被激怒，把玛丽莲带进来，打了她的屁股。

评论

玛丽莲用无助来获得服务，并引起父母的同情

父母双方都可以避免给予玛丽莲过度的关注（12）。玛丽莲当然知道手套会让她的手保持温暖，因此他们没有必要向她重申这件事。父母双方可以避免表现出对孩子的关心（30），并让自然结果产生（3）。玛丽莲哭泣时，其实正在展示自己的无助，想以此激发父母的同情，而父母可以避开这个陷阱（24）。他们可以回答说："真遗憾看到你的手挨冻，但我相信你知道该怎么办。"（20）如果这种不当的行为再次发生，玛丽莲将不得不待在室内（3）。

案例5

在海滩游完泳后，四岁的南希和她的妈妈走进淋浴间。南希说她不想洗澡。妈妈已经洗完澡，对她说："好吧，亲爱的，但你不能全身都是沙啊，而且你全身都湿答答的。"说完她关掉淋浴器，擦干身子，没有再多说什么。南希也没有再说话。过了一小会儿，她忽然转变了态度，主动去洗了澡。

评论

妈妈激发了孩子的合作行为。首先，她讲明了规矩（6），然后避免了权力斗争（13），并且保持了坚定的态度（4）。她通过逻辑结果让孩子学会了遵守秩序，赢得了合作（6，11，3）。

案例6

九岁的斯坦没洗手就来到餐桌前。“什么意思，手也不洗就来吃饭？”妈妈问道，“你个臭小子！手总是脏兮兮的。再看看你的头发。你从来不梳头吗？还有你的衬衫——太脏了。还有你的毛巾看起来也很脏！”斯坦的眼里充满了泪水：“你还能找到别的问题吗？”

评论

斯坦无视规矩，这是他用以寻找自己位置的方式。虽然这种方式是错误的，但至少妈妈注意到了他。可妈妈一连串的批评使孩子更加灰心丧气。

当斯坦带着一双脏兮兮的手来吃饭的时候，妈妈可以简单地说：“你这样很不卫生。没洗手不可以来吃饭。”(15, 6) 当斯坦洗干净手后，妈妈可以说：“我很高兴看到你知道如何照顾自己。”或者说：“今晚你愿意保持干净，这让我很高兴！”(1)

案例7

“站在我旁边来，玛丽。”妈妈在银行柜台前填写单据，对她两岁半的女儿这样说。玛丽反而走远了几步。“回来！”妈妈叫道。玛丽站在原地不动。妈妈继续做她正在做的事情。玛丽趁妈妈不注意朝敞开的大门跑去。“玛丽，快回来！”妈妈又叫道。玛丽一脸严肃，眼睛却在滴溜溜转，她再次朝门口走去。“好吧，路过的汽车会撞到你的！”妈妈威胁道。随后她转向出纳员的窗口，留下玛丽站在门口。

评论

玛丽在和妈妈玩游戏。她让妈妈忙得不可开交。妈妈说得够多了，她试图用威胁来控制孩子，可孩子永远不会允许这样的事情发生。

妈妈应该牵着玛丽的手，让她待在身边，并保持沉默（12，14，15）。

案例 8

杂货店里，妈妈已经付了钱，正要走出商店，这时她注意到五岁的格雷格拿着一个打开的糖果包。“你从哪儿弄来的？”她问。格雷格立即大哭起来。“那边。”他指了指。“你这个坏孩子！你怎么这样？你不知道这是偷窃吗？现在我不得不付钱了，我们家里已经有各种各样的糖果了。”妈妈一边说一边打格雷格的屁股。然后她回到店员那里，付了糖果的钱。

评论

格雷格想要什么就会拿什么，而妈妈在承担后果。

妈妈应该避免通过批评和贴标签的方法打击孩子（1），并且应该放弃惩罚这种训练方法（2）。妈妈也不用说很多话（15）。她可以坚持让格雷格自己去为自己拿的东西付钱（10），并且从他的零花钱里扣除相应金额（3）。

案例 9

妈妈和其他几位带着婴儿的妈妈坐在游乐区。两岁的迈克在几辆婴儿车周围到处跑，摇晃婴儿车，还差点把婴儿车拽倒。他每走到一辆婴儿车前，妈妈就会喊道："迈克，别这样。"然后继续她的谈话。迈克对妈妈的话充耳不闻，继续我行我素。这时，另一位妈妈站了起来，把自己的婴儿车推到身边，用手挡在车侧边。迈克的妈妈终于站了起来，一把抓住迈克，打了他的屁股。"我说了，住手！"迈克坐在沙堆上，开始玩起了沙子。

评论

迈克让妈妈忙得不可开交，导致她无法与其他人谈话。

妈妈可以避免给予过度的关注和"赶苍蝇"（12，16）的误区。她可以闭嘴，用行动代替说教（15）。一旦迈克行为不当，她可以立即把他抱到婴儿车里。当他尖叫抗议时，她应该从他的挑衅中退出（14），任由他胡闹。当他再次安静下来，才可以获得自由。而一旦他再哭起来，他会被立即送回他的婴儿车里（3，10）。

案例 10

还有几分钟就到南希睡觉的时间了，然而满地都是玩具。妈妈说："快到睡觉的时间了。你是想让我帮你收拾玩具呢，还是想自己收拾？"以前这招总是管用的。今晚，三岁半的南希说："我不打算收拾它们了，我太累了。你把它们收起来。""不行，南希。我现在要看书。"妈妈把头埋进了书里。一分钟后，南希说："我现在想收拾我的玩具了。你能帮我吗？""是的，亲爱的。"她们一起收拾时，还谈论着第二天要做什么。

评论

南希想要试探妈妈。

而妈妈避开了她的试探（14），避免了权力斗争（13），并赢得了合作（11）。她没有指责孩子（18），而是提出帮助，但拒绝了代为收拾玩具的要求。

案例 11

“妈妈，我想要一些糖果。”五岁的朱迪在杂货店收银台排队时说道，她被一排漂亮的糖果吸引了。“不行，”妈妈说，“我们家里已经有很多糖果了。”妈妈的声音坚定而有力。“但我现在想要一些糖果。”朱迪更大声地抱怨道。妈妈偷偷地瞥了一眼排队等候的其他人。“我的钱不够。”妈妈有点绝望地回答。“我现在就要！”朱迪一边挑糖果一边尖叫。“多少钱？”妈妈问。然后，她站在那里看着价签，露出不敢置信的表情。过了一会儿，她叹了口气，说：“好吧，那就拿去吧。”朱迪高兴地打开糖果棒，咬了一口，然后用包装纸包好，放进购物车里。

评论

朱迪觉得自己有权得到自己想要的一切。她想要的不只是礼物，还有凌驾于妈妈之上的权力。

妈妈不应该孩子想要什么就给什么，尤其是他们所处的情境不允许的时候。她应该谨慎地考虑自己是不是在“讨好”孩子，并且有勇气在必要的时候说“不行”（20），从朱迪的挑衅中脱身，保持坚定的态度（17，7）。

案例 12

妈妈简直快要被逼疯了，因为十二岁的艾伦、十岁的弗吉尼亚和八岁的迈克在做家务这件事上争论不休。最后，她和爸爸想出了一个办法。爸爸在厨房里挂了一块布告栏。每个孩子都被分配了具体的任务，并给出了酬劳标准。如果家务做得很好，酬劳还会更高。如果工作做得不好或没有完成，就没有报酬。良好的表现可以赢得奖金，行为不当意味着挨罚，违反规定也会挨罚。每天晚上吃完晚饭，一家人就聚在布告栏前，互相记分。一周结束的时候，每个孩子的工资都是根据统计出来的数字发的。这样的做法减少了许多摩擦，妈妈觉得情况有了明显的改善。

评论

孩子们的斗嘴让父母忙得团团转，即使是新的安排也让孩子得到了父母的过度关注。父母用奖惩来控制孩子，是在教育孩子期望从提供的服务中得到物质补偿，而不是从参与和合作中获得满足。

父母应该停止奖励制度（2）。让孩子在家庭会议中确定自己在家务活上应分担的职责（34），然后坚定地要求孩子必须完成他们负责的工作（4，9）。一旦出现争吵的迹象，父母可以暂时从现场抽离（21）。

案例 13

六岁的唐尼和四岁的帕蒂带着家里的狗冲进厨房。他们的鞋底全是泥巴。“噢，你们这些小坏蛋！”妈妈尖叫起来。“我刚擦完地板。你们以为我是什么？看看你们都干了些什么。我跟你们说过多少次了，进屋之前要把脚擦干净！都坐下，把鞋脱了。现在我又得把地擦一遍了！”妈妈把鞋子扔到外面，她又把地板擦了一遍。孩子们穿着袜子跑来跑去。

评论

孩子们为所欲为，妈妈独自承担后果，最多就是责骂几句。

妈妈应该停止使用语言作为武器（15），把拖把交给孩子。她可以构造一个合乎逻辑的结果（3），既然厨房是泥泞的，她怎么做饭呢？

案例 14

妈妈正试图教一岁的凯西如何使用玻璃杯，而不是奶瓶。她把凯西抱在腿上，给她喝了一口牛奶。凯西僵着身子，推开了杯子。“看到那边的小鸟了吗？”妈妈把凯西的注意力引到了别处。凯西坐起来看，妈妈又把杯子放到她嘴边。每次凯西拒绝，妈妈就会找点别的话题来聊。每次，凯西都会多喝一点牛奶，然后拒绝。

评论

妈妈为了做一个“好”妈妈太努力了。她对自己缺乏信心，导致她认为凯西会拒绝任何新的体验。

妈妈应该把凯西放在她的高脚椅上，并对孩子有信心，相信她有自主学习的意愿（5）。妈妈可以更随意地对待训练，不必担心。她可以每天在同一时间把牛奶和其他食物一起递给凯西，不需要哄骗或干扰。而在喝奶时，都不要让奶瓶出现（9，10）。过不了多久，凯西就会用杯子喝牛奶，而不是宁可饿着了（3）。

案例 15

每当六岁的乔治感到生气或沮丧时，他就会蜷缩在客厅的椅子上，吮吸拇指。妈妈为这个问题担心了快五年了。她试过在他的拇指上涂苦味膏、涂黏合剂、绑夹板，甚至还打过他的屁股，但都无济于事。由于长期吮吸拇指，乔治的门牙开始出现变形的迹象。每当妈妈看到乔治这样做，她就感到很难受，因为她知道他不开心。“怎么了，乔治？”她总是带着明显的同情问道，“别吮拇指，亲爱的。这真的没什么用。现在告诉妈妈什么事让你不开心。”有时候乔治会回答。其他时候，他只是继续吮吸他的拇指，直到妈妈把它从他嘴里拿出来。然后他就生闷气，拒绝回答。妈妈苦苦哀求，想知道是怎么回事。如果他终于肯回答了，妈妈就会尽一切努力让他开心起来。

评论

乔治寻求快乐和舒适。此外，他还用他的“不快乐”让妈妈感到害怕，惩罚妈妈。妈妈动了怜悯之心，试图安排好生活让儿子快乐。

妈妈应该完全忽略乔治吮吸拇指的行为（31），当乔治悲伤地坐在椅子上时，她应该无动于衷（12，24）。在乔治高兴的时候，妈妈可以和他聊天，找出他不喜欢的事。通过鼓励，她可以帮助他变得积极和有用（1）。

案例 16

七岁的萨莉，是这家三个孩子中的老二，这天她想帮妈妈把新买的玻璃杯拿进房子。“不，萨莉。我来拿吧。你可能会把它们打碎的。”“求你了，妈妈。我会小心的。”“嗯，好吧。但是千万别把它们打碎了。”妈妈拿起另几个包裹，跟在女儿后面。在上台阶的时候，萨莉踩到自己的外套，失去了平衡，抱着手里的包裹一起摔倒在地。她立即哭了起来。妈妈绝望地放下手里的东西，打开装玻璃杯的盒子，她发现只有两只完好的杯子，其他的全都碎了。她怒不可遏，大骂了萨莉一顿。“我告诉过你，你拿杯子会把它们摔碎！为什么你总是想做你做不好的事情？你为什么这么笨手笨脚？你以为我们很有钱，专门买杯子给你打碎吗？进屋回你的房间。晚上不可以吃晚饭。也许这会给你一个教训，让你以后不再这么粗心。”

评论

妈妈预判萨莉会失败，萨莉实现了她的预判。妈妈怀疑萨莉的能力，给了她挫败感，然后还批评了她。

妈妈一开始就应该对萨莉有信心，避免强化孩子错误的自我认知（1，5），她应该将所有批评孩子的话抛到脑后，以宽容的态度接受她的错误（8），毕竟孩子已经够难过的了。萨莉滑倒打碎了玻璃杯，妈妈更应该关心的是孩子的遭遇，而不是玻璃杯，鼓励是很必要的。“我很抱歉发生了这样的事，我知道你不是故意的。”

案例 17

爸爸回到家，发现他的工具躺在草坪上，他的旧马车被九岁的比利拆掉，重新做成了一辆“赛车”。爸爸气坏了。他在街区那头找到比利，命令他回家。从爸爸的语气中，比利知道他有麻烦了。他犹豫地走近爸爸。“我想知道这是怎么回事。”爸爸指着地上那些工具。比利沉默了。“我一次又一次地告诉你，用完我的工具后，把它们收起来。你为什么不听我的话呢？”比利默默地站在那里，看着地面，吓得缩成一团。“好吧，年轻人，你会回答我吗？”“我不知道，爸爸。”“那好，我得揍你一顿。也许下次你会记得把我的工具收起来。”爸爸转过身来，揍了比利一顿。比利挨了打，一边哭一边把工具带回屋里，并且一一放好。

评论

比利不尊重秩序，也不尊重他人的权利。而爸爸用愤怒来恐吓比利，因为爸爸错误地认为语言和惩罚是有效的训练手段。

这种情况清楚地表明，比利需要适当的训练。爸爸应该和比利进行一系列的讨论，共同达成对使用和护理工具的理解（6，7，33）。也许他可以给比利提供一套工具，让他自己对工具负责（23）。如果比利丢失或损坏了自己的工具，爸爸要坚定地拒绝更换（4）。当然，如果比利愿意，他可以用自己的零用钱来置换新工具，当然，他也可以选择没工具可用（3）。

案例 18

爸爸妈妈带着两岁的杰克去拜访朋友。“我们为杰克感到骄傲，”妈妈宣布，“他不再需要用尿布了。在过去的两周里，他从来没有尿过裤子。”在接下来的一个小时里，妈妈问了杰克六次他是否要去洗手间。最后，杰克顺从地表示“要”。爸爸把杰克带到了楼梯拐角的洗手间里，仿佛完成了一个盛大的仪式。

一周后，朋友们去拜访了这家人。吃饭时，杰克跟爸爸说了三次他要去洗手间。每次爸爸都陪着他去了。

第二个星期，爸爸对他的朋友说：“我们不明白。杰克又开始尿裤子了。他又用尿布了，他甚至不告诉我们他什么时候需要换尿布。”

评论

爸爸妈妈在如厕训练这件事上太小题大做了。他们太在意一个正常的学习过程，而且因为自己的虚荣心受到威胁促成了一场跟孩子的权力之争。

妈妈和爸爸应该相信杰克能掌握这种生活技能（1，5），并采取更放松的态度（30）。是此时此刻的实际情况要求杰克学会上厕所，而不是为了满足爸爸妈妈在亲友面前的虚荣心。

案例 19

妈妈早上要去工作，她雇了一个保姆在自己工作的时间段照顾孩子。一天，妈妈回到家，发现三岁的丽塔用蜡笔在门、沙发和椅子上乱画。妈妈本来打算那天下午带丽塔去海滩。午饭后，她说："我们得先把门和家具上的蜡笔记号擦干净，然后才能去海滩。如果你愿意，你可以帮助我。"丽塔看了妈妈一会儿，拿起抹布，妈妈示意她擦什么地方，她就认认真真地把那个地方擦干净。妈妈不慌不忙地干着活。小女孩每隔一会儿就问："我们什么时候去海滩？"妈妈回答说："等我们把这里清理干净就去。"最后，妈妈不得不承认，当痕迹被清理干净时，再去海滩已经太晚了。丽塔也接受了这一点，没有发表任何评论。

评论

妈妈给我们提供了一次训练经历。她没有强制要求丽塔打扫卫生，从而避免了权力之争（13）。她的态度很坚定，但同时也邀请了孩子帮忙，从而赢得了合作（11）。最后，她让合乎逻辑的结果发挥了作用，并且让丽塔认识到，她们必须满足特定情境的要求（6）。

案例 20

"莉莉，我说过你这周不能和简去看电影了，因为你上次在外面玩得太晚了。"妈妈轻声地对她九岁的孩子说。女孩的眼里充满了泪水。她沮丧地转过身去，没有做出任何反驳。看到女儿这副难过的样子，妈妈心里难受极了。"莉莉，这周有什么节目？""没关系，妈妈，反正我去不了。"莉莉回答，眼睛里含着泪水。"我想你告诉过我，是迪士尼动画片，对吗？""是的。""如果这次我让你去，你看完会直接回家吗？”莉莉仍然流着泪，她回答说：“是的，妈妈。”“好吧，好吧。但如果你不按时回家，下周无论如何我都不会让你去看电影了，明白吗？”“是的。妈妈。”

评论

莉莉发现了眼泪的利用价值，为了得到她想要的东西，她激起了妈妈的同情。而妈妈跌入了女儿的陷阱。她缺乏说“不”的勇气，而且言行不一。

妈妈可以对莉莉的眼泪、伤心和沮丧都表现得无动于衷（24）。如果莉莉不知道如何遵守按时回家的约定，那么合乎逻辑的结果就是下次她不能去了（3）。妈妈应该保持坚定的态度（4）并维护秩序（6，26）。

案例 21

傍晚时分，妈妈给四岁的蒂米洗完澡，两个人一起来到后院乘凉。有朋友来拜访了，妈妈招呼客人坐下，想到后院有个浅水池，她告诫儿子道：“蒂米，别把自己弄湿了。”蒂米玩了一会儿玩具。过了一会儿，他去水池边玩他的小船。“蒂米，小心别弄湿了。你最好离水池远点。”男孩噘着嘴，站在水池边，然后双膝跪地，把他的船放进水里。“如果你弄湿了衣服，爸爸会打你的。”妈妈叫道。蒂米继续在水池边玩他的船。可是他胳膊伸得太远，一下子掉进了水里，把衣服全弄湿了。爸爸冲过来把他拉了出来。蒂米哭了起来。妈妈责备道：“我告诉过你不要在水池边玩，现在你浑身都湿透了。”

爸爸把小男孩带进屋里换衣服。

评论

蒂米已经屏蔽了妈妈的话，他认为自己可以为所欲为。妈妈期望的是蒂米在水边玩耍，但不要弄湿，这是一个过分的要求。“别把自己弄湿了。”这句话是在邀请蒂米进行一场权力之争。然后她威胁要惩罚蒂米，但并没有付诸行动。

妈妈应该避免权力斗争，不要替蒂米决定他要做什么（13）。无论情况是否要求他远离水，她都可以做出决定。如果晚上很暖和，那就无所谓了。如果妈妈不通过她的控制来刺激他，蒂米就不会掉进去。妈妈应该提出合理的要求，然后平静地执行规则（25，26，6）。

案例 22

七岁的约翰在外面玩耍。没过多久，妈妈听到了打斗的声音，决定去看一眼。她发现约翰抢走了邻居孩子的玩具，还把这些玩具都堆在一起。很明显，他很喜欢让其他孩子大喊大叫。妈妈想把男孩叫到身边，但他拒绝离开他的宝藏。她只好走过去找他。“约翰，说真的，你应该和其他孩子分享玩具。”约翰怒视着其他孩子，他们站在那里观望会发生什么。妈妈伸手去拿玩具，想把它们拿走。约翰吼道：“不准你碰！”“约翰！你这是怎么了？你这样做绝对不可以。你进屋去睡觉。”妈妈把约翰拖进屋里，把他放在床上。约翰哭着睡着了。

评论

约翰调皮捣蛋，让妈妈忙得不可开交。首先，妈妈被卷入了约翰和邻居家孩子的争吵，然后试图通过说教来教育孩子，最后用惩罚作为训练手段。

妈妈应该只需管好自己的事（23），让其他孩子和约翰自己处理他们的事。他们会处理好的。事后再和约翰谈（33）如何跟朋友相处。

案例 23

“玛莎！起来了！”妈妈摇了摇八岁的女儿。“你再不快点上学就要迟到了。赶紧起床，这是我第三次喊你了。”玛莎从床上爬了起来，妈妈回到厨房。“玛莎，快点！”不一会儿妈妈又喊了起来，“我警告你。今天早上我不会再开车送你了。你必须学会按时起床。”玛莎终于来到了餐桌旁，她边吃边看漫画书。“把那东西放下，专心吃早餐。时间不早了！”这时电话响了，妈妈和电话那头的人聊了起来。突然，玛莎打断了她的话：“妈妈！我只有十分钟了。求你了，开车送我去学校吧！”“不，玛莎。你自己去吧。”“可是妈妈！即使我一路跑过去，我也不能及时赶到学校了。求你了，妈妈，送我去吧。”“我说了不行，玛莎。”“可是妈妈，我今年一次也没迟到过。拜托，就这一次。我不想破坏我的纪录。你也不希望我破坏我的纪录，对吧？”“噢，好吧。”妈妈对电话那头的人说自己会给她回电话，然后开车送女孩去了学校。

评论

玛莎让妈妈承担所有责任，并提供不必要的服务。妈妈缺乏保持坚定的勇气，为了孩子在学校的考勤，她放弃了对孩子的训练计划。

妈妈应该给玛莎准备一个闹钟，让她自己管理自己起床和上学的时间（20，23）。无论孩子怎么诱哄，妈妈都应该坚定地按照自己说过的话去做，坚持拒绝开车送她去学校（4，26）。

案例 24

妈妈在洗衣房忙碌。八岁的罗丝、六岁的乔伊斯和两岁半的苏珊在卧室玩耍。突然，妈妈听到了苏珊的尖叫声，但声音听着像是被什么盖住了。她跑向卧室，发现罗丝和乔伊斯把苏珊关在了壁橱里，还堵着门不让苏珊出来。因为尖叫声，她们没听见妈妈进来的声音。“都给我住手！”妈妈喊道。当妈妈伸手去拉她们时，女孩们跳开了。妈妈一把拉开壁橱的门，把苏珊抱了出来，紧紧抱在怀里。等苏珊平静下来，妈妈问道：“你们这样做是什么意思？你们不知道她怕黑吗？！”“我们只是在闹着玩，妈妈。”“折磨你们的妹妹，这就是你们的乐趣？”妈妈大怒，带着苏珊离开了房间。

评论

罗丝和乔伊斯结成联盟，让妈妈忙于保护苏珊，而苏珊则通过恐惧来控制妈妈。

妈妈应该多听一听（28）并领会苏珊尖叫的含义。如果听到的只是表达恐惧的声音，她不妨只管做自己的事，不必因为苏珊对黑暗的恐惧而小题大做。同时，避免卷入女孩们之间微妙的冲突。很有可能，如果妈妈没有跑过来帮助苏珊，大一点的女孩也会让她从壁橱里出来。或者，如果妈妈实在不放心，可以平静地走进房间，把苏珊从壁橱里抱出来，然后什么也不说，马上继续去做自己的事情。此外，在家庭会议上，妈妈可以就姐妹间如何相处进行讨论，比如问大家："罗丝和乔伊斯为什么会从戏弄苏珊中得到如此大的乐趣？我们应该怎么做？"

案例 25

六岁的珍饭吃到一半的时候，她的朋友叫她。她从桌子上一跃而起，向门口跑去。"回来，珍。你还没吃完呢。"爸爸命令道。女孩仍然站在门口和她的朋友说话。爸爸走到她后面，把她抱回桌子旁，让她坐在椅子上，说："我没准你下桌，珍。把你的饭吃完。"珍瘫倒在椅子上，噘着嘴，一口也不肯再吃。不耐烦的爸爸开始斥责孩子。珍只是静静地坐着。最后妈妈问，"你吃饱了吗，珍？""是的。""那你就出去玩吧。"爸爸插嘴说道："既然你妈妈说可以，那就去吧。"珍从餐桌上跳下来，冲出了家门。妈妈和爸爸默默地吃完了饭。

评论

珍让父母卷入了一场权力斗争，然后以此加剧他们的不和。"回来"的要求引发了一场权力较量。与此同时，爸爸还忽略了此时情境的需要，忘了女儿也应该对朋友保持礼貌。

既然爸爸已经在处理珍的问题了，妈妈就应该只管自己的事（23）。至于餐桌上应该有什么样的行为，他们三人应该达成一致（9，34）。即便三人都同意吃完饭才能离开桌子，也应该优先考虑对朋友的礼貌，父母应该允许珍暂时离开餐桌，告诉朋友他们正在吃晚餐，待会儿她会再去找对方玩（5，7）。

案例 26

突然一阵风卷起了窗帘，放在窗台上的一只大花瓶被打翻了。妈妈赶忙擦地上的水，希望地毯不要被弄湿。“阿黛尔，请帮我在烤肉上涂点油，好吗？”“我不知道该怎么涂，妈妈。”女儿说道。“你已经看我做过几百次了，就照着我那样做就行。”于是阿黛尔走进厨房。几秒钟后，妈妈听到一声撞击声，接着是一声哭声。她冲到厨房。只见烤肉、土豆、平底锅和酱汁满地都是，阿黛尔也一直哭，因为她的手被烫伤了。“阿黛尔！你简直不可理喻。我从没见过这么笨手笨脚的人。为什么你连这么简单的事情都做不好？现在给我滚出去！”“可是我的手很疼。”“涂点药膏。”“我自己怎么涂，这是我的右手。”妈妈无奈地找到药膏，给她在烫伤处涂上药，然后回到厨房收拾残局。

评论

阿黛尔总感到自己无药可救，她随时准备着证明自己什么都做不了。

而妈妈可以帮助阿黛尔纠正错误的自我评价，用女儿之前成功做成某事的例子来鼓励她（1）。她应该摒弃所有的批评，包容阿黛尔的错误（8）。在上述情况中，既然妈妈不能同时处理两件事，她应该判断哪一个是更紧急的，然后自己处理。她应该避免要求阿黛尔做一些她没有做过的事情（25）。妈妈可以花时间教阿黛尔如何做一个有用的人（10），让她在做中学习。之后再请女儿帮忙完成那些阿黛尔认为自己办不到的事情。

案例 27

八个月大的宝宝比利正在地板上爬来爬去，四岁的帕奇站在一旁看着弟弟。这时妈妈的两个朋友来串门。大人们都称赞比利宝宝聪明伶俐。帕奇突然冲过去咬了比利的胳膊。妈妈被吓了一大跳，抓住帕奇，打她的屁股，喊道："你为什么要咬弟弟的胳膊？现在给我回自己房间去，直到你准备好守规矩为止。"妈妈又打了帕奇几下，把她推出了这个房间，抱起比利安慰他。

评论

帕奇对小弟弟心存嫉妒，想要报复妈妈，妈妈回应了她的报复行为。

帕奇已经把弟弟给咬了，做什么都无法补救。而妈妈的每个行为都是在强化帕奇的信念，即，她必须为弟弟得到的所有关注进行报复。为了纠正女儿错误的认知，妈妈可以出其不意地拥抱着她说："我理解，亲爱的，我很抱歉让你这么生气。"（18）

案例 28

一岁半的露西发现壁炉边有一块凸起的炉石，开始不停地往那块石头上爬。每次她爬上去，妈妈就把她拉下来，说："不行，不行。"可是，大人一不留神，露西就又蹒跚地走到炉边，爬了上去。妈妈又把她抱下来，说："不，不。你会受伤的。"这样反复几次之后，妈妈终于忍无可忍打了孩子的屁股，把她带出了房间。

评论

露西在试验自己的力量和勇气。而妈妈则是在过度保护孩子，并让孩子体验到了挫败感。她的屡次制止只是在"赶苍蝇"，而后又用打屁股作为惩罚。

妈妈应该相信露西有能力发展自己身体的技能，让她自己去攀爬（5）。如果妈妈没有把爬炉石当成一件值得大惊小怪的事情（12），露西会在探索完自己的技能后就失去兴趣。当然，如果在这个家庭里，爬炉石是一种违反秩序的行为，那么每次露西爬上炉石时，妈妈可以心平气和地将她带出房间（2，15）。

案例 29

姑妈来家里拜访，刚一进门就听到六岁的杰瑞向她打招呼："嗨，老李子脸！"杰瑞的妈妈狠狠地扇了他一巴掌。"别让我再听到你说这种话！你要尊重你姑妈。现在赶紧道歉！"杰瑞很愤怒，流着眼泪道了歉。

评论

杰瑞只是想“抖机灵”，并给人留下深刻的印象。妈妈根据自己的第一冲动，给了男孩一巴掌。

事实上，杰瑞是在和他的姑妈说话，因此，妈妈无权插手（23）。至于姑妈，她倒是可以做一些杰瑞意想不到的事情，比如像往常一样回应，或者借机跟杰瑞玩一个“相互取外号”的游戏。

案例 30

工人们正在卖力挖洞，想要建造一座遮雨棚。六岁的桑迪站在一旁看得津津有味。不久，他开始把土踢回洞里。工头喊道：“嘿，伙计。你够了。”桑迪却很顽皮，他又往洞里踢了一些土。妈妈听到动静，走到门口。桑迪不顾工头的斥责继续踢土，妈妈只是在一旁静静地看着。工头不得不走向桑迪的妈妈：“您怎么不让那个孩子停下来？”“我要怎么阻止他呢？为了不让他玩泥巴，我得在这儿盯一整天，这可不行。”桑迪继续玩他的。工头非常生气，威胁说要把他揍得七窍生烟。桑迪哭着跑进了房子。不久，他又跑去骚扰那些挖洞的工人。这种情况一直持续到爸爸回到家，要求桑迪不准出门。

评论

桑迪是一个强大的“坏”男孩，妈妈接受了他的不当行为，让他随心所欲。

其实，妈妈应该结束这种拿孩子毫无办法的局面，让自己不要再害怕管束孩子。她必须教桑迪尊重他人权利（7），必要时，妈妈可以把男孩带回家。只要妈妈的行为不是为了“强迫”桑迪改变自己的行为，而是意味着对他人权利的尊重，意味着对秩序的维护，就不会激发亲子间的权力斗争。

案例 31

五岁的琼是独生女，在父母各自的大家族里也只有琼这一个小辈。这天她和妈妈被邀请去隔壁家玩，大家一起在露台上吃晚饭。琼和邻居的女孩露西和玛丽一起玩，大人们为她们单独摆了一张桌子。当孩子们坐下来吃饭时，琼开始哭了起来。“我想坐在妈妈旁边。”她流着泪恳求道。妈妈赶紧劝道：“亲爱的，你跟露西和玛丽坐在一起多好啊。好好吃你的晚饭。看看这些饭菜，闻起来多香啊。”琼继续抽泣，一遍又一遍地重复：“我想坐在你身边！”妈妈有点生气了。“你再不乖，我就带你回家！”琼还在不停地哭。最后，妈妈让步了，把琼的椅子从孩子们那边挪过来，摆到了她自己的座位旁边。

评论

琼被宠坏了，无论眼下的情境是怎样的，妈妈一定会不惜一切地讨好她。妈妈跟她“讲道理”，试图赢得她的合作，最终又威胁要带她回家，但没能坚持到底。最后，她还是屈服于女儿“眼泪的力量”。

妈妈可以这样维持秩序——对女儿说：“孩子们都在小餐桌那边坐着呢，琼。”（6）如果琼继续哭，妈妈就可以说：“琼，你是想和玛丽、露西一起吃，还是想回家？”（11）一旦琼做出了选择，妈妈就要监督琼按照自己的决定去做（26）。

案例 32

八岁的罗伊把牛仔玩偶排成整齐的队列，但三岁的妹妹珍妮特伸手抢走了一个玩偶，破坏了队形，罗伊打了妹妹一巴掌。妈妈骂道："你这是干什么，罗伊？为什么你就是要欺负她？""她老是乱动我的东西。""她还小，罗伊。你没有权利打她。回你自己的房间去！""别想让我乖乖回房！"罗伊反抗道。"那我们走着瞧吧。"妈妈把罗伊拖到他的房间门口，把他推了进去，关上了门。谁知罗伊立即从里面打开了门。妈妈又把他推了进去，关上了门，拉紧了门把手。罗伊从另一边奋力挣扎，再次打开了门。妈妈累坏了。她松开门把手，抓起毛刷，抽打男孩。转身出门后，留下罗伊在床上又踢又叫。

第二天，罗伊和珍妮特一起玩。妈妈走进房间，撞见罗伊把绳子紧紧地套在珍妮特的脖子上。"罗伊！"她尖叫着冲向他们，把罗伊拉开，解开珍妮特脖子上的绳子。珍妮特并没有抱怨，她一句话也没说，只是严肃地看着妈妈鞭打罗伊。

评论

这是一场权力斗争，随之而来的是复仇。

罗伊报复妈妈的手法千变万化，妈妈不可能一一挡住。每次她惩罚罗伊，都让他想要报复的决心更加坚定。妈妈应该只管好自己的事（23），不要介入两个孩子的战争（21），让珍妮特自己照顾好自己（19），无视每个孩子的挑衅。当然，她必须解开珍妮特脖子上的绳子！但要心平气和地，不要像男孩希望的那样借此大吵大闹。罗伊可能并不是真的想要伤害小妹妹，但他知道如何利用妈妈的弱点。妈妈可以采取两个孩子都意想不到的态度（18），给罗伊一个拥抱、一个吻或一个微笑（这时罗伊一定会不知所措！）。然后，她必须努力改善儿子和妹妹的关系，转变儿子的报复心理。

案例 33

妈妈把买好的东西放进车里，四岁的杰伊却吵闹着不肯上车。妈妈拽住他的胳膊，他一个趔趄摔倒在地。妈妈继续把儿子往车里拽，杰伊开始大喊大叫。最后妈妈松手了，杰伊扑通一声倒在柏油路上。“好吧，那就待在那儿吧。”妈妈生气地哼了一声。她上了车，做着准备离开的动作。杰伊用眼角的余光看着她，继续生闷气。过了一会儿，妈妈终于忍受不了旁观者的目光，跳下车，一把抓住杰伊，把他塞进车里，狠狠地打了他一顿。杰伊一边尖叫一边抗议，在后座上跳上跳下。

评论

妈妈在说：“你要听我的。”而杰伊在说：“我不会。”妈妈使用了武力，而且还用她本不打算做的事威胁他。

妈妈应该“让他的风无帆可吹”。离开商店后，她可以直接上车，假装杰伊和她在一起。杰伊真正的目的只是跟妈妈进行一番权力之争，而眼下他的计谋落空，就只能乖乖跟在妈妈后面。如果他拒绝上车，妈妈可以说：“那么，就等你准备好上车，我们再开车回家！”

接着，妈妈就坐着等待，既不生气，也不跟儿子争执。杰伊很快就会觉得“噢，真没意思”，然后钻进车里（11，13，14，15）。另一种可供选择的处理方法是，妈妈意识到杰伊必须遵守秩序。如果她考虑的是这种需要，而不是她想让杰伊听话的欲望，她就没必要生气了。然后她可以抱着冷静、超然的态度，静静地把他抱起来放进车里。杰伊会感觉到妈妈的坚定，因为无论他怎么挑衅，她都不予理会。

案例 34

三岁的路易丝是家里四个孩子中最小的一个，通常她总能如愿以偿。这天的晚餐时间，她闷闷不乐地走到桌边。分好食物后，她拿起盘子扔到地上，然后又踢又叫。妈妈把她抱出餐厅，和她一起坐了下来。“路易丝，你怎么啦？”路易丝并不回答。“为什么你要做那样的事？真不害臊。”路易丝还是一言不发。“好吧，那你就在这儿待着。”妈妈转身要走。“对不起，妈妈。我不会再这样做了。”“那么，你可以再回到饭桌上去。”路易丝狼吞虎咽地吃着晚饭。当甜点端上来时，她又把盘子扔到了地板上。“路易丝！你答应过要守规矩的。现在，我要打你的屁股！”

评论

小公主证明了她的观点。起初妈妈的做法是正确的——把路易丝带走，脱离当时的情境；但后来，妈妈“和她说话”，接受了一个承诺，最后又因为孩子违背承诺而惩罚了她。

的确应该让路易丝离开餐桌，但要尽量少说话。对妈妈的承诺让她可以不受惩罚，蒙混过关，为此，她当然有理由忽略这个承诺。如果妈妈有足够的勇气，她可以把路易丝和其他孩子放在同一条船上。“既然你们不知道在餐桌上该怎么表现，那就请你们都离开。”（27）之后她无须再多说什么（15）。

案例 35

两岁半的格蕾塔把她所有的衣服都从抽屉里翻了出来。妈妈发现后骂了她一顿，把衣服一件件都捡起来放回原处。最后，妈妈说：“因为你今天干的事，下午不能吃冰淇淋了。”冰淇淋车来了，格蕾塔跑到妈妈身边，请她给自己买冰淇淋。“你今天不能吃，格蕾塔。”女孩开始尖叫、跺脚，妈妈把她抱起来，带她进了屋子。

评论

格蕾塔为了让妈妈忙于照顾她而调皮捣蛋。而妈妈试图通过责备和剥夺权利来训练女儿。

可是，吃冰淇淋和把衣服从抽屉里拿出来有什么关系？妈妈可以这么问：“要不要我帮你把东西放回去？”（11）如果格蕾塔只想妈妈一个人做，妈妈可以拒绝，默默地离开现场（14）。

案例 36

四岁的威利和三岁的玛琳都有严重的食物过敏。妈妈知道爸爸花粉过敏发作时有多痛苦，而现在，她的孩子也可能遭受类似的折磨！她为他们感到非常难过，因为他们在这么小的年纪就要经历这些，还必须忌口，远离那些他们喜欢的食物。她严格遵照医嘱，为每个孩子分别准备饭菜，因为他们对不同的食物过敏，两个人同时可以放心吃的食物很少。尽管有她的照顾，两个孩子还是经常出荨麻疹，恶心呕吐，或者感觉身体其他地方不舒服。每当孩子出现这些症状时，她都会说："可怜的孩子，他们身体不舒服。"为此，孩子们的调皮捣蛋都会被原谅。她也没有要求他们做任何家务，因为，一旦她坚持让他们做任何事情，比如在睡觉前收拾玩具，他们就会心烦意乱，而他们的身体状况也会变得更糟。所以，她更喜欢自己承担所有的事情，并满心希望他们能像医生说的那样，长大后就不再过敏了。

评论

事实证明，这些过敏反应对孩子们是有利的！孩子们促使妈妈怜悯他们，还获得了违背特殊情境的特权。

妈妈必须避免自己落入"怜悯"的陷阱（24），帮助孩子接受过敏的现实，不让他们通过过敏获得额外的好处。秩序必须得到维护（6），孩子也要贡献自己的一份力量。如果他们感觉身体状况良好，可以玩耍，那他们同样能够完成收拾玩具等家务劳动。如果他们生病了，他们应该躺在床上，而不能享受那些身体健康的孩子所能拥有的快乐（3）。

案例 37

四岁的亚历克正在前门的台阶上玩耍。突然，他发出一声刺耳的尖叫声。“妈妈，妈妈。”妈妈赶紧向他冲过去。只见亚历克缩成一团靠着纱门站着，惊恐地哭泣着。一条狗在门廊上闻来闻去。妈妈打开纱门，把亚历克带了进来。“亲爱的，来吧。狗狗不会伤害你的。”她把小男孩抱在怀里，再三安慰，直到他平静下来才把他放下来。可是后来亚历克拒绝再出门，只要他看到狗，他就坚决留在屋子里。

评论

亚历克对狗的恐惧，让妈妈投入了过度的关注和担忧。

事实上，妈妈应该预防自己落入亚历克用恐惧营造的圈套。她可以用随意的态度鼓励孩子：“你慢慢就会发现，狗狗并不会伤害你。”之后就让这件事过去（1）。